Prompt for Engineers

効率的なプロンプトで
分析力・表現力アップ!

# データ分析者のための ChatGPTデータ分析・可視化術

ChatGPT 有料版
GPT-4o
対応

白辺 陽 著

# 本書内容に関するお問い合わせについて

このたびは翔泳社の書籍をお買い上げいただき、誠にありがとうございます。弊社では、読者の皆様からのお問い合わせに適切に対応させていただくため、以下のガイドラインへのご協力をお願いしております。下記項目をお読みいただき、手順に従ってお問い合わせください。

## お問い合わせされる前に

弊社Webサイトの「正誤表」をご参照ください。これまでに判明した正誤や追加情報を掲載しています。

**正誤表**　https://www.shoeisha.co.jp/book/errata/

## お問い合わせ方法

弊社Webサイトの「書籍に関するお問い合わせ」をご利用ください。

**書籍に関するお問い合わせ**　https://www.shoeisha.co.jp/book/qa/

インターネットをご利用でない場合は、FAXまたは郵便にて、下記“(株)翔泳社 愛読者サービスセンター”までお問い合わせください。電話でのお問い合わせは、お受けしておりません。

## 回答について

回答は、お問い合わせいただいた手段によってご返事申し上げます。お問い合わせの内容によっては、回答に数日ないしはそれ以上の期間を要する場合があります。

## お問い合わせに際してのご注意

本書の対象を超えるもの、記述個所を特定されないもの、また読者固有の環境に起因するご質問等にはお答えできませんので、予めご了承ください。

## 郵便物送付先およびFAX番号

送付先住所　〒160-0006　東京都新宿区舟町5
FAX番号　03-5362-3818
宛先　㈱翔泳社 愛読者サービスセンター

※本書に記載されたURL等は予告なく変更される場合があります。

※本書の出版にあたっては正確な記述につとめていますが、著者および株式会社翔泳社のいずれも、本書の内容に対してなんらかの保証をするものではなく、内容やサンプルに基づくいかなる運用結果に関してもいっさいの責任を負いません。

※本書に掲載されているサンプルプログラムやスクリプト、および実行結果を記した画面イメージなどは、特定の設定に基づいた環境にて再現される一例です。

※本書に記載されている会社名、製品名はそれぞれ各社の商標および登録商標です。

# はじめに

## データ分析の達人への道は、ガラッと変わりました

データ分析に興味がある初学者の皆様、あなたたちは素晴らしいスタートラインにいます。

これまで、データ分析の達人が集う山頂に向かうには、歩いて登るしかありませんでした。登山道は、ある程度整備されています。地図もありますし、先人たちが苦労して設置した鎖やハシゴを使うことができます。つまり、データ分析の方法論を紹介する多数の書籍があり、ExcelやPythonといった強力なツールやプログラミング環境を使うことができるという状況でした。

しかし、ついにロープウェイができたのです。ロープウェイの切符を買って乗り込めば、四方に広がる尾根と美しい木々を眺めながら、あっという間に山頂近くの駅に到着できます。このロープウェイこそが、ChatGPTです。これまではプログラミングの熟練者しか実現できなかった成果を、簡単な日本語で指示するだけで手に入れることができます。しかも、その時に使ったプログラムの内容も表示できるので、分析方法の正しさを確認することもできますし、初学者がプログラミングを学ぶこともできます。

これまでデータ分析の山を何度も登ってきたベテランの皆様には、ちょっと心配な状況かもしれません。

でも、これまでの知見は全く無駄にはなりません。ロープウェイという新しい移動手段はできたものの、山は変わりません。四季で移り変わる野の草花、その実をついばむ野鳥や昆虫は、今も変わらず山を彩っています。同様に、データ分析に必要な数学的知識、プログラミングやライブラリへの知識はChatGPTという新しい道具を使う上でも不可欠ですし、ベテランだからこそ新しい道具の真価を発揮させることができます。トラブル対応も同じです。山で遭難した時と同様に、ChatGPTがエラーとなって行き詰まった時こそ、ベテランの知恵が生きるのです。

2022年11月に公開されたChatGPTは世界的な大流行となりましたが、2023年7月にプログラミング機能やデータ分析機能が搭載されたこと（当時は

Code Interpreterというサービス名称でした）については、大きな話題にはなりませんでした。

ですが、私は実際に使ってみて、心底驚きました。これまで私がExcelの関数やマクロを使って実装していたことを、ChatGPTはいとも簡単に実現してみせます。分析の難易度を上げて、PythonやJavaScriptの可視化ライブラリを使いこなす指示をしても、全く苦にすることなく結果を出し続けます。何度も「おおっ」と声を出しました。感動的な素晴らしさであり、世の中のデータ分析の実務がガラリと変わるに違いないと確信しました。

しかし意外にも、ChatGPTでデータ分析を行うという方法は、まだ十分に認知されていません。おそらく、その最大の理由はChatGPTがウソをつくという悪印象です。会話の中でも根拠のないウソをまことしやかにいうのだから、データ分析など任せられるはずがない。そういう第一印象を持ってしまっている方が多いのでしょう。

これは、大きな誤解です。ChatGPTは、分析結果のグラフなどを直接生成するわけではありません。生成するのは、プログラムだけです。そのプログラムを、ユーザーがアップロードしたデータに適用することで分析結果を生成しています。そして、プログラムは日常会話と比べても論理的で定型的なので、かなりの高精度で生成することが可能なのです。

私も、データ分析の山が大好きな登山者です。登山も好きですが、道具を揃えるのにも熱中するタイプです。その私が、断言します。ChatGPTという道具は、データ分析の世界を変えます。

ぜひ、この新しいロープウェイにご乗車いただき、次世代の分析方法を先取りしてください。

## 本書の特長

ChatGPT自体についての良書は多いですが、ChatGPTをデータ分析に活用するということについては、まだ知見がまとまりきっていない状況です。グラフ作成やデータ加工ができるということを表層的に解説するものはありますが、実務で使うという観点では十分ではありません。

そのような状況の中で、本書はデータ分析の実務者に実践的な知見を得ていただくことを目標に題材を選び、丁寧な解説を行いました。大きな特長は、以下の3点です。

**• 抽象的なサンプルデータでなく、実データを使って分析を行う**

店舗A、店舗Bといった抽象的なサンプルデータを用いても分析手順は説明できますが、分析の楽しさや深掘りする観点といった生々しい感覚を伝えることができません。そこで、オープンデータの中から分析対象を選りすぐり、不動産取引価格、梅雨期間の推移、都道府県単位のテニス人口など、身近なデータを題材に選び、分析を楽しみながら考察も入れる形としています。

**• 90%の精度でごまかすのではなく、100%の精度を実現する方法を解説する**

「ChatGPTを使うと、こんなこともできます」と、人目を引くような解説も大事ですが、それだけでは実務に使えません。素晴らしいグラフを作れるとしてもデータの一部が誤っていては使い物になりませんし、データ加工が行えるといっても100%の精度で処理できないと無意味です。

本書では、実務でも本当に使えるような形での解説を行います。失敗する方法についても解説した上で、成功する方法を具体的に解説します。

**• プログラミングの内容も含めて、専門的内容についても要点を解説する**

ChatGPTがデータ分析をする際は、動作の裏でプログラミング（Python、JavaScript等）を行っています。本書では、プログラミングの詳細解説まではしませんが、使用しているライブラリの概要、グラフ描画の中心的な処理など、プログラミングの要点について初学者向けの解説を行っています。

プログラミングの習得には、具体的な題材で操作してみることが一番の早道です。ChatGPTが作成した「模範解答」を追っていくことで、自然とPythonやJavaScriptでのデータ分析手法の概要をご理解いただけるはずです。

## 対象読者

本書は、データ分析を実務で行っている社会人や、データ分析を学んでいる大学生の方々を想定して執筆しています。数学的な前提知識はほとんど必要としませんが、例えば相関係数や回帰直線といった内容については本文中でも簡単に解説しています。また、プログラミングについても前提知識は必要としませんが、処理の要点については解説をしていますので、これからプログラミングにも取り組みたいという方にも適しています。

また、データサイエンティスト等として第一線でご活躍の方々にとっても、ChatGPTを自分の制御下において使いこなすという観点で、本書がお役に立てる部分は多いと考えています。特に、「社内データを安全に分析する方法」（第9章）などは、実務でも活用できる範囲が大きいはずです。

どんなに優秀な名馬でも、騎手がいなければゴールにたどり着けません。95%の作業をChatGPTに任せながらも、残り5%の部分で私たちが手綱を引き、ゴールへと導くことが必要なのです。本書では、その手綱の引き方を懇切丁寧に解説していきます。

2025年3月吉日
白辺 陽

# 本書の動作環境と
# 本書で紹介するプロンプトについて

## 本書の動作環境

本書は以下の環境で、動作検証をしています。

- **ChatGPT Plus：GPT-4o（2024年9月から12月時点）**
- **Microsoft Excel 2024**
- **Microsoft Edge**

## 本書で紹介するプロンプトについて

ChatGPTの回答にはランダム性があり、全く同じ指示をしても回答内容が若干異なります。本書では、筆者が何度も指示を繰り返した上でたどり着いた「成功への近道」を紹介していますが、この手順通りに実行しても必ず同じ結果になるわけではありません。これは、ChatGPTでデータ分析を行う上で避けようがないことです。

本書で紹介した手順通りに進まない場合は、P.049のコラム「ChatGPTが意図通りに動作しない時の対処方法」を参考にプロンプトの変更や再実行を試してください。

# 付属データと会員特典データについて

## 付属データのご案内

付属データは、以下のサイトからダウンロードして入手いただけます。

- **付属データのダウンロードサイト**

URL　https://www.shoeisha.co.jp/book/download/9784798189758

**注意**

付属データに関する権利は著者および株式会社翔泳社が所有しています。許可なく配布したり、Webサイトに転載することはできません。

付属データの提供は予告なく終了することがあります。あらかじめご了承ください。

図書館利用者の方もダウンロード可能です。

## 会員特典データのご案内

会員特典データは、以下のサイトからダウンロードして入手いただけます。

- **会員特典データのダウンロードサイト**

URL　https://www.shoeisha.co.jp/book/present/9784798189758

**注意**

会員特典データのダウンロードには、SHOEISHA iD（翔泳社が運営する無料の会員制度）への会員登録が必要です。詳しくは、Webサイトをご覧ください。

会員特典データに関する権利は著者および株式会社翔泳社が所有しています。許可なく配布したり、Webサイトに転載することはできません。

会員特典データの提供は予告なく終了することがあります。あらかじめご了承ください。

図書館利用者の方もダウンロード可能です。

## 免責事項

付属データおよび会員特典データの記載内容は、2025年3月現在の法令等に基づいています。

付属データおよび会員特典データに記載されたURL等は予告なく変更される場合があります。

付属データおよび会員特典データの提供にあたっては正確な記述につとめましたが、著者や出版社などのいずれも、その内容に対してなんらかの保証をするものではなく、内容やサンプルに基づくいかなる運用結果に関してもいっさいの責任を負いません。

付属データおよび会員特典データに記載されている会社名、製品名はそれぞれ各社の商標および登録商標です。

## 著作権等について

付属データおよび会員特典データの著作権は、著者および株式会社翔泳社が所有しています。個人で使用する以外に利用することはできません。許可なくネットワークを通じて配布を行うこともできません。個人的に使用する場合は、ソースコードの改変や流用は自由です。商用利用に関しては、株式会社翔泳社へご一報ください。

2025年3月
株式会社翔泳社　編集部

# 目次

Chapter

# 1

# ChatGPTを使ったデータ分析・可視化の素晴らしさ

ChatGPTが流暢な自然言語で会話ができるということに、
世界中の人が驚きました。
でも、ChatGPTが高精度なプログラミング能力を持ち
正確なデータ分析や可視化が行えることは、十分に認知されていません。
スピード、正確さ、クオリティ、どの観点でも人間をはるかに凌駕しています。
まずは、今のChatGPTで何ができるのか、
その素晴らしさを実感してください。

01

# スピード：圧倒的な速さで可視化と分析が進む

データ分析者は多種多様なデータを対象に、何度も分析作業を繰り返します。データ分析者にとって、速さは正義です。ChatGPTという最新の強力なツールを手に入れることで、鬼に金棒の状態になれるのです。

## 手元のデータから、瞬時にグラフを作成できる

手元にデータがあればそれをChatGPTにアップロードして、分析方法やグラフの作成方法を簡単な日本語で指示するだけです。Excelの名人もPythonの達人も全く敵わないスピードで、目的のグラフを作成することができます。

例えば、小売物価のCSVファイルをアップロードし、「物価変動を折れ線グラフで示してください」と指示すれば、意図通りのグラフを描いてくれます（**図1.1**）。

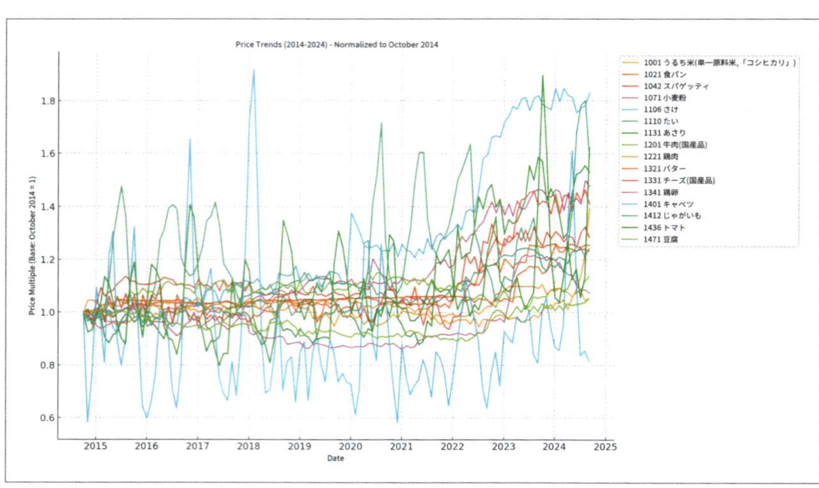


**図1.1：**小売物価変動の折れ線グラフ（第2章参照）

## 深掘りしたい観点で、すぐに次の可視化ができる

データ分析者の立場でさらに素晴らしいことが、調べたい箇所をドリルダウンする形で、どんどんと分析活動を継続できることです。ChatGPTはすぐに分析結果を示してくれるので、思考過程にブレーキをかけることなく集中して分析を進めることができます。

例えば小売物価変動のグラフを見ると、明らかに価格の上下動が激しい商品（図1.1の青色線）があります。キャベツです。このキャベツの価格変動について詳細を知りたいと思えば、時間軸を年単位と月単位の2軸に分けたヒートマップを作成します（図1.2）。これにより、キャベツの価格変動に季節要因があるかどうかなど、深掘りした分析ができるのです。

このヒートマップ作成に要する時間は、ChatGPTでのデータ分析に慣れた方なら指示を考える時間を含めても1分程度でしょう。このようにChatGPTを使うと、ものすごい速度で、どんどん分析を進めていくことが可能になるのです。

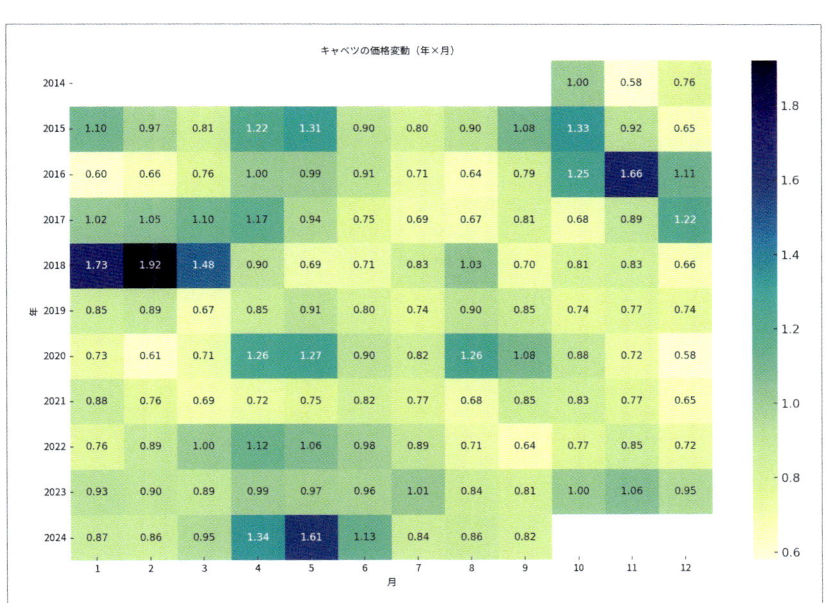


図1.2：キャベツの価格変動のヒートマップ（第2章参照）

02

# 正確さ：データとプログラムの分離で正確性を担保

ChatGPTを使った分析には、間違いが入り込むのではないか。多くの人が心配に思う点です。しかし、手順さえ間違わなければ、ChatGPTは正確に処理を行います。また、処理の過程を表示させて、計算処理の正しさを再確認することも可能です。

## ChatGPTが生成しているのはプログラムだけ

ChatGPTにはハルシネーション（幻覚）という特性があり、もっともらしく生成された回答の中に部分的なウソが入り込むということが広く認識されています。

しかし、データ分析やグラフ作成において、ハルシネーションを過度に心配する必要はありません。なぜなら、ChatGPTが生成しているのはデータそのものではなく、分析や可視化を行うためのプログラムのソースコードだからです。そのプログラムを使った結果だからこそ、分析方針さえ間違えていなければ結果は正しく出力されます。

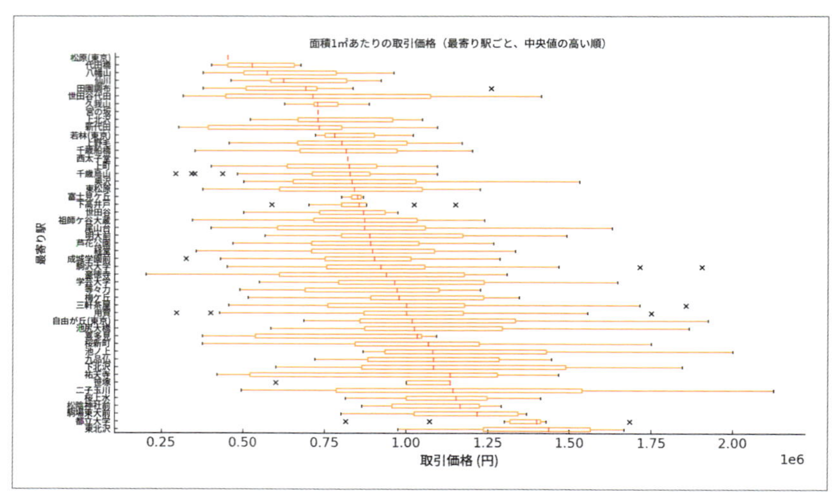


**図1.3：**不動産物件の取引価格分析の箱ひげ図（第3章参照）

そして、そのプログラムの内容を出力させることもできます。プログラムの内容を見れば、余計な処理をすることなく意図した通りに計算されていることを確認でき、さらに安心することができます。

例えば、国土交通省の不動産情報ライブラリのデータを基に、不動産物件の面積単位の価格帯を分析し、それを最寄駅別に比較するという複雑な処理も、正確に行うことができます（**図1.3**）。

## 手順を１つ１つ段階的に進めることが重要

正確さを担保するために最も重要なことは、私たちが１つ１つ段階的に手順を進めることです。処理が正確に行われていることを確認してから、次の処理へ進むというやり方です。

例えば、気象庁のデータを基に、雨量と風速の１年分のデータをバブルチャートに表現するという処理も、１つずつ処理を積み重ねていけば効率的に実現できます（**図1.4**）。この手順は、第３章で丁寧に説明します。

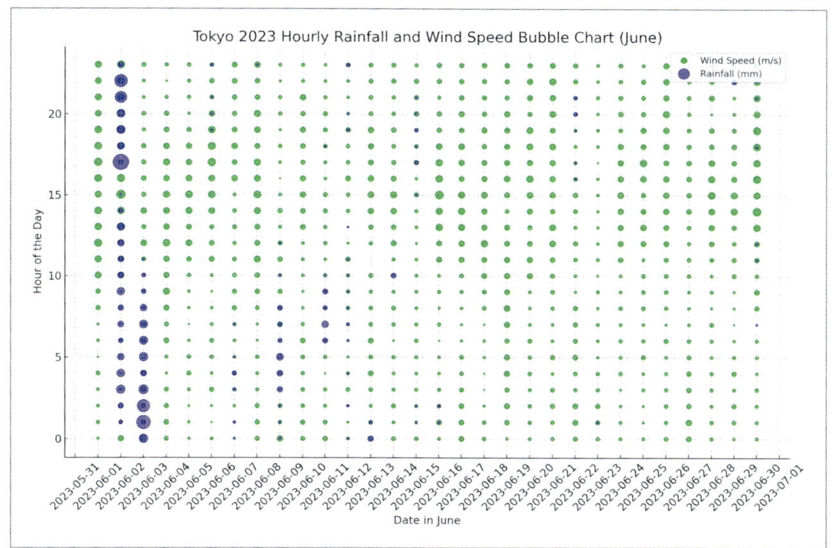


**図1.4：**雨量と風速のバブルチャート（第３章参照）

# 03

# クオリティ：多種類の美しいグラフで訴求力向上

正確でスピーディというだけでも素晴らしいのに、アウトプットの品質も最高です。Excelなどでは絶対に作図できない高クオリティのグラフを、ごく簡単な指示で作成することができます。

## JavaScriptの可視化ライブラリというチート級の手法も使える

ChatGPTは基本的にPythonを使ってデータ分析やグラフ作成を行います。しかし、そんな水準で満足していては、ChatGPTの潜在能力を全く使いきれていません。眠れる獅子が、まだいびきをかいている状態です。

JavaScriptの可視化ライブラリを使うと、驚くほど美しく示唆に富んだグラフを作成できます。

例えば、JETRO（日本貿易振興機構）の報告書にある数値データを使って、主要国間の輸出入金額を可視化することができます（**図1.5**）。下図の作成にはコードダイアグラムという手法を使っています。

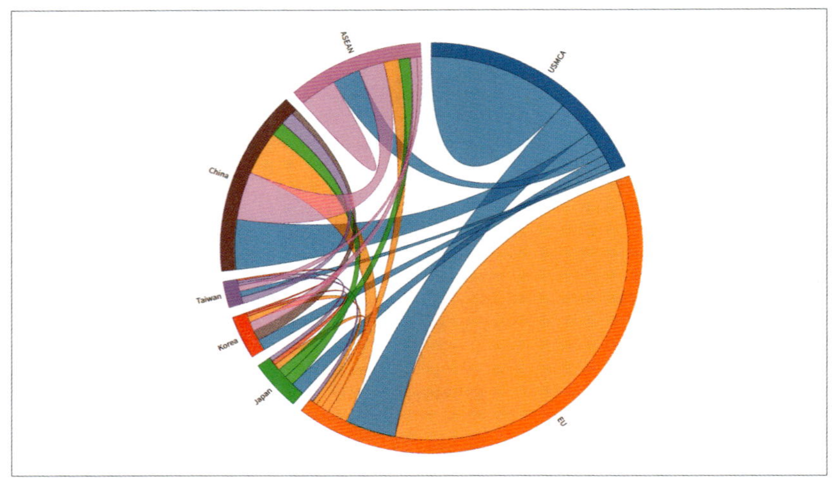


**図1.5：**主要国間の輸出入金額のコードダイアグラム（第4章参照）

1
2
3
4
5
6
7
8
9
10
ChatGPTを使ったデータ分析・可視化の素晴らしさ

地図を使った可視化も得意です。コロプレス図という手法を使って、都道府県別のテニス人口比率を可視化することもできます（図1.6）

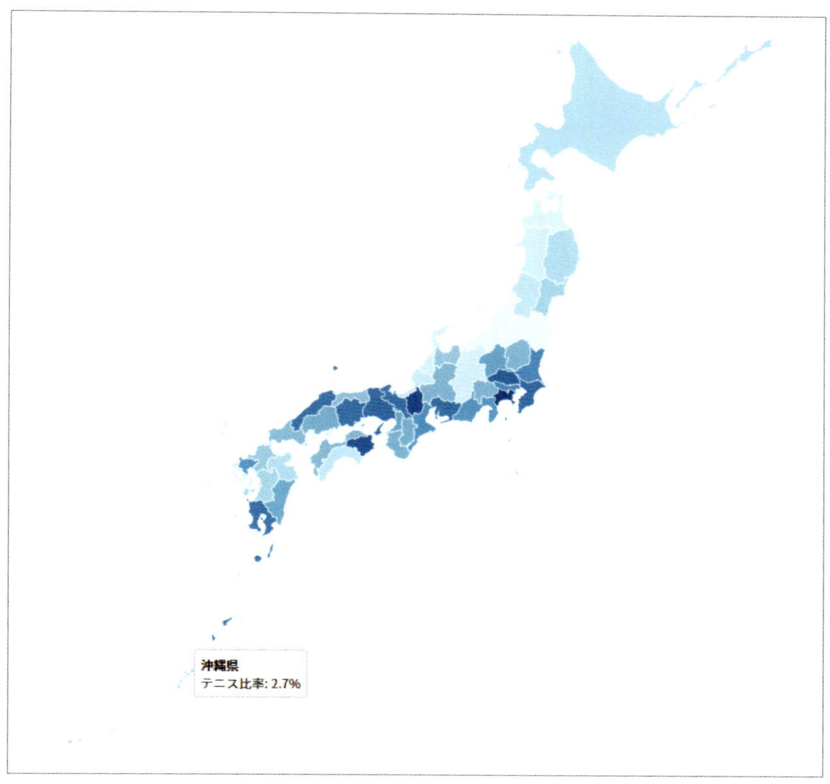


図1.6：テニス人口の比率のコロプレス図（第4章参照）

このようにJavaScriptの可視化ライブラリを使うと素晴らしいグラフを作図できるのですが、このライブラリを使いこなせる人は少数に留まっていました。専門的分野の限られたプロフェッショナルだけが、長時間の学習コストを払って利用していたのです。

ところが、ChatGPTを使えば、簡単な指示でこのライブラリを使いこなすことができるのです。筆者自身、最初にChatGPT経由でこのライブラリを使った時には感動しました。今までは独力ではとても作成できなかった高度なグラフが、いとも簡単に作成できてしまうのです。

読者の皆様にも、ぜひこの感動を味わってほしいと願っています。

04

# 効率性：面倒なデータ合成やデータ加工も完璧にこなす

データ分析者が時間をかけているのは、分析作業そのものよりも、データの前処理です。複数のデータを合成してまとめて分析できるようにしたり、様々なルールを適用してデータを合成、加工するような作業です。このような地道な作業にも、ChatGPTをフル活用できます。

## データの合成

例えば、自治体単位での分析を行う時に戸惑うのは、自治体名称の管理方法がバラバラなことです。県名と市名を分離するか、政令指定都市の場合に区名を入れるか、町村名に郡名も併記するかといった観点でデータ構造が異なっているので、それらのデータを突合させることができません（図1.7）。

このような場合にも、もちろんChatGPTを使えばデータの合成作業を行えます。8割、9割の精度で十分なのであれば、ごく簡単な指示で目的を達成できます。しかし、本書ではこの水準で満足するのではなく、100%完璧な精度で作業を完了させることにこだわります。失敗例も示した上で、成功するためのコツと手順を丁寧に解説します（図1.8）。

人口データの構造
（1項目で整理）

| 自治体名 |
|---|
| 北海道 札幌市 |
| 北海道 函館市 |
| 東京都 瑞穂町 |

郵便番号データの構造
（複数項目で整理）

| 都道府県 | 市区町村 | 町域 |
|---|---|---|
| 北海道 | 札幌市中央区 | 旭丘 |
| 北海道 | 函館市 | 青柳町 |
| 東京都 | 西多摩郡瑞穂町 | 石畑 |

図1.7：自治体名称のデータ構造の違い（第5章参照）

| 1 | New_Postal_Code | Prefecture | City | Town | Population_Match | Full_Municipality |
|---|---|---|---|---|---|---|
| 821 | 0040879 | 北海道 | 札幌市清田区 | 平岡九条 | FALSE | 北海道札幌市清田区 |
| 822 | 0040880 | 北海道 | 札幌市清田区 | 平岡十条 | FALSE | 北海道札幌市清田区 |
| 823 | 0040881 | 北海道 | 札幌市清田区 | 平岡公園 | FALSE | 北海道札幌市清田区 |
| 824 | 0040882 | 北海道 | 札幌市清田区 | 平岡公園東 | FALSE | 北海道札幌市清田区 |
| 825 | 0400000 | 北海道 | 函館市 | 以下に掲載がない場合 | TRUE | 北海道函館市 |
| 826 | 0400044 | 北海道 | 函館市 | 青柳町 | TRUE | 北海道函館市 |
| 827 | 0410805 | 北海道 | 函館市 | 赤川 | TRUE | 北海道函館市 |
| 828 | 0410804 | 北海道 | 函館市 | 赤川町 | TRUE | 北海道函館市 |

**図1.8：**データを突合させる途中過程（第5章参照）

## データの加工（正規化）

そして、さらに難しい作業に挑みます。都道府県名や市区町村名の区切りが全くない住所の文字列から、自治体名を抽出するという作業です。例えば、愛知県の「蒲郡市」（がまごおりし）という市名には「郡」の文字があるため、これを市名とするか郡名とするかは人間でも迷うところです。

難易度が高めの内容となりますが、「正解リスト」を使う方式で5万件のデータを100%の精度で完全に処理することに成功したので、その手順を紹介します（**図1.9**）。

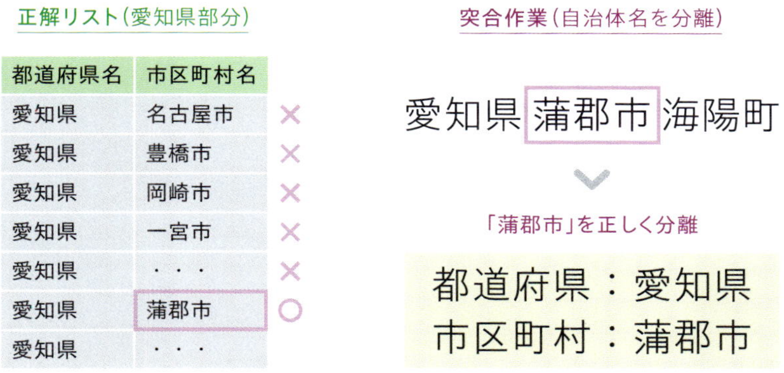

正解リスト（愛知県部分）

| 都道府県名 | 市区町村名 | |
|---|---|---|
| 愛知県 | 名古屋市 | × |
| 愛知県 | 豊橋市 | × |
| 愛知県 | 岡崎市 | × |
| 愛知県 | 一宮市 | × |
| 愛知県 | ・・・ | × |
| 愛知県 | 蒲郡市 | ○ |
| 愛知県 | ・・・ | |

突合作業（自治体名を分離）

愛知県蒲郡市海陽町

「蒲郡市」を正しく分離

都道府県：愛知県
市区町村：蒲郡市

**図1.9：**住所正規化を「正解リスト」を使って突合する作業のイメージ（第6章参照）

05

# 専門性：高度なデータ分析も確実にサポート

ChatGPTは、統計の専門的領域にも活用することができます。特にPythonの統計処理をやったことがある人は、そのアウトプットをイメージしながら日本語で指示をするだけで高度な分析を行えます。

## ペアプロット分析でデータ間の相関を調べる

ペアプロット分析とは、多数のデータ項目の中から相関関係の強いものを発見する際に効果的な手法です。データ内の全ての組み合わせに対して散布図等を作成し、その結果をまとめて表示することができます。

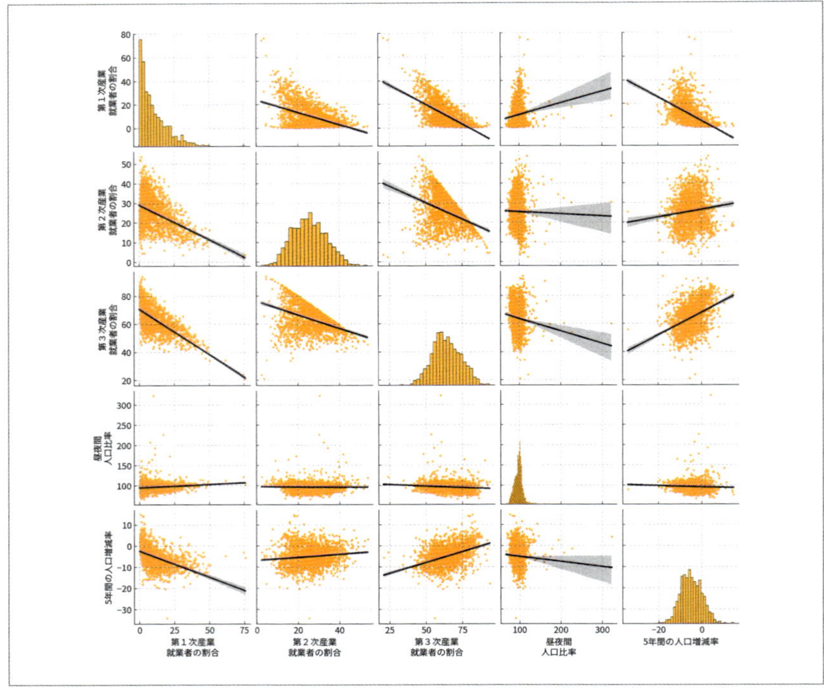


**図1.10：** 5年間の人口増減率、昼夜間人口比率、産業別就業者の割合のペアプロット図（第7章参照）

例えば、自治体単位に分析した「5年間の人口増減率」という指標と他の指標との関係性を探るためにペアプロット図を作成しました（図1.10）。これにより各指標の関係（正の相関、負の相関、相関なし）や、データのばらつきについて可視化することができました。

## 相関マトリックスで相関の強さを調べる

ペアプロット図だけでも相関の状況を視覚化することができるのですが、相関の強さを調べるには相関マトリックスが便利です。同じデータに対して、相関マトリックスを作成しました（図1.11）。「第3次産業の就業者の割合」という指標が、「5年間の人口増減率」という指標に対して比較的相関が高いことが分かります。

本書で題材としたのは小規模データですが、ペアプロット図と相関マトリックスを組み合わせることで、ビッグデータに対して分析の糸口を探し、深掘りをしていくための入口を見付け出すことができます。

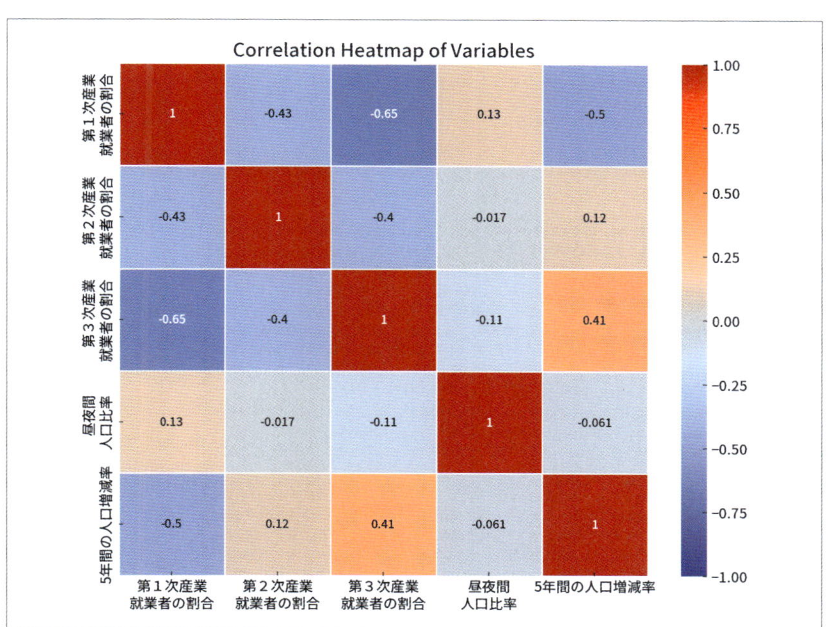


図1.11：5年間の人口増減率、昼夜間人口比率、産業別就業者の割合の相関マトリックス（第７章参照）

# 06

# 拡張性：インターネットの情報も合成して新しい視点で分析

ChatGPTがインターネットの情報を取得できることは広く知られています。一方で、データ分析の際にインターネットの情報を付加して情報量を増やし、さらにリッチな分析ができることはほとんど知られていません。これを実現するには工夫と一手間が必要なのですが、その労力に十分に見合う成果を作り上げることができます。

## JavaScriptを直接実行できないという制約を乗り越える

ChatGPTには、JavaScriptを直接実行できないという制約があります。インターネット上のAPIから情報取得をするプログラムを書くことはできますが、その実行結果を表示することはできません。

### 火山情報一覧

全ての火山情報を取得する

| 山名 | 概要 | 北緯 | 東経 |
|---|---|---|---|
| 雲仙岳 | 雲仙岳（うんぜんだけ）は、長崎県の島原半島中央部にそびえる火山。半島中央部にある20以上の山々の総称であり、山体の中心部は半島の中央を東西に横断する雲仙地溝内にある。火山学上は「雲仙火山」といい、広義では東の眉山から西の猿葉山までの山々を含む。山容は複雑で、三岳五峰、八葉、二十四峰、三十六峰など数字を用いた様々な呼称があった。1934年（昭和9年）に日本で最初の国立公園として雲仙国立公園（のちの雲仙天草国立公園）が指定された。行政区分では島原市、南島原市、雲仙市にまたがる。現代でも火山活動が続いており、1991年（平成3年）5月から1996年（平成8年）5月に9432回の火砕流が観測された。特に1991年6月に発生した大規模火砕流では43人、1993年（平成5年）6月の火砕流でも1人が死亡し、慰霊活動が行われている。被災家屋は251棟、経済被害は約2300億円に達した。 | 32.76138889 | 130.29888889 |
| 桜島 | 桜島（さくらじま）は、日本の九州南部、鹿児島県の鹿児島湾（錦江湾）北部に位置する東西約12km、南北約10 km、周囲約55 km、面積約77 km2の火山。鹿児島県指定名勝。かつては、名前の通り島だったが、1914年（大正3年）の大正大噴火により、鹿児島湾東岸の大隅半島と陸続きになった。 | 31.58861111 | 130.65472222 |
| 阿蘇山 | 阿蘇山（あそさん、あそざん）は、日本の九州中央部、熊本県阿蘇地方に位置する火山。カルデラを伴う大型の複成火山であり、活火山である。阿蘇火山は、カルデラと中央火口丘で構成され、高岳、中岳、根子岳、烏帽子岳、杵島岳が阿蘇五岳と呼ばれている。最高点は高岳の標高1592m。カルデラは南北25km、東西18kmに及び（屈斜路湖に次いで日本では第2位）面積380km2と広大である。2007年、日本の地質百選に「阿蘇」として選定された。2009年（平成21年）10月には、カルデラ内外の地域で、巨大噴火の歴史と生きた火口を体感できる「阿蘇ジオパーク」として日本ジオパーク、世界ジオパークに認定されている。「日本百名山」の一座としても取り上げられている。また、阿蘇くじゅう国立公園にも含まれる。 | 32.88416667 | 131.10388889 |

図1.12：WikipediaのAPIで取得した火山情報（第8章参照）

ただ、解決策は簡単で、ChatGPTが作成したプログラムをいったんユーザー自身が実行して、その結果をChatGPTにフィードバックすれば良いのです。

例えば、「雲仙岳」、「桜島」といった火山名に対して、WikipediaのAPIを使って検索することで概要、北緯、東経といった情報を付加することができます。情報を取得するためのプログラムをChatGPTに書いてもらい、まずはユーザーがブラウザでこのプログラムを実行するのです（図1.12）。

## 北緯と東経の情報を使って、地図を描画する

各火山の詳細な位置情報を入手できれば、この情報をChatGPTに再度アップロードした上で、地図上にプロットすることができます。インターネット上ではオープンデータの地図（OpenStreetMap）が利用できるので、これを使って火山の位置を可視化します。マーカーをクリックすれば、火山の名前や概要も表示されるという地図を簡単に作成することができました（図1.13）。

図1.13：火山情報をプロットした地図（第8章参照）

07

# 安全性：会社の機密データも安全な方法で分析可能

社内の様々なデータを分析したくても、社内にはChatGPTを使える環境がないという方も多いでしょう。そんな悩みを持っている方に、とても素晴らしい解決方法があります。データと分析処理を分離し、私用PCで作成した分析処理だけを社内に持ち込むのです。実データを一切使わないので、セキュリティ的にも問題ありません。

## テストデータを使って、ChatGPTにプログラムを作らせる

社内で使われている業務データは、例えば**図1.14**のような形になっています。販売日、商品名、数量、単価等の情報があります。もちろん、このデータを外部に持ち出すことはできません。

でも、このデータと同じ構造のテストデータを使えば、ChatGPTで自由に分析できます。しかも、そのテストデータ自体もChatGPTに作ってもらうことができます。

| | A | B | C | D | E | F | G |
|---|---|---|---|---|---|---|---|
| 1 | 取引ID | 販売日 | 店舗 | 商品名 | 数量 | 単価 | 金額 |
| 2 | 1 | 2024/6/20 | 渋谷店 | ダウンジャケット | 1 | 5650 | 5650 |
| 3 | 2 | 2024/4/4 | 池袋店 | ロングブーツ | 2 | 3710 | 7420 |
| 4 | 3 | 2024/4/6 | 新宿店 | ロングブーツ | 3 | 3710 | 11130 |
| 5 | 4 | 2024/6/18 | 新宿店 | ロングブーツ | 4 | 3710 | 14840 |
| 6 | 5 | 2024/4/22 | 新宿店 | タートルネックセーター | 4 | 9950 | 39800 |
| 7 | 6 | 2024/5/21 | 銀座店 | スカーフ | 4 | 7330 | 29320 |
| 8 | 7 | 2024/6/16 | 東京店 | レザーグローブ | 1 | 14200 | 14200 |
| 9 | 8 | 2024/4/30 | 新宿店 | カシミアセーター | 5 | 8700 | 43500 |
| 10 | 9 | 2024/4/29 | 東京店 | ダウンジャケット | 5 | 5650 | 28250 |
| 11 | 10 | 2024/4/5 | 渋谷店 | ダウンジャケット | 1 | 5650 | 5650 |
| 12 | 11 | 2024/6/14 | 渋谷店 | タートルネックセーター | 3 | 9950 | 29850 |
| 13 | 12 | 2024/5/21 | 新宿店 | フリースジャケット | 5 | 9100 | 45500 |
| 14 | 13 | 2024/4/13 | 東京店 | ファーコート | 5 | 3870 | 19350 |

**図1.14**：業務データの例（第9章参照）

## 作成したプログラムだけを社内環境に持ち込み、業務データを分析する

テストデータを基に、まずはグラフを作成するプログラム（JavaScriptを含んだHTMLファイル）をChatGPTで作成します。しかし、これを単純に社内環境に持ち込むだけでは、JavaScriptの制約（ローカル環境でファイル参照ができない）があり、グラフを表示させることができません。

そこで、この制約をうまく解決する手段を考え、実装しました。その結果、業務データに対して様々な分析結果を表示させることに成功しました（**図1.15**）。一度グラフ作成処理を作ってしまえば、同じ構造のCSVデータに対して何度でも繰り返し適用でき、グラフ作成作業を省力化することができます。

ビジネスパーソンにとっては、この分析手法が素晴らしい道具になることは間違いありません。このような使い方は、まだほとんど知られていないように思います。実業務でも、大いにChatGPTを活用してほしいと願っています。

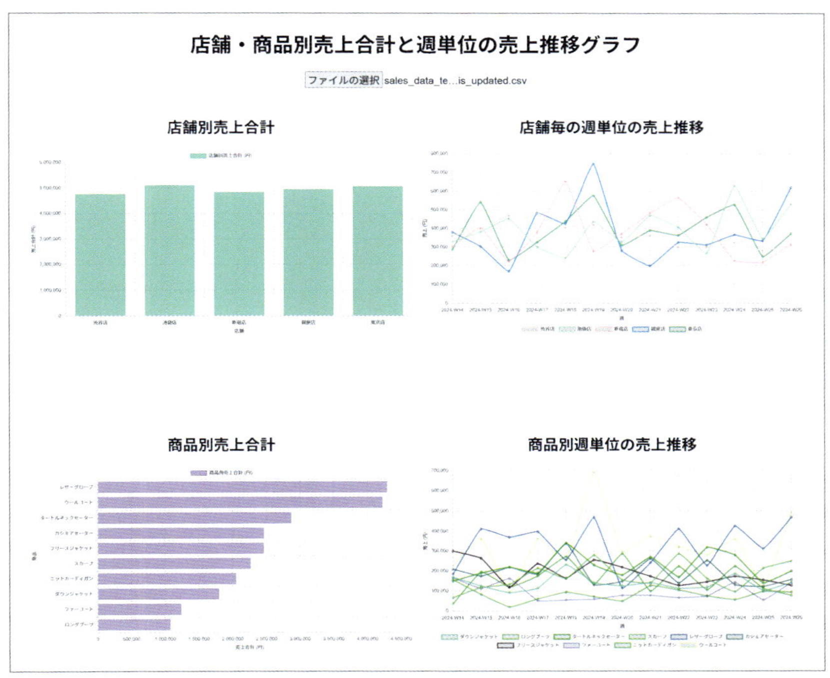


**図1.15**：テストデータで作成したグラフに業務データを反映させた例（第9章参照）

# 08

# 発展性：ChatGPTの可能性はまだまだ未発掘

ChatGPTがプログラミングできるのは、PythonとJavaScriptだけではありません。ChatGPTが扱えるプログラミング言語は他にも多数あります。というよりも、主要な言語は全て扱うことができるという状態です。発展的な使い方の一例として、PlantUMLを使う方法があります。

## アクティビティ図（業務フロー）を作図できる

PlantUMLは、UML（Unified Modeling Language：統一モデリング言語）を含めて様々な図を作成できる言語です。ChatGPTは、このPlantUMLの記法に則ったコードを生成することもできます。

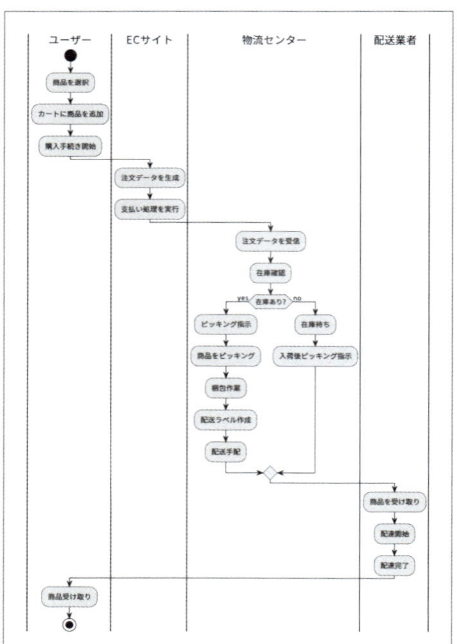


**図1.16：** ECサイト配送のアクティビティ図（第10章参照）

例えば、ECサイトで利用者が購入した商品が物流センターから配送される流れについて、アクティビティ図を作成しました（**図1.16**）。業務のマニュアルを作成する際などに、かなり重宝するツールになるでしょう。

## 複雑で難解な文章の構造をフローチャートで表す

また、PlantUML自体を様々なシーンで活用することができます。

面白い例は、文章構造をフローチャートで表すという方法です。例えば、国土交通省の建築確認申請（シックハウス対策に係る建築材料に関する規制）の文章をChatGPTに読み込ませて、そのフローチャートをPlantUMLで表現させると、分かりやすい作図を行うことができます（**図1.17**）。

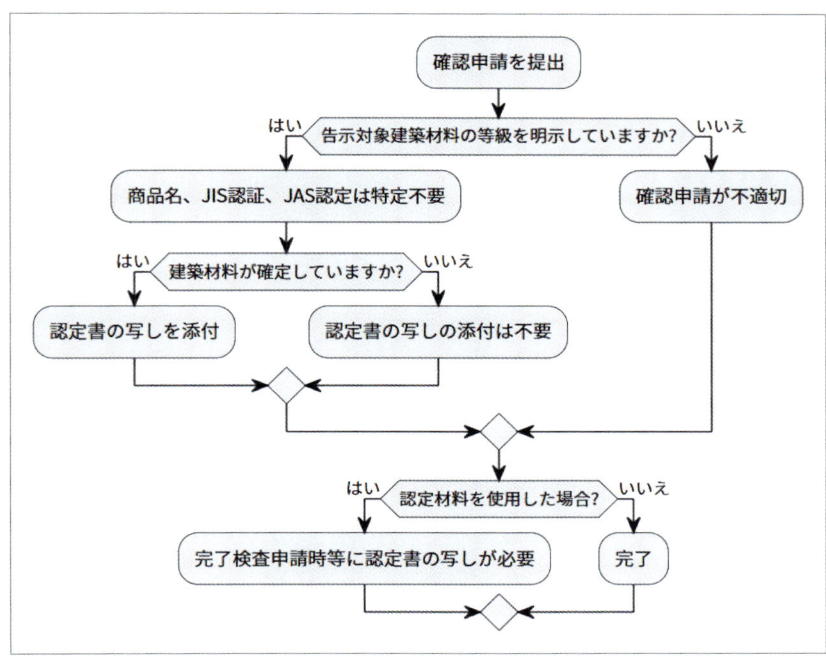


**図1.17：**建築確認申請の文章から生成したフローチャート（第10章参照）

他にも様々なパターンの図を作成することができます。アイデアを整理するためのマインドマップや、スケジュールを表現するガントチャートなども作成できます。

09

# ChatGPTを使った分析手順の概要

ChatGPTを使ってデータ分析をする方法は、基本的にワンパターンです。データをアップロードし、分析方法について指示をする、その繰り返しです。ただ、指示の方法にコツが必要なことも事実であり、次章以降で詳述します。まずは、基本的な流れだけを理解してください。

## ChatGPTを使ったデータ分析やグラフ作成の処理手順

ChatGPT（URL https://chatgpt.com）には、様々なファイル形式のデータをアップロードすることができます。データ分析という用途では、CSV形式やExcel形式でアップロードすることが多いでしょう。

ファイルのアップロードと同時に、プロンプト（ChatGPTへの指示）を入れることで分析が始まります。「グラフを作成して」と指示すればグラフが作成されますし、データ加工等の処理を行うこともできます。

この処理の裏側では、ChatGPTはプログラムを作成しています。指示に基づいてプログラムを作成し、そのプログラムを実行し、その実行結果を表示するという処理を順番に行うことで、グラフを表示しているのです（図1.18）。

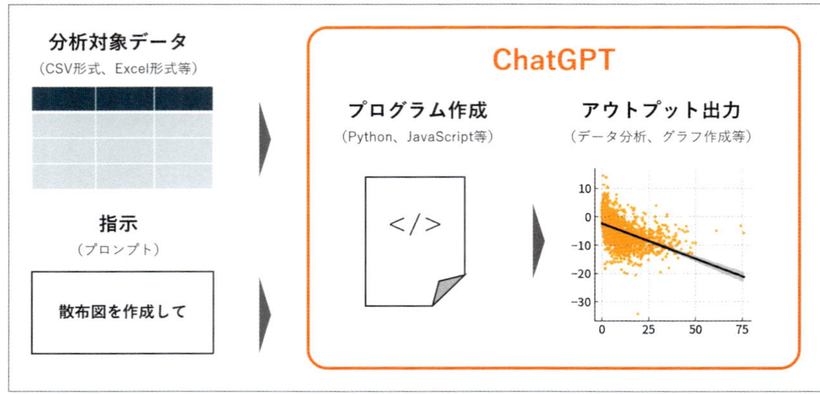


図1.18：ChatGPTのデータ分析の基本的な流れ

## 本書で利用したChatGPTのバージョン

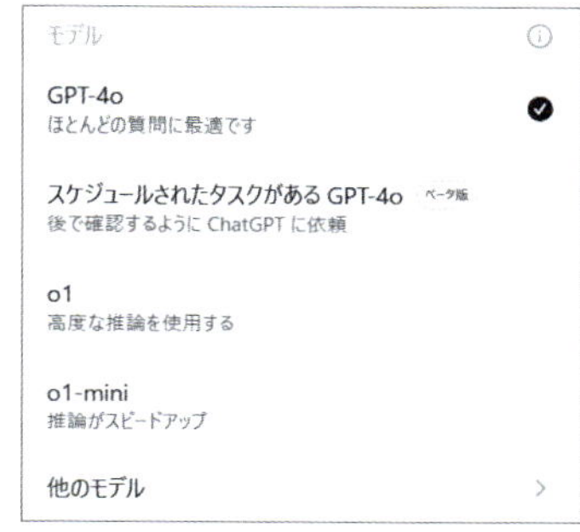

図1.19：ChatGPTの各モデル

本書では、執筆時点（2024年9月から12月現在）において主流なモデルである「GPT-4o」を利用しています。図1.19にあるように様々なモデルを選択することができますが、ほとんどのタスクに最適なGPT-4oを選択しました。

なお、2024年12月に追加されたo1モデルは高度な推論を使えますが、添付ファイル等で扱える形式に制約があり、CSVファイルのアップロード等ができません。そのため、本書で紹介する手順には適合しない部分が多いです。

また、ChatGPTの料金プランについては、月20ドルの「Plus」を利用しています（図1.20）。

無料版のユーザーの方でも本書で紹介する手順の一部を試すことは可能ですが、データ分析を一通りこなす前にアクセス制限がかかってしまうことが想定されます。ぜひ、短期間だけでもPlusを契約して、ChatGPTを自分自身の武器として使いこなせるように実践してみることをオススメします。

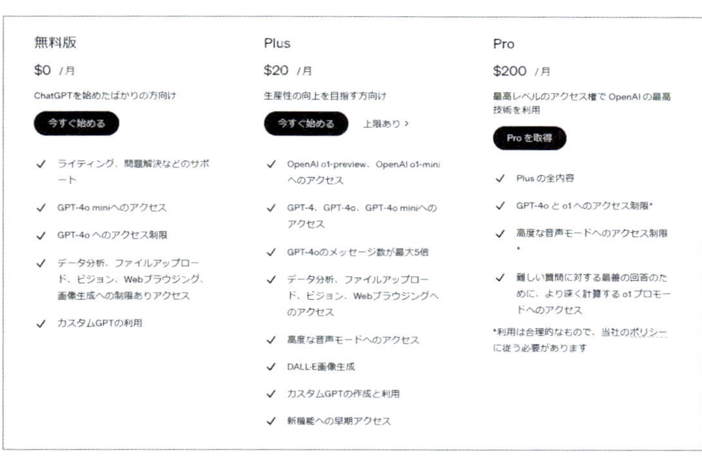

図1.20：ChatGPTの料金プラン（抜粋）

**出典** ChatGPT
**URL** https://openai.com/ja-JP/chatgpt/pricing/

ChatGPT Plusに登録する方法は**図1.21**①～⑫の通りです。

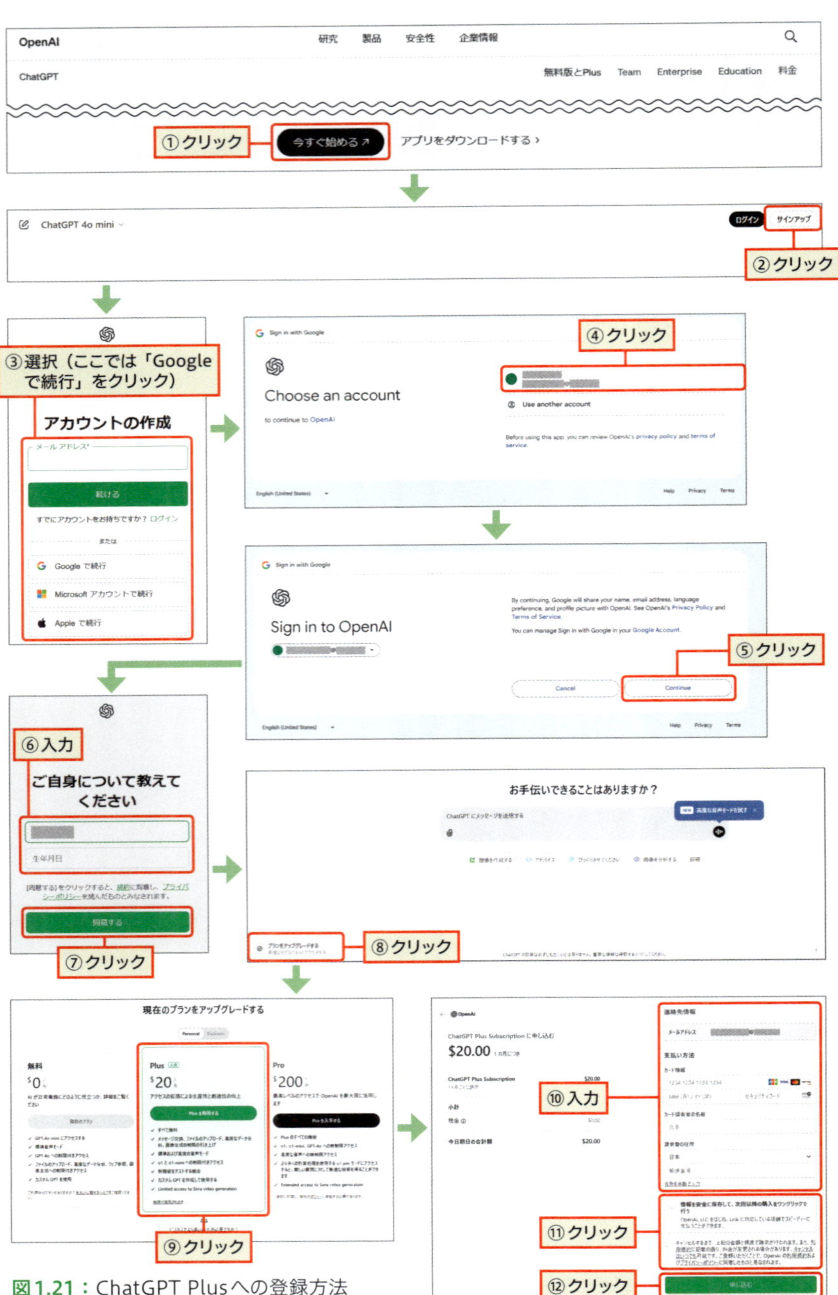


図1.21：ChatGPT Plusへの登録方法

Chapter
# 2

# 基本的な使い方とTips

手始めに政府統計の中から小売物価統計調査のデータを使い、
グラフ作成の基本的な手順を説明します。
コツをつかめば、驚くほど簡単に操作することができます。
ChatGPTが、数年前までには想像もできなかった
圧倒的な生産性を誇るツールであることが実感できるでしょう。

01

# 分析対象のデータを準備する

ChatGPTの機能は、短期間で大きく進化しています。2022年11月の発表当初のChatGPTは、ファイルを読み込ませること自体ができずデータ分析を行えませんでした。しかし、本書執筆時点2024年9月から12月現在のChatGPTではExcel形式やCSV形式を含めて様々なデータを読み込ませることができ、その内容を簡単に分析・可視化することができます。

## 小売物価統計調査のデータを準備する

政府統計の総合窓口（e-Stat、URL https://www.e-stat.go.jp）では、政府が調査している様々な統計データを確認することができます（図2.1）。最初の題材として、私たちにとって身近であり関心の高い小売物価のデータを使います。近年、円安等を背景に物価上昇が進んでいるという肌感覚はありますが、その状況を統計データで検証します。

e-Statのトップページからキーワード検索を使って、「小売物価統計調査 小売物価統計調査（動向編）」を選び、「主要品目の都市別小売価格－都道府県庁所在市及び人口15万以上の市(2000年1月～)」を表示します（図2.1①～⑤）。URL（https://www.e-stat.go.jp/dbview?sid=0003421913）を直接開く形でも構いません。

図2.1：小売物価統計調査の統計表画面（初期画面）

出典 政府統計の総合窓口（e-Stat）

URL https://www.e-stat.go.jp

e-Statのデータベースでは、自分の欲しい切り口でデータを取り出すことができます。

初期画面では、「うるち米」という1つの商品（銘柄）について、自治体ごと（札幌市、函館市等）に月単位の価格が表示されています。

今回の分析では自治体間の比較は不必要なので1つの自治体（特別区部）のみに絞り込み、「うるち米」だけでなく様々な商品の物価変動を調べることにします。

データの切り口を変えるには、画面左側にある「レイアウト設定」を使います。ちょうどExcelのピボットテーブルのような操作で、行と列に並べるデータを変更します。今回は、行に「時間軸（月）」、列に「銘柄」と設定しました（図2.2①～⑤）。

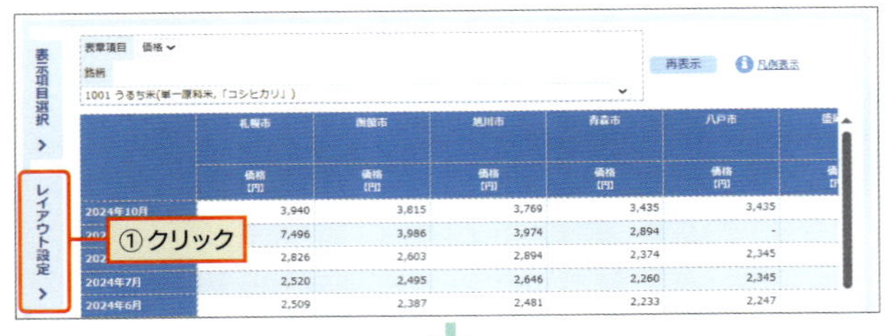


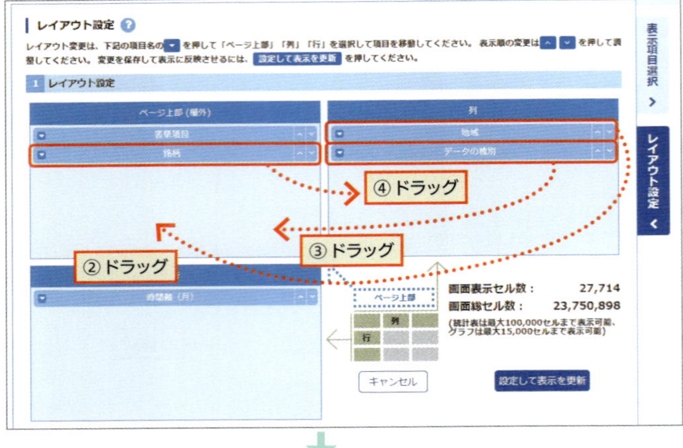


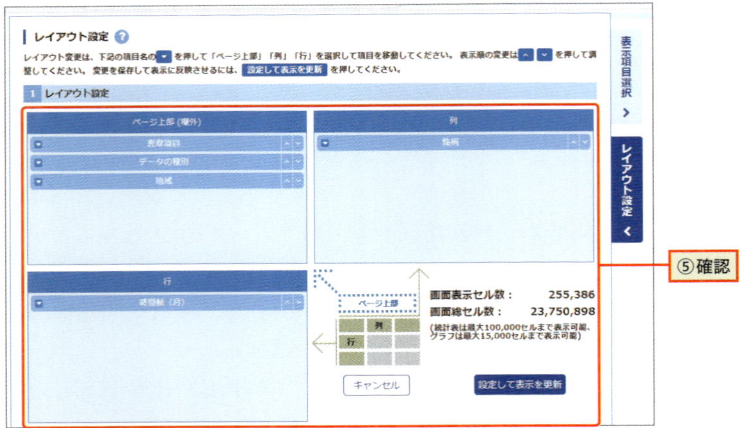


図2.2：小売物価統計調査の統計表画面（レイアウト設定画面）

出典 政府統計の総合窓口（e-Stat）

URL https://www.e-stat.go.jp/dbview?sid=0003421913

　また、品目（銘柄）については多数登録されているので、分析結果が煩雑にならないように絞り込みます。画面上の「表示項目選択」からご自身が興味のある商品を選んでください（図2.3①～⑤）。本書では16個の商品を選びました。うるち米（単一原料米,「コシヒカリ」）、食パン、スパゲッティ、小麦粉、さけ、たい、あさり、牛肉（国産品）、鶏肉、バター、チーズ（国産品）、鶏卵、キャベツ、じゃがいも、トマト、豆腐です。

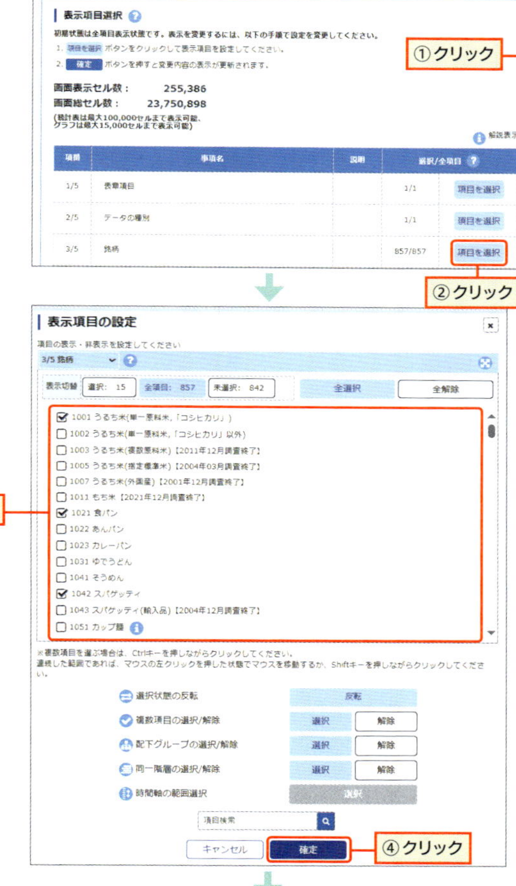

図2.3：
小売物価統計調査の統計表画面（表示項目の設定画面）

出典
政府統計の総合窓口（e-Stat）

URL
https://www.e-stat.go.jp/dbview?sid=0003421913

## データをダウンロードする

これで、欲しい形のデータになりました。画面上でもデータ内容を確認できるので、下方向や右方向にスクロールして、意図通りのデータ内容となっていることを確認します（図2.4）。



|  | 1001 うるち米(単一原料米,「コシヒカリ」) | 1021 食パン | 1042 スパゲッティ | 1071 小麦粉 | 1106 さけ | 1110 たい |
|---|---|---|---|---|---|---|
| 2024年9月 | 3,285 | 519 | 662 | 349 | 529 | 72 |
| 2024年8月 | 2,871 | 522 | 682 | 354 | 515 | 70 |
| 2024年7月 | 2,683 | 522 | 671 | 333 | 512 | 72 |
| 2024年6月 | 2,561 | 519 | 642 | 338 | 507 | 71 |
| 2024年5月 | 2,490 | 522 | 662 | 335 | 524 | 71 |
| 2024年4月 | 2,384 | 524 | 664 | 343 | 526 | 68 |

図2.4：小売物価統計調査の統計表画面（データ統計表画面）

出典 政府統計の総合窓口（e-Stat）
URL https://www.e-stat.go.jp/dbview?sid=0003421913

画面右上に「ダウンロード」のボタンがあるので、ここからデータをダウンロードします（図2.4①②）。

今後の分析をスムーズにするために、ダウンロード時の設定には注意してください。初期設定だとヘッダや凡例等もファイル内に出力されて分析の邪魔になります。ChatGPTは、このような邪魔な情報を取り除く処理も自動的に作ってくれますが、初めから分析しやすいデータとしておくに越したことはありません。

ダウンロード設定では、図2.5①～⑦の5か所を変更しました。

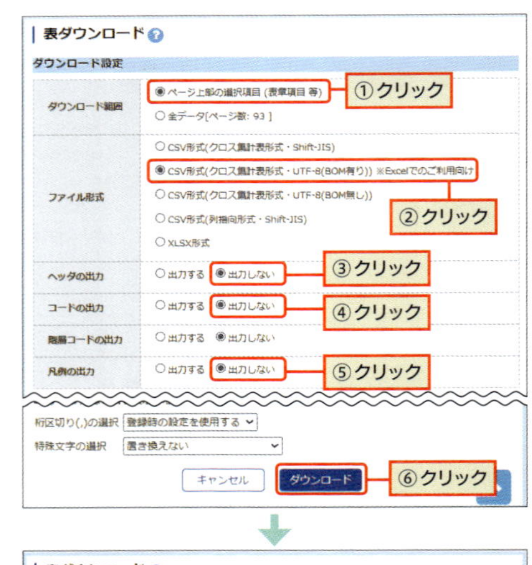

図2.5：小売物価統計調査の統計表画面
（表ダウンロード画面）

出典 政府統計の総合窓口（e-Stat）
URL https://www.e-stat.go.jp/dbview?sid=0003421913

- ダウンロード範囲：ページ上部の選択項目（表章項目 等）
- ファイル形式：CSV形式（クロス集計表形式・UTF-8(BOM有り)）
- ヘッダの出力：出力しない
- コードの出力：出力しない
- 凡例の出力：出力しない

ダウンロードしたCSVファイル（本書では「FEH_00200571_241105185051.csv」となりました）を開くと（図2.6①）、図2.6②のような内容となっています。

今後、ChatGPTで処理を進める際に元データと突合して確認することもあるので、Excelで開ける形式（UTF-8のBOM有り）にしておいたほうが何かと便利です。

①ダブルクリック

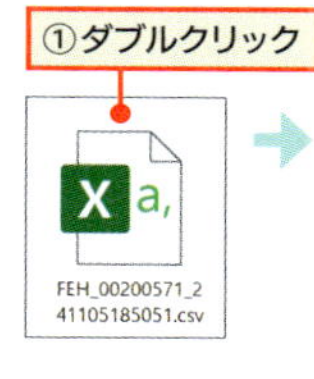


| | A | B | C | D | E | F | G |
|---|---|---|---|---|---|---|---|
| 1 | 表章項目 | データの種別 | 地域 | 時間軸（月） | /銘柄 | 1001 うるち米(単 | 1021 食パン |
| 2 | 価格 | 価格【円】 | 特別区部 | 2024年9月 | | 3,285 | 519 |
| 3 | 価格 | 価格【円】 | 特別区部 | 2024年8月 | | 2,871 | 522 |
| 4 | 価格 | 価格【円】 | 特別区部 | 2024年7月 | | 2,683 | 522 |
| 5 | 価格 | 価格【円】 | 特別区部 | 2024年6月 | | 2,561 | 519 |
| 6 | 価格 | 価格【円】 | 特別区部 | 2024年5月 | | 2,490 | 522 |
| 7 | 価格 | 価格【円】 | 特別区部 | 2024年4月 | | 2,384 | 524 |
| 8 | 価格 | 価格【円】 | 特別区部 | 2024年3月 | | 2,470 | 525 |
| 9 | 価格 | 価格【円】 | 特別区部 | 2024年2月 | | 2,441 | 524 |
| 10 | 価格 | 価格【円】 | 特別区部 | 2024年1月 | | 2,440 | 531 |
| 11 | 価格 | 価格【円】 | 特別区部 | 2023年12月 | | 2,386 | 529 |
| 12 | 価格 | 価格【円】 | 特別区部 | 2023年11月 | | 2,422 | 528 |
| 13 | 価格 | 価格【円】 | 特別区部 | 2023年10月 | | 2,367 | 524 |
| 14 | 価格 | 価格【円】 | 特別区部 | 2023年9月 | | 2,310 | 527 |
| 15 | 価格 | 価格【円】 | 特別区部 | 2023年8月 | | 2,333 | 527 |
| 16 | 価格 | 価格【円】 | 特別区部 | 2023年7月 | | 2,289 | 529 |

②確認

図2.6：物価情報のCSVファイル

このデータを見ただけでも、米（うるち米）が直近で値上がりしている様子が分かります。猛暑となった2024年の夏、「令和の米騒動」と呼ばれるように米不足となり値段が高騰しました。その状況を、既に統計数値としても反映しているようです。

ちなみに、E列に「/銘柄」というデータがあり、中身は空白となっています。これは、F列以降の情報が「銘柄」であることを示すためのヘッダであり、データとしては不必要な構造です。このあと、グラフ作成をする中で、この列は除外することを指示します。

これでデータの準備は完了です。このCSVファイルをChatGPTにアップロードして分析を進めていきます。

02

# データをアップロードして、折れ線グラフを描く

分析対象のデータを準備できていれば、ChatGPTでグラフを描くのはとても簡単です。作りたいグラフのイメージを日本語の文章で伝えるだけです。
ただ、注意を十分に払わずにグラフを作成すると、ChatGPTがこちらの意図を読み違え、誤ったグラフになる可能性もあります。
注意を払いながら指示をする方法について、具体的に見ていきましょう。

## 手順を１つ１つ段階的に進めることが重要

ChatGPTは賢いので、一度にたくさんのことを指示しても、期待に応えるアウトプットを出してくれることが多いです。例えば、「データを読み込む」、「各月のデータを、基準日に対する倍数にする」、「折れ線グラフを描く」といったことを1つのプロンプトでまとめて指示しても、期待通りの結果を得られる可能性が高いでしょう。

問題は、期待通りでなかった場合です。同時に多数の処理を実行すると、部分的に処理が間違っていても、私たちがその誤りに気付けない可能性が高くなります。また、誤りに気付けたとしても、その誤りを修正することでさらに別の誤りを誘発するなど、修正がうまくいかない可能性もあります。

このような混乱した状況に陥らないためにも、1つ1つ段階的に手順を進め、処理が正確に行われていることを確認してから次の処理へ進むほうが、結果的には効率的に作業できるのです。

データをアップロードする際にオススメの方法は、まずChatGPTに内容を読み込ませて、データの概要を答えさせることです。

その回答を見れば、ChatGPTがデータを正しく読み込み解釈できたことが分かります。もし本来のデータと異なる解釈をした場合は、この時点ですぐに修正することができます。

ChatGPTの挙動はランダムに変わるので感覚的な印象にはなりますが、データを読み込ませると同時にグラフ作成を指示するよりも、いったんデータの概要

を説明させた上で次のプロンプトでグラフ作成を指示するほうが、意図通りの結果を得やすいようです。

では、準備したCSVファイルをChatGPTにアップロードした上で、指示を出します。図2.7①～③のように、プロンプトを入力する欄に、ファイルをドラッグ＆ドロップで配置すればアップロードできます。

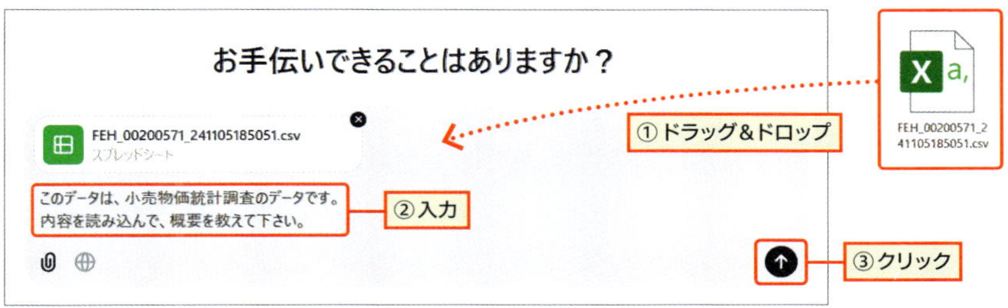

お手伝いできることはありますか？
FEH_00200571_241105185051.csv
スプレッドシート
このデータは、小売物価統計調査のデータです。
内容を読み込んで、概要を教えて下さい。
①ドラッグ＆ドロップ
②入力
③クリック
FEH_00200571_241105185051.csv

図2.7：ChatGPTのプロンプト入力画面（添付ファイルをアップロード）

プロンプト

このデータは、小売物価統計調査のデータです。
内容を読み込んで、概要を教えてください。

結果

このデータセットは小売物価統計調査の情報で、様々な商品の価格を日本円で示しています。概要は以下の通りです：

列：
「表章項目」：データ項目の種類を表し、「価格」などの値が含まれます。
「データの種別」：測定単位が示されており、「価格【円】」などの単位が入っています。
「地域」：調査対象の地域を示し、「特別区部」などの地域名が記載されています。
「時間軸（月）」：調査の年月が含まれており、例として「2024年9月」などが表示されます。
各種商品カテゴリー：例えば「うるち米（単一原料米，「コシヒカリ」）」「食パン」などの具体的な商品名が並び、「スパゲッティ」「小麦粉」「牛肉（国産品）」なども含まれます。

> 行：各行は特定の月と地域におけるこれらの商品の価格を表しています。
>
> 追加の分析や詳細が必要な場合は、お知らせください！

出力された内容を読み、データが正確に読み込まれていることが確認できました。

また、このように最初にデータの概要を説明させることで、データ項目の名称（表章項目、データの種別、地域、時間軸、各種商品カテゴリー）が明確になるので、これらの用語を使って以降の指示を正確に行えるという利点もあります。

なお、ChatGPTに日本語で指示を出しても、回答が英語で返ってくることがあります。そのような時は、「日本語で説明して」と依頼すれば、同じ内容を日本語で説明してくれます。

また、全く同じ指示を出しても、回答内容にはある程度の揺らぎが発生します。意図しない回答が返ってきた場合は、最初から同じ操作をやり直してみるというのも１つの有効な手段です。

## 折れ線グラフを作成する

ChatGPTはかなり優秀なパートナーです。でも、どんなに優秀なパートナーでも、曖昧な指示に適切に答えることはできません。

例えば、「物価変動の状況が分かるように折れ線グラフを作成してください」という指示を考えてみましょう。「物価変動の状況が分かるようにする」という目的について書かれていますが、その具体的な手段が書かれていません。物価は絶対値で表すのか、相対値で基準日からの倍率で表すのか、グラフを描画する範囲はいつからいつまでなのか、そういった具体的な内容が書かれていないのです。このような自由度が高い指示をすると、分析方針自体からChatGPTに任せることになってしまい、期待通りの結果とならない場合が多くなります。

目的を示すことも時に重要なのですが、まずは具体的な実現手段を明記するように心掛けましょう。今回は、このように指示しました。

プロンプト

このデータを分析し、2014年10月から2024年9月までの各商品の物価変動について、折れ線グラフで示してください。
2014年10月を基準値として、基準値に対する倍数で示してください。
全ての折れ線を1つのグラフにまとめてください。

結果

この折れ線グラフは、2014年10月から2024年9月までの各商品の物価変動を示しています。各線が特定の商品に対応しており、期間中の価格の推移を視覚化しています。

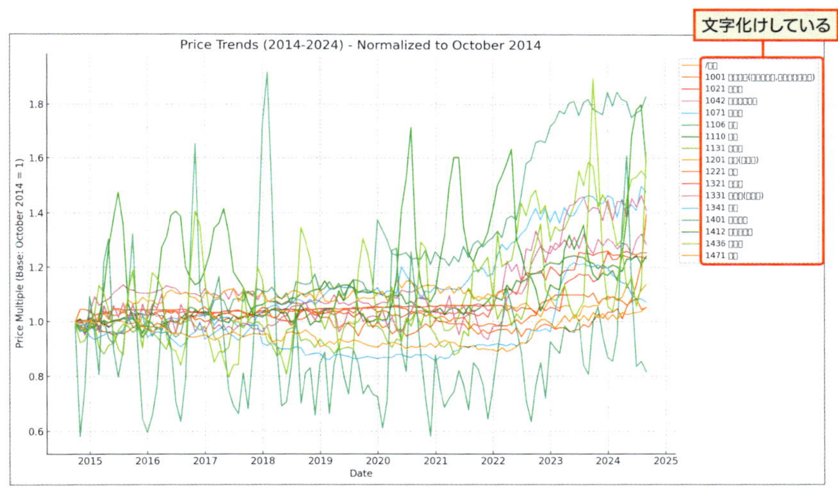


図2.8：出力結果（16種類の商品の物価変動）

細かな修正事項はあるものの、まずは全体的に意図した状態に持ってくることができました（図2.8）。2014年10月は基準日なので1.0の点に集約されており、2023年から2024年にかけて各商品の価格が上下動している傾向も分かります。

ただ、文字化けしているので商品名を読み取ることができません。このエラーは、すぐに修正することができます。

## 日本語の文字化けを修正する

本書執筆時点（2024年9月から12月現在）では、ChatGPTのPython実行環境に日本語フォントファイルがありません。そのため、日本語を含むデータをグラフ等に表示すると、白い四角が並ぶような形（通称で「豆腐」と呼ばれます）で文字化けが発生してしまいます。

対策は簡単です。日本語のフォントファイルを用意して、ChatGPTにアップロードするだけです。日本語フォントファイルには様々なものがありますが、無料で入手できる美しいフォントであるNoto Sans Japaneseがオススメです。図2.9のサイトからダウンロードしたZIPファイルを開くと、フォントの太さが異なる複数のファイルが入っています（図2.9①〜⑤）。ここでは、Mediumを使うことにします。ちなみに、Notoという名前は、世界中から文字化けをなくしたい（No more Tofu）という思いから名付けられています。

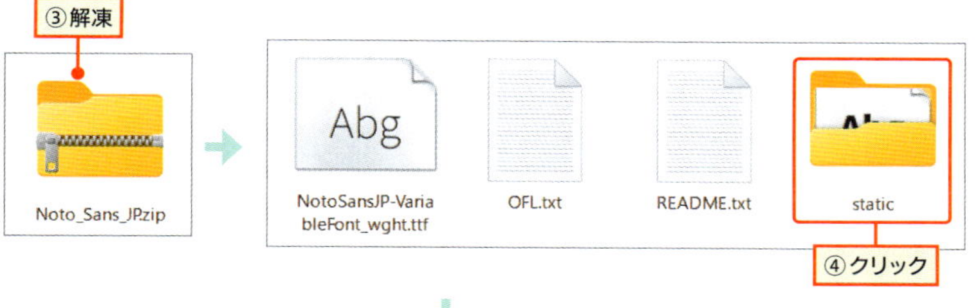

図2.9：オススメの日本語フォントであるNoto Sans Japanese

出典 Google Fonts

URL https://fonts.google.com/noto/specimen/Noto+Sans+JP

プロンプト

このフォントファイルを使ってください。
NotoSansJP-Medium.ttf
「/銘柄」のデータは無視してください。

結果

グラフを再作成し、指定されたフォントを使用して表示しました。各商品の物価変動が分かりやすく視覚化されています。

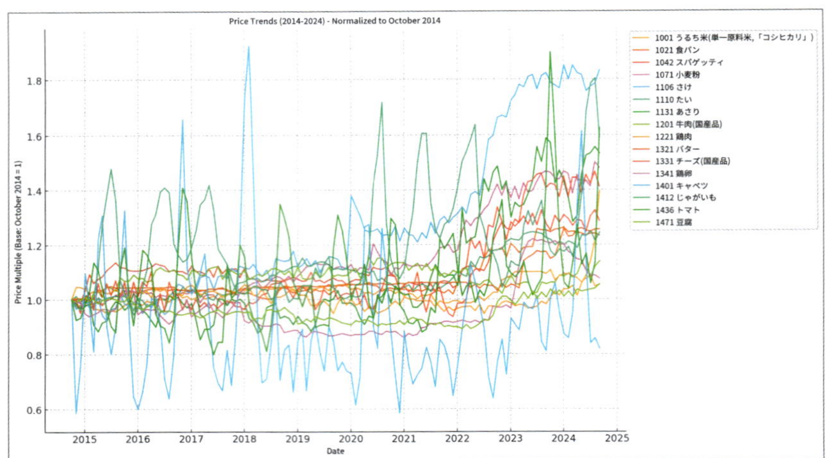


**図2.10**：出力結果（文字化け修正後）

これで、日本語の文字化けを修正することができました（図2.10）。

また、前述のように元のCSVデータの中には「/銘柄」という不要データがあったので、ここで分析対象から外しています。

## グラフの内容を確認する

的確な指示を出せば、ChatGPTはかなりの精度で正確にグラフを作成してくれます。

とはいえ、生成された結果をチェックせずに信じ込むのは危険です。正しくデータを分析できているか、その内容を毎回精査することが重要です。

最初の分析ということもあり、ここでは元データのCSVファイルをExcelで開き、同じように基準日に対する倍数表記とした上で、内容を検証してみました。Excelの条件付き書式で色を付けています（図2.11）。

| 時間軸（月） | 1001 うるち米 | 1021 食パン | 1042 スパゲッティ | 1071 小麦粉 | 1106 さけ | 1110 たい | 1131 あさり |
|---|---|---|---|---|---|---|---|
| 2024年9月 | 1.39 | 1.23 | 1.29 | 1.48 | 1.83 | 1.24 | 1.53 |
| 2024年8月 | 1.22 | 1.24 | 1.32 | 1.5 | 1.78 | 1.21 | 1.55 |
| 2024年7月 | 1.14 | 1.24 | 1.3 | 1.41 | 1.77 | 1.25 | 1.53 |
| 2024年6月 | 1.09 | 1.23 | 1.25 | 1.43 | 1.75 | 1.23 | 1.52 |
| 2024年5月 | 1.06 | 1.24 | 1.29 | 1.42 | 1.81 | 1.23 | 1.45 |
| 2024年4月 | 1.01 | 1.24 | 1.29 | 1.45 | 1.82 | 1.19 | 1.3 |
| 2024年3月 | 1.05 | 1.25 | 1.27 | 1.39 | 1.85 | 1.2 | 1.28 |
| 2024年2月 | 1.04 | 1.24 | 1.29 | 1.46 | 1.8 | 1.21 | 1.37 |
| 2024年1月 | 1.04 | 1.26 | 1.31 | 1.47 | 1.85 | 1.2 | 1.43 |
| 2023年12月 | 1.01 | 1.26 | 1.28 | 1.44 | 1.76 | 1.21 | 1.47 |
| 2023年11月 | 1.03 | 1.25 | 1.3 | 1.44 | 1.78 | 1.2 | 1.42 |
| 2023年10月 | 1 | 1.24 | 1.25 | 1.46 | 1.79 | 1.22 | 1.57 |
| 2023年9月 | 0.98 | 1.25 | 1.28 | 1.47 | 1.82 | 1.22 | 1.59 |
| 2023年8月 | 0.99 | 1.25 | 1.32 | 1.46 | 1.81 | 1.24 | 1.5 |

**図2.11**：元データをExcelで分析した結果

グラフ表記とExcelの内容を見比べると、正確に数値が反映されていることが分かります。例えば、物価上昇が目立つ「さけ」は2024年9月には基準日の1.83倍となっていますが、グラフ上でもそのようにプロットされています。

このように、ChatGPTの結果だけをうのみにするのではなくて、手元でデータと突合するなど確認を怠らずに手順を進めていくことをオススメします。

## Column

### ChatGPTのグラフ作成が正確な理由を知る

ChatGPTにはハルシネーション（幻覚）という特性があり、もっともらしく生成された回答の中に部分的なウソが入り込むということが広く認識されています。ですので、グラフの中で10個のデータを確認したとしても、11個目のデータが誤っているのではないかと疑心暗鬼になる方もいらっしゃるでしょう。
しかし、データ分析やグラフ作成において、ハルシネーションを過度に心配する必要はありません。なぜなら、ChatGPTが生成しているのはデータそのものではなく、分析や可視化を行うためのプログラムのソースコードだからです。そのプログラムを使った結果だからこそ、分析方針さえ間違えていなければ結果は正しく出力されるのです。

ChatGPTは基本的にPythonを使ってプログラミングを行い、その実行結果をChatGPTの画面に表示します。そのソースコードの内容は、簡単に確認することができます。

プロンプト

ソースコードを示してください。

結果

以下が、フォントファイルを使用した物価変動の折れ線グラフ作成のソースコードです。
このコードでは、データを読み込み、「時間軸（月）」列を日付形式に変換してフィルタリングを行ったあと、フォントファイルを指定して各項目の価格変動を折れ線グラフで描画しています。

```
import pandas as pd
import matplotlib.pyplot as plt
import matplotlib.font_manager as fm

# データを読み込む
file_path = '/mnt/data/FEH_00200571_241105155051.csv'
data = pd.read_csv(file_path)

# 日付列を日時形式に変換
data['時間軸（月）'] = pd.to_datetime(data['時間軸（月）'], ➡
format='%Y年%m月')

# 2014年10月から2024年9月までのデータにフィルタリング
filtered_data = data[(data['時間軸（月）'] >= '2014-10-01') & ➡
(data['時間軸（月）'] <= '2024-09-30')]

# 列を数値に変換し、エラーが発生した場合はNaNに設定
for col in filtered_data.columns[4:]:
    filtered_data[col] = pd.to_numeric(filtered_data[col]➡
.astype(str).str.replace(',', ''), errors='coerce')

# 日付列をインデックスに設定
filtered_data.set_index('時間軸（月）', inplace=True)

# 不要な列を削除し、数値データのみに絞る
```

```
numeric_data = filtered_data.select_dtypes(include=['float64'])➡
.drop(columns=["/銘柄"], errors='ignore')

# 2014年10月の価格を基準値（1）として他の月のデータを正規化
base_values = numeric_data.loc['2014-10-01']
normalized_data = numeric_data.div(base_values)

# カスタムフォントを読み込む
font_path = '/mnt/data/NotoSansJP-Medium.ttf'
fontprop = fm.FontProperties(fname=font_path)

# データをプロット
plt.figure(figsize=(14, 8))
for col in normalized_data.columns:
    plt.plot(normalized_data.index, normalized_data[col], label=col)

plt.xlabel('Date', fontproperties=fontprop)
plt.ylabel('Price Multiple (Base: October 2014 = 1)', ➡
fontproperties=fontprop)
plt.title('Price Trends (2014-2024) - Normalized to October 2014', ➡
fontproperties=fontprop)
plt.legend(loc='upper left', bbox_to_anchor=(1, 1), prop=fontprop)
plt.grid(True)
plt.tight_layout()
plt.show()
```

ここではソースコードの詳細内容の解説は行いませんが、ChatGPTがPythonのコードを生成して、その実行結果を示しているという動作全体をイメージしてください。コードの基本的な内容については、第3章の章末コラム「Pythonの可視化ライブラリ」で説明します。
ごく簡単にこのソースコードの要点を説明すると、後半にある「データをプロット」がグラフ作成の中心処理です。それまでの前半部分では、例外データを除外する、データ範囲を2014年10月以降に絞る、基準値に対する倍率を計算する（正規化）といったデータの前処理を行っています。
プログラムの内容を読み解けば、余計な処理をすることなく意図した通りに計算されていることを確認でき、さらに安心することができます。

03

# 作成した折れ線グラフを修正する

とりあえず折れ線グラフは完成しましたが、16種類の品目を表現するために多数の直線が重なって読み取りにくい状況です。でも、ChatGPTを使っていれば、折れ線グラフを修正することも簡単です。注目したい部分にフォーカスしたり、分析視点を変えたりといったことも、簡単な指示で実現できます。

## 鮭の価格変動を可視化する

16品目の中でも、最も価格が上昇していたのが鮭（さけ）でした。10年前と比べて1.8倍以上の価格という水準です。この背景には、鮭自体の漁獲量減少があります。また、海外でもサーモンや鮭のニーズが高まる一方で、円安のあおりも受けて輸入コストが上昇しているという要因もあるようです。

スーパーでよく買い物をする人は、鮭の価格が高くなっているという実感もあるでしょう。その状況について、統計数値で確認します。

指示は簡単です。既に折れ線グラフは作成しているので、鮭だけを表示するように伝えるだけです。

プロンプト

折れ線グラフで、「さけ」だけを表示してください。

結果

「さけ」の価格変動を2014年10月から2024年9月までの折れ線グラフで表示しました。価格の推移が時系列で示されています。

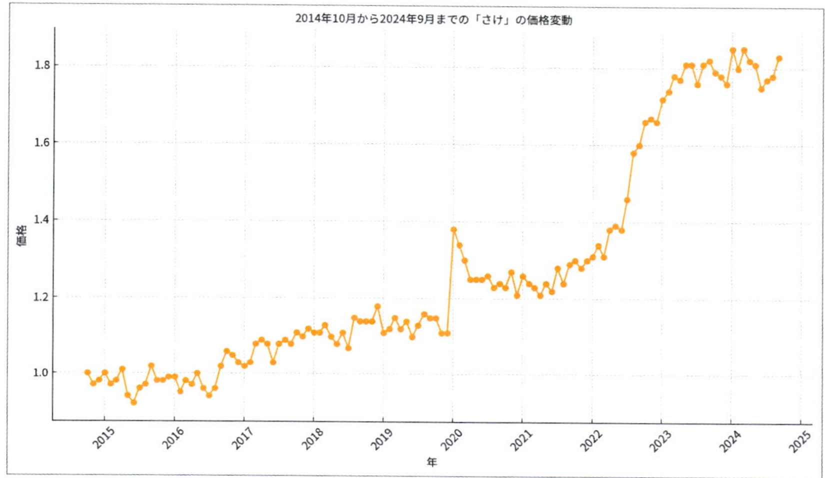


図2.12：出力結果（さけの物価変動）

図2.12のように、右肩上がりで価格が上昇している様子が明らかになりました。特に2020年に急騰して以来、価格上昇がエスカレートしています。2020年の新型コロナウィルス感染症の拡大や、2022年に始まったウクライナ戦争等の影響を受けているのかもしれませんが、日本人にとっては悩ましい事態です。

なお、縦軸の目盛がゼロから始まっていないことには注意しておきましょう。変化を詳細に可視化するという点では優れていますが、鮭の価格が10倍以上に跳ね上がっているように誤解されそうです。必要に応じて、「縦軸をゼロから始める形にしてください」といった形で修正してください。

もう1つ、特徴的な値動きをしている商品を見てみましょう。キャベツです。16品目を並べたグラフの中でも、明らかに1品目だけ激しく値上がり、値下がりを繰り返していました。そのキャベツに注目したグラフを作成します。自分が調べたいと思ったことを文章にすれば、すぐにグラフで可視化してくれるというのは、とても気持ちのいいものですし、素晴らしい作業効率です。

ChatGPTは会話の文脈を記憶しているので、同じような指示をする時に全ての文章を繰り返す必要はありません。「キャベツについても」とだけ指示すれば、キャベツだけを表示した折れ線グラフを作る指示だと解釈してくれます。

プロンプト

キャベツについても。

結果

「キャベツ」の価格変動を2014年10月から2024年9月までの折れ線グラフで表示しました。価格の推移が時系列で示されています。

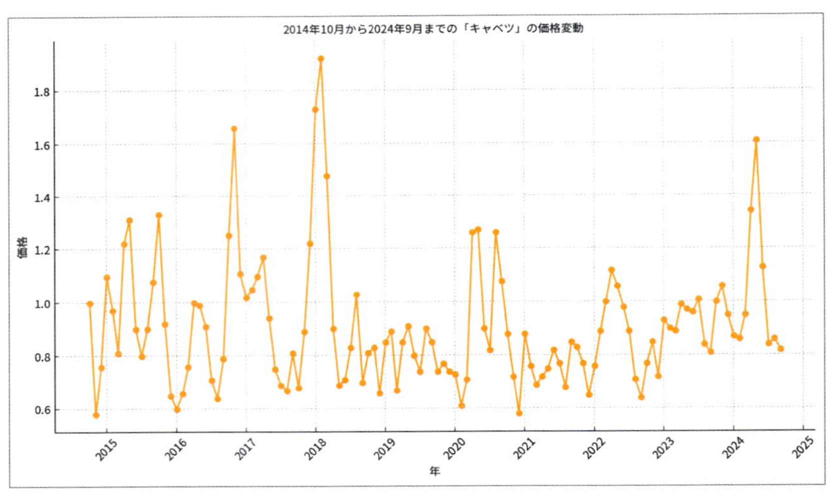


図2.13：出力結果（キャベツの物価変動）

本当に激しく値動きしています（図2.13）。約0.6倍から約1.9倍まで、なんと3倍以上も値段が変わっています。しかも数か月の間で乱高下するので、消費者の立場からも大変ですが、生産者の立場だと本当に需給予測が大変だろうと想像できます。

なお、折れ線グラフでは乱高下している状況自体は読み取れますが、それ以上の詳細を読み取ることが困難です。夏場と冬場、どちらの値段が高いのでしょうか？　また、価格が急騰するのはどんな時期が多いのでしょうか？

そのような疑問が湧いた場合も、どんどんと分析を進めていけます。ChatGPTのありがたさを感じる瞬間です。

04

# 時間軸を２つの軸に分けて、価格変化を細かく分析する

年月を一方向の軸で表したグラフでは、時系列の大まかな変化しか分かりません。年単位の推移と、月単位の推移を２軸に分けて可視化することで、月単位の特徴など細かな変化が読み取れるようになります。
また、ヒートマップの手法を使って可視化することで、変化の度合いを一目瞭然にできます。

## 時間軸を２軸にするというアプローチ

私たちが過去に習ってきたグラフは、基本的に縦軸と横軸に異なる指標を置いていました。横軸を時間軸とするならば、縦軸は物価、人数、件数、点数など時間とは異なる指標を選んでいました。ですので、縦軸と横軸の両方を時間軸にする（年単位と月単位）というアプローチは、ちょっと異質なものに感じるかもしれません。

もちろん、普通の折れ線グラフや棒グラフで２軸を時間軸で使ってしまうと、肝心の変化を表現する場所がなくなります。そこで、３つ目の指標を入れます。といっても、XYZの３軸で立体的に表現するわけではなく、「色」という要素を使って３つ目の指標を表現するのです。

具体的なアウトプットを見るほうが分かりやすいでしょう。手順を進めます。

プロンプト

キャベツの価格変動について、縦軸を年、横軸を月として集計してください。

結果

キャベツの年・月別価格変動

| | 年 | 1 | 2 | 3 |
|---|---|---|---|---|
| 1 | 2014 | | | |
| 2 | 2015 | 1.0956937799043063 | 0.9665071770334929 | 0.80861246 |
| 3 | 2016 | 0.5980861244019139 | 0.6602870813397129 | 0.76076554 |
| 4 | 2017 | 1.0191387559808613 | 1.0478468899521531 | 1.09569373 |
| 5 | 2018 | 1.7272727272727273 | 1.9186602870813396 | 1.47846882 |
| 6 | 2019 | 0.84688995215311 | 0.889952153110047 | 0.6650717 |

「キャベツ」の年別および月別の平均価格を、縦軸を年、横軸を月とした表で表示しました。これにより、年ごとの月別価格の傾向が把握しやすくなっています。その他の分析が必要であれば、お知らせください。

プロンプト

ヒートマップで表してください。

結果

「キャベツ」の価格変動を年×月で示したヒートマップを作成しました。価格の高低が色の濃淡で視覚化されており、季節や年による変動傾向が分かりやすくなっています。

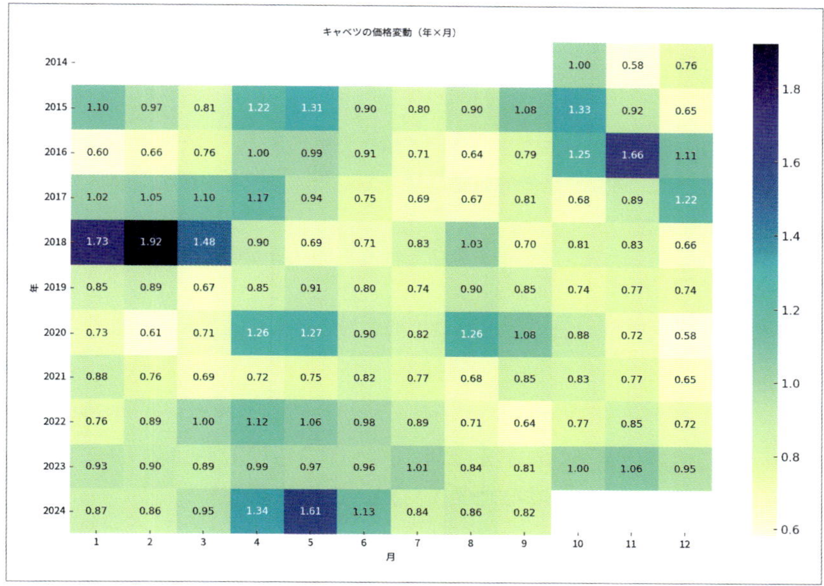

図2.14：出力結果（キャベツの物価変動のヒートマップ）

図2.14が、キャベツの価格変動のヒートマップです。

可視化した結果、「キャベツの価格変動には特徴が見出しにくい」ということが分かりました。冬場に価格が高騰する時期（2016年11月、2018年2月）がありますが、他の年ではむしろ冬場に安くなっている時もあります。

キャベツの成長は天候に左右されるので、寒い日や日照不足が続くと不作になり、供給不足によって価格が高騰します。しかし、しばらくすると今度は違う産地から出荷が増え、供給過多になり価格が下がるのです。他の野菜と比べても、キャベツがここまで価格変動が激しいのは不思議な気がしますが、実際にスーパーで買い物をしていてもキャベツの値段にはいつも驚かされます（良い意味でも悪い意味でも）。

キャベツの場合は詳細に見ても特徴や周期性が見えないというのが分析結果にはなりましたが、それも細かな状況が見えたからこそ考察できることです。

このように、年単位と月単位の2軸に分けた分解をすると、1軸の時には見えなかった詳細な違いが分かるようになります。

05

# エラーに対処する

最後に、エラーへの対応方法について紹介しましょう。ここまで実践してきたケースは、指示が比較的明確になっているので、想定外のエラーはあまり発生しにくいでしょう。
ただ、ChatGPTを使ってデータ分析を行う以上、ChatGPTが意図通りに処理を行ってくれないというケースは常に発生しえます。そのようなエラーや処理方針の違いなどが発生した時の対応方法を見ていきましょう。

## 明確な指示を出しているつもりでも、明確になっていないことは多い

私たちは、業務や日常生活の中ではかなり曖昧な言葉遣いをしています。言葉を多少省略したり、言い間違えたりしても、受け手が推測してコミュニケーションが成立するからです。

ChatGPTも同様に、受けた指示内容が多少曖昧でも、必要な言葉を自動補完して指示者の意図を推測してくれます。でも、その推測方法は、良い意味でも悪い意味でも人間の場合と少しずれています。人間には気付けないような細かな矛盾まで自動的に発見して修正してくれることもありますが、人間であれば理解してくれるような単純なことに対して変な勘違いをすることもあります。

例えば、先ほどの分析の続きで、物価変動率が高い順にランキングを作るつもりで、以下のような指示を出したとします。

プロンプト

折れ線グラフの2024年9月における価格変動割合を、品目ごとに一覧表としてください。

ちょっと、ここで想像してみてください。

人間に対しての指示であれば、この内容で的確に処理内容を伝えることができるでしょう。

でも、ChatGPTは思わぬところで、意図しない動作をしてしまいました。どのような結果になるのか、想像できるでしょうか？

結果

一覧表を作成し、2024年9月における各品目の価格変動割合を表示しました。必要であれば、他の項目や期間についても計算できますので、お知らせください。

2024年9月の価格変動割合

| | 品目 | 2024年9月の価格変動 |
|---|---|---|
| 1 | 1001 うるち米(単一原料米,「コシヒカリ」) | 38.99999999999999 |
| 2 | 1021 食パン | 23.0 |
| 3 | 1042 スパゲッティ | 29.00000000000000004 |
| 4 | 1071 小麦粉 | 48.0 |
| 5 | 1106 さけ | 83.0 |

図2.15：出力結果（2024年9月時点の価格変動割合、数字修正前）

出力された表（図2.15）を見ると、驚いてしまいますね。

いくら10年前から物価が上昇したといっても、米の価格が38倍とか、食パンの価格が23倍というのは桁外れの水準です。これが本当ならもはやハイパーインフレであり、円通貨への信頼が破綻しているような状態です。

ということで、何か単純なミスをしているのではないかと疑い、もう一度依頼をかけました。

プロンプト

数値が誤っているので、修正してください。

結果

2024年9月の価格変動割合を再計算し、修正した一覧表を表示しました。もしさらなる調整が必要であればお知らせください。

しかし、結果は先ほどと全く同じ表が出力されました。

何か根本的なところで、意思疎通ができていないという雰囲気です。

## 問題点を具体的に例示して、問題解決を指示する

先ほどは、とても曖昧な形で「数値が誤っているので、修正してください。」とだけ依頼しました。

ChatGPTが単純な処理間違いをしている場合は、この指示で修正対応が完了することもあります。ただ、対応方法の方針自体がすれ違っている場合などは、このような曖昧な指示では堂々巡りになるだけです。

そこで有効なのは、発生している問題を具体的に例示して、その問題の改善を依頼するという方法です。

今回は、食パンの物価を例として、それが23倍もの価格となっていることを指摘しました。

プロンプト

食パンの物価が23倍になっているのは誤りです。

結果

「1021 食パン」の物価変動を再確認したところ、2014年10月の価格が1.0円、2024年9月の価格が1.23円であり、価格変動割合は23%です。これは、誤りではなく23%の上昇を意味しています。
その他の品目についても再確認が必要であれば、お知らせください。

具体的な問題点を例示したことで、一気に解決策が見えました。「なんだ、そんなことだったのか！」と話がかみ合わない相手としばらく会話して、論点がずれた原因をようやく探り当てた時のような嬉しい気分になります。

食パンの価格は、基準日の1.23倍となっていました。それを、ChatGPTは23.0という数字で表現し、筆者は23倍を示すものと誤解していたのでした。

勘違いの原因が分かったところで元の指示内容を読み返すと、「価格変動割合を一覧表としてください」としか指示していませんでした。人間であれば基準日を1とした倍数で示すと解釈してくれるような気がしますが、ChatGPTのように上昇率をパーセント表示するという方法も誤りではありません。つまり、アウトプットの形式を指定していなかったという点で、こちらの指示が曖昧だったのです。

問題が分かれば、対策はとても簡単です。

プロンプト

2014年10月の価格を1として、その価格に対する倍率で示してください。

結果

2014年10月の価格を基準（1）として、2024年9月時点での各品目の価格倍率を一覧表で表示しました。必要に応じて、他の項目についても分析できますので、お知らせください。

2024年9月の価格倍率（2014年10月 =1）

| | 品目 | 2024年9月の価格倍率 |
|---|---|---|
| 1 | 1001<br>うるち米(単一原料米,「コシヒカリ」) | 1.39 |
| 2 | 1021 食パン | 1.23 |
| 3 | 1042 スパゲッティ | 1.29 |
| 4 | 1071 小麦粉 | 1.48 |
| 5 | 1106 さけ | 1.83 |

図2.16：出力結果（2024年9月時点の価格変動割合、数字修正後）

これで、想定通りの一覧表が出力されました（図2.16）。
最後に、表だけでは分かりにくいので、棒グラフで可視化しましょう。

プロンプト

価格倍率を横棒グラフで示してください。倍率が高い順に並べてください。

結果

2014年10月を基準とした2024年9月の価格倍率を、倍率が高い順に並べた横棒グラフで示しました。高い倍率の品目が上に表示されています。

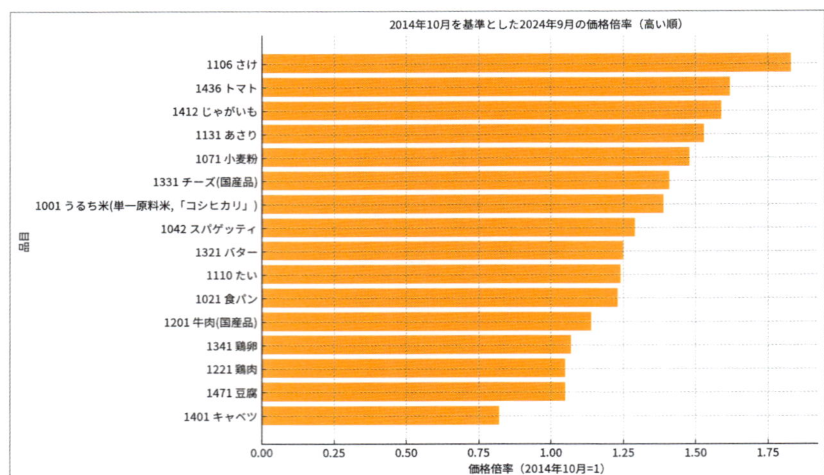


図 2.17：出力結果（物価上昇順のランキング）

これで、物価上昇の状況を端的に可視化することができました（図 2.17）。

商品によって上昇率に違いはありますが、ほとんどの商品は20%以上値上がりしていますし、50%以上値上がりしているものも4種類あります（さけ、トマト、じゃがいも、あさり）。

鶏卵、鶏肉、豆腐については値上がりしているものの、小幅な水準に留まっています。

唯一、価格が低下しているのはキャベツです。ただ、先に見た通りキャベツ価格は変動幅が非常に大きいので、これは2024年10月時点でたまたま安かったに過ぎないと考えることができます。

## ChatGPT を使ったデータ分析の素晴らしさ

このように小売物価統計調査のデータを使って、有意義な分析を進めることができました。

データ分析を学ぶ時には、無味乾燥のダミーデータを使うのではなく、自分自身の興味関心を引き出してくれるようなリアルなデータを題材とすることが大事です。興味のあるデータだからこそ、「何かおかしいぞ」、「ここはどうなっているのだろう」とさらなる疑問が湧き、様々な分析手法を試しながらデータの実像を理解することができるようになります。

そして、そのように分析を繰り返す過程において、ChatGPTはこれ以上ないパートナーです。これまで、同じようなことをしようと思えば、Excelに精通するだけでなく、PythonやRといったプログラム言語にも精通し、数学的な部分を含めた統計知識も必要でした。しかし、そういった難易度の高い部分をChatGPTが代替してくれ、私たちはデータを様々な角度から分析するという本質的な部分に集中できるのです。

本当に素晴らしい技術が出てきたものだと思います。しかし、本章はまだ基本的な使い方を説明したところです。次章からは、さらに高度な分析方法を紹介し、チャレンジしていきます。

### Column

## ChatGPTが意図通りに動作しない時の対処方法

実際に読者の方がChatGPTを使ってグラフを作成する際も、思い通りの結果が出ずイライラする局面があるかもしれません。
そのような時の修正対応にもコツがあります。1度や2度の失敗で「ChatGPTは使えない！」と決め付けるのではなく、このようなコツを覚えて冷静に試行錯誤を続けていると、きっと思い通りの結果を得ることができるようになるでしょう。

### 明示的に具体的な問題を伝える

先ほど紹介した例で見たように、「食パンの物価が23倍になっている」といった具体的な事象を記載します。そのことによって、ChatGPTも解決の糸口をつかむことができます。
「数値が誤っているので、修正してください」と曖昧な指示をしても解決することはありますが、問題を具体的に伝えたほうが解決への近道になるでしょう。

### プロンプトの表現方法を変える

人間にとっては同じ意味の言葉に見えても、表面的に言葉を入れ替えることでアウトプットが変わることがあります。
「価格上昇率が120%以上の商品のみに対して、商品名を表示してください」
「価格上昇率が120%未満の商品については、商品名を表示しないでください」
このように、肯定形と否定形を入れ替えるだけでも効果的な場合があります。

### 目的を加える

ChatGPTに対しては期待する処理を具体的に指示することが効果的なのですが、どんなに明示的に表現してもうまくいかないことがあります。
そのような時には、なぜこのような指示をしているのか、その目的も合わせて伝えると改善が進みます。
「凡例をもっと右上に移動してください」
「凡例とグラフ上の文字が重なって読みづらいので、凡例をもっと右上に移動してください」

後者の形で目的をしっかりと伝えることで、ChatGPTも指示の意図を読み解きやすくなるようです。

### 1つ前の状態に戻る

グラフの一部を変更しようとして、意図しないところが変わってしまうことがあります。しかし、その度に最初から手順を繰り返すのは面倒です。
こういう時は、「1つ前の処理に戻って」と指示をすると、直前の状態に戻ることができます。ただし、場合によっては直前の状態に戻れないこともあるので注意してください。複雑な処理を指示すると、戻れなくなる確率が上がるようです。

### 最初から手順をやり直す

1つ前の状態に戻るというのは便利な方法なのですが、この方法を繰り返すとChatGPTが間違ったパターンを記憶してしまい、そのパターンに囚われてしまうということがあります。
プロンプトの改善を何度か試してそれでも期待通りの結果が得られない場合は、データをアップロードするという最初の手順からやり直すほうが効率的です。

注意

**本書で紹介するプロンプトについて**

ChatGPTの回答にはランダム性があり、全く同じ指示をしても回答内容が若干異なります。
本書では、筆者が何度も指示を繰り返した上でたどり着いた「成功への近道」を紹介していますが、この手順通りに実行しても必ず同じ結果になるわけではありません。これは、ChatGPTでデータ分析を行う上で避けようがないことです。
本書で紹介した手順通りに進まない場合は、前述のコラム「ChatGPTが意図通りに動作しない時の対処方法」を参考にプロンプトの変更や再実行を試してください。

Chapter

3

# Pythonを使った高度な可視化手法

ChatGPTがグラフを描く際には、基本的にPythonを利用します。
Pythonには可視化に特化したライブラリが組み込まれており、
基礎的なグラフはもちろんのこと、
Excelでは描けないような高度なグラフを作成することもできます。
誰でも入手できる統計データを使って、
実践的な可視化に挑戦しましょう。

01

# 箱ひげ図（最寄駅ごとの不動産取引価格）

箱ひげ図は、テストの点数の分布などデータのばらつき具合を簡単に可視化する手法です。例えば、上位25%から上位75%までの領域を目立つ形（太い箱）とした上で、最大値、中央値、最小値についても棒線によって読み取ることができます。
国土交通省のデータを使って、最寄駅別の不動産価格のばらつきを可視化してみましょう。

## データを準備する

国土交通省が公開している「不動産ライブラリ」から、全国の不動産取引情報をデータとしてダウンロードすることができます。

今回は、以下のように条件を設定してデータをダウンロードしました（図3.1①～⑤）。

- 地域：東京都世田谷区
- 価格情報区分：成約価格情報
- 種類：中古マンション等
- 時期：2023年第1四半期～2023年第4四半期

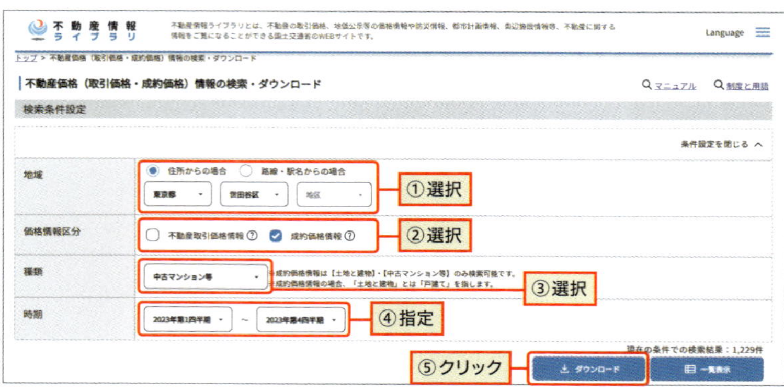


図3.1：不動産情報ライブラリのダウンロード画面

出典 国土交通省　不動産情報ライブラリ
URL https://www.reinfolib.mlit.go.jp/realEstatePrices/

ダウンロードしたZIPファイル（Tokyo_Setagaya Ward_20231_20234.zip）を解凍してCSVファイル（Tokyo_Setagaya Ward_20231_20234.csv）（図3.2①）を確認すると、1,229件のデータが入っていました。

図3.2②がその部分的なイメージです。取引価格や面積といった情報がありますし、最寄駅の名称についても整理されています。

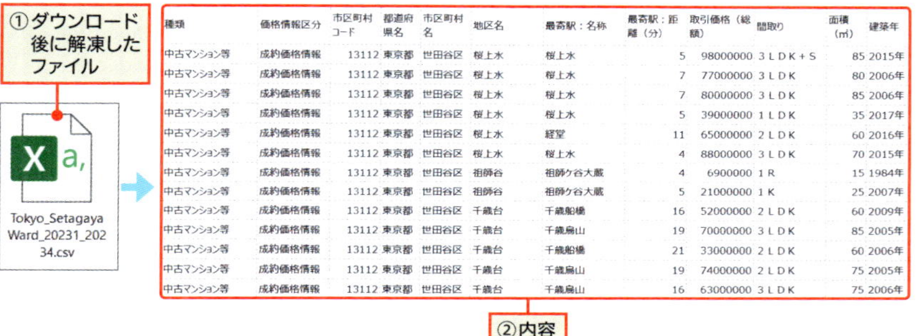


| 種類 | 価格情報区分 | 市区町村コード | 都道府県名 | 市区町村名 | 地区名 | 最寄駅：名称 | 最寄駅：距離（分） | 取引価格（総額） | 間取り | 面積（㎡） | 建築年 |
|---|---|---|---|---|---|---|---|---|---|---|---|
| 中古マンション等 | 成約価格情報 | 13112 | 東京都 | 世田谷区 | 桜上水 | 桜上水 | 5 | 98000000 | ３ＬＤＫ＋Ｓ | 85 | 2015年 |
| 中古マンション等 | 成約価格情報 | 13112 | 東京都 | 世田谷区 | 桜上水 | 桜上水 | 7 | 77000000 | ３ＬＤＫ | 80 | 2006年 |
| 中古マンション等 | 成約価格情報 | 13112 | 東京都 | 世田谷区 | 桜上水 | 桜上水 | 7 | 80000000 | ３ＬＤＫ | 85 | 2006年 |
| 中古マンション等 | 成約価格情報 | 13112 | 東京都 | 世田谷区 | 桜上水 | 桜上水 | 5 | 39000000 | １ＬＤＫ | 35 | 2017年 |
| 中古マンション等 | 成約価格情報 | 13112 | 東京都 | 世田谷区 | 桜上水 | 経堂 | 11 | 65000000 | ２ＬＤＫ | 60 | 2016年 |
| 中古マンション等 | 成約価格情報 | 13112 | 東京都 | 世田谷区 | 桜上水 | 桜上水 | 4 | 88000000 | ３ＬＤＫ | 70 | 2015年 |
| 中古マンション等 | 成約価格情報 | 13112 | 東京都 | 世田谷区 | 祖師谷 | 祖師ケ谷大蔵 | 4 | 6900000 | １Ｒ | 15 | 1984年 |
| 中古マンション等 | 成約価格情報 | 13112 | 東京都 | 世田谷区 | 祖師谷 | 祖師ケ谷大蔵 | 5 | 21000000 | １Ｋ | 25 | 2007年 |
| 中古マンション等 | 成約価格情報 | 13112 | 東京都 | 世田谷区 | 千歳台 | 千歳船橋 | 16 | 52000000 | ２ＬＤＫ | 60 | 2009年 |
| 中古マンション等 | 成約価格情報 | 13112 | 東京都 | 世田谷区 | 千歳台 | 千歳烏山 | 19 | 70000000 | ３ＬＤＫ | 85 | 2005年 |
| 中古マンション等 | 成約価格情報 | 13112 | 東京都 | 世田谷区 | 千歳台 | 千歳船橋 | 21 | 33000000 | ２ＬＤＫ | 60 | 2006年 |
| 中古マンション等 | 成約価格情報 | 13112 | 東京都 | 世田谷区 | 千歳台 | 千歳烏山 | 19 | 74000000 | ２ＬＤＫ | 75 | 2005年 |
| 中古マンション等 | 成約価格情報 | 13112 | 東京都 | 世田谷区 | 千歳台 | 千歳烏山 | 16 | 63000000 | ３ＬＤＫ | 75 | 2006年 |

図3.2：ダウンロードしたCSVファイルの内容（抜粋）

## ChatGPTにCSVファイルを読み込ませる

前章の手順と同様に、準備したファイルをChatGPTにアップロードします。アップロードが正しく完了したことを確認するためにも、「概要を教えてください」と指示を出すことをオススメします。

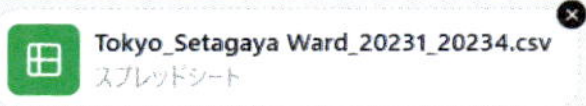


このファイルは、2023年の東京都世田谷区の不動産取引価格のデータです。このデータの内容を読み込んで、概要を教えてください。

結果

ファイルのエンコーディングが適切に読み込まれていないため、データが正しく表示されませんでした。再度エンコーディングの確認や別の方法で読み込みを試みますので、少々お待ちください。

ファイルの内容を見ると、データにはマルチバイト文字（日本語のテキスト）を含むことが分かります。このため、正しいエンコーディングを指定する必要があります。現在までに試したエンコーディングでうまくいかなかったので、もう一度別のエンコーディングを試してみます。
少々お待ちください。

ファイルのデータを正常に読み込むことができました。このデータは、2023年の東京都世田谷区における不動産取引価格に関する情報を含んでいます。データの主な項目は以下の通りです：

- 種類: 取引された物件の種類（例: 中古マンション等）
- 価格情報区分: 価格情報の種類（例: 成約価格情報）
- 市区町村コード、都道府県名、市区町村名: 地域情報（世田谷区に関する情報）
- 最寄駅の名称と距離: 物件から最寄駅までの情報
- 取引価格（総額）: 実際の取引価格
- 間取り: 物件の間取り（例: 3LDKなど）
- 建築年: 物件の建築年
- 建物の構造: 物件の構造（例: RC）
- 取引時期: 取引が行われた時期（例: 2023年第1四半期）

これらのデータを基に、取引価格や物件の詳細な分析が可能です。さらに詳細な分析が必要であれば、特定の項目を調査することもできます。

## 日本語の扱い（エンコーディング）には気を付ける

インターネット上からダウンロードしたデータをPython等のプログラミングで利用する時には、日本語の扱いについてのエラーが多発します。これは、WindowsやExcel向けの日本語文字のエンコーディング（Shift_JIS）と、Python等のプログラムが扱う日本語文字のエンコーディング（UTF-8等）が異なるためです。

ChatGPTが存在しなかった時代では、エディタなどを使ってエンコーディングを変換してPythonに読み込ませるという面倒な作業を行っていました。しかし、ChatGPTを使えば上述のように、何も指示しなくても自動的にエンコーディングを変換して、内容を読み取ってくれます。とても便利ですね。

ただし、ChatGPTの対応方法は毎回異なります。自動的にエンコーディングを変換するのではなく、「エンコーディングが異なるようです。どのように対応しますか？」とユーザーの指示を待つこともありますし、「正しく読み込めませんでした」という結果だけを冷たく回答することもあります。いずれの場合でも、「エンコーディングをUTF-8に変換して読み込んでください」と明示的に指示すれば、対応してくれます。

## 分析方針を立てる

ファイルを読み込ませることに成功したので、ここで改めてデータの分析方針を考えます。

可視化したい情報は、最寄駅単位での不動産価格の違いです。しかし、当然ながら不動産価格は最寄駅だけでなく、面積、建築年数、建物の構造（木造、RC、鉄骨造）など様々な要素で変わります。

不動産情報ライブラリにはこの全てのデータが含まれていますが、多数の要素を混ぜて分析すると結果が複雑となり、可視化して伝えるメッセージが分かりにくくなります。そこで、今回は最も影響が大きいと考えられる建物の「面積」の要素だけに注目し、「面積1$m^2$あたりの取引価格」という指標によって最寄駅ごとの違いを可視化することにしましょう。

ダウンロードしたCSVファイルの中には、「取引価格」と「面積（$m^2$）」というデータはあるのですが、「面積1$m^2$あたりの取引価格」というデータはありません。ですので、最初に全データに対してこの数値を計算し、そのあとに最寄駅単位で集計してグラフを描く形になります。

## いったん、データを整理して保存しておく

さて、ここで大事なポイントです。

ChatGPTはとても優秀なので、この状況からいきなり「最寄駅ごとに、1$m^2$あたりの取引価格を分析して箱ひげ図にしてください。」と指示しても、それなりの確率で意図通りのグラフを作ってくれます。

でも、このように階段を一気に駆け上がるような方法ではなく、処理を1つずつ積み重ねていくという地道な方法を取ることをオススメします。なぜなら、複雑な処理を一度にまとめると、作成したグラフに誤りが発生する可能性が高くなりますし、その誤りを事後的に確認することも難しくなるためです。

まずは、分析方針で決めた「面積1m$^2$あたりの取引価格」を計算してもらいます。

プロンプト

それぞれの物件に対して、面積1m$^2$あたりの取引価格を計算してください。その上で、面積1m$^2$あたりの取引価格の列データを加えた全体データをダウンロードできるようにしてください。

結果

面積1m$^2$あたりの取引価格を計算し、そのデータを追加したファイルを作成しました。
こちらからダウンロードできます。
ダウンロード: Tokyo_Setagaya_RealEstate_with_PricePerSquareMeter.csv

ここで、「データをダウンロードできるようにして」と指示をするのが、1つのポイントです。

ChatGPTにデータの加工や計算を依頼すると、最初の5個程度のデータに対してだけ処理を行うということが、たまに発生します。データ全体をダウンロードできるようにするという目標を与えることで、こういった中途半端な処理を避け、データ全体に対して処理を行わせることができるのです。

また、ここでダウンロードしたデータは中間ファイルとしても役立ちます。この先の処理でChatGPTが思うような結果を出せなかった時に、最初から処理をやり直すのは面倒です。中間ファイルがあれば、このファイルを読み込ませることで後続の処理からすぐに実施することができます。

ダウンロードした中間ファイルの内容を見てみましょう（図3.3）。最終列に、「1m$^2$あたりの取引価格」というデータが追加されています。Excel上で検算してみましたが、正確な値となっています。

| 最寄駅：名称 | 最寄駅：距離（分） | 取引価格（総額） | 間取り | 面積（㎡） | 建築年 | 建物の構造 | 用途 | 今後の利用目的 | 都市計画 | 建ぺい率（%） | 容積率（%） | 取引時期 | 改装 | 取引の事情等 | 1㎡あたりの取引価格 |
|---|---|---|---|---|---|---|---|---|---|---|---|---|---|---|---|
| 桜上水 | 5 | 98000000 | 3ＬＤＫ＋Ｓ | 85 | 2015年 | ＲＣ | | | １中住専 | | | 2023年第1四半期 | | | 1152941.176 |
| 桜上水 | 7 | 77000000 | 3ＬＤＫ | 80 | 2006年 | ＲＣ | | | １中住専 | | | 2023年第1四半期 | | | 962500 |
| 桜上水 | 7 | 80000000 | 3ＬＤＫ | 85 | 2006年 | ＲＣ | | | １中住専 | | | 2023年第1四半期 | | | 941176.4706 |
| 桜上水 | 5 | 39000000 | 1ＬＤＫ | 35 | 2017年 | ＲＣ | | | １中住専 | | | 2023年第1四半期 | | | 1114285.714 |
| 経堂 | 11 | 65000000 | 2ＬＤＫ | 60 | 2016年 | ＲＣ | | | １低住専 | | | 2023年第1四半期 | | | 1083333.333 |
| 桜上水 | 4 | 88000000 | 3ＬＤＫ | 70 | 2015年 | ＲＣ | | | １中住専 | | | 2023年第1四半期 | | | 1257142.857 |
| 祖師ケ谷大蔵 | 4 | 6900000 | 1Ｒ | 15 | 1984年 | ＲＣ | | | １低住専 | | | 2023年第1四半期 | | | 460000 |
| 祖師ケ谷大蔵 | 5 | 21000000 | 1Ｋ | 25 | 2007年 | ＲＣ | | | １中住専 | | | 2023年第1四半期 | | | 840000 |
| 千歳船橋 | 16 | 52000000 | 2ＬＤＫ | 60 | 2009年 | ＲＣ | | | １中住専 | | | 2023年第1四半期 | | | 866666.6667 |
| 千歳烏山 | 19 | 70000000 | 3ＬＤＫ | 85 | 2005年 | ＲＣ | | | １中住専 | | | 2023年第1四半期 | | | 823529.4118 |
| 千歳船橋 | 21 | 33000000 | 2ＬＤＫ | 60 | 2006年 | ＲＣ | | | ２種住居 | | | 2023年第1四半期 | | | 550000 |
| 千歳烏山 | 19 | 74000000 | 2ＬＤＫ | 75 | 2005年 | ＲＣ | | | １中住専 | | | 2023年第1四半期 | | | 986666.6667 |
| 千歳烏山 | 16 | 63000000 | 3ＬＤＫ | 75 | 2006年 | ＲＣ | | | | | | 2023年第1四半期 | | | 840000 |

図3.3：中間ファイルの内容（抜粋）※セルの黄色の着色は筆者によるもの

## 箱ひげ図を作成する

下準備が終わったので、いよいよグラフの作成です。
シンプルに、作成したい箱ひげ図のイメージを伝えるだけで大丈夫です。

**プロンプト**

最寄駅ごとに、面積1m²あたりの取引価格を箱ひげ図で表してください。

**結果**

最寄駅ごとの1m²あたりの取引価格の箱ひげ図を作成しました。これにより、各駅ごとの取引価格の分布や、価格のばらつきが視覚的に確認できます。その他の分析やカスタマイズが必要であれば、お知らせください。

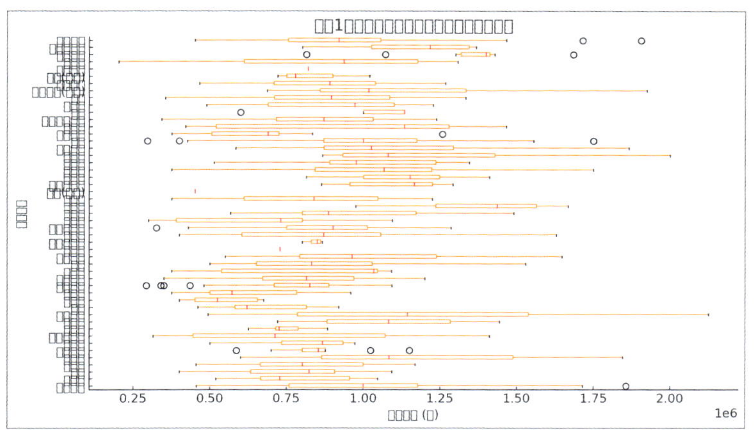


図3.4：作成された箱ひげ図（文字化けあり）

とりあえず箱ひげ図のようなものが作成されましたが、文字化けばかりで読み取れません（図3.4）。

前章と同様に、日本語のフォントファイルをアップロードして対応します。

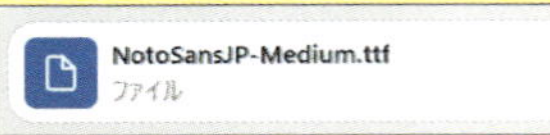


文字化けしているので、日本語にはこのフォントファイルを使ってください。

これで、日本語の文字化けを修正することができます。もし縦軸がまだ文字化けしていれば「縦軸の文字化けを解消してください。」と入力してみてください。

## グラフの見た目を整える

文字化け以外にも、グラフを分かりやすくする観点から対処すべき問題がいくつかありました。

見た目の整え方は、ケースバイケースです。一度にたくさんの指示をすると正確な処理が行われない可能性が高くなるので、短い指示を繰り返し、可視化の目的と自分の好みに合うように少しずつ修正していきます。

ここでは、以下のような指示を個々に行いました。

プロンプト

縦軸ラベルのフォントサイズを小さくして、それぞれの文字が判別できるようにしてください。

プロンプト

最寄駅の並び順を、中央値の高い順で並べ替えてください。

プロンプト

外れ値について、○印ではなく、小さな灰色の×印で表示してください。

こうしてできあがったのが、図3.5のグラフです。

1m²あたり80万円から100万円前後がボリュームゾーンですが、駅によってある程度の差があることが読み取れます。なお、グラフ右下に1e6という表記がありますが、これは10の6乗、つまり100万円単位であることを示しています。

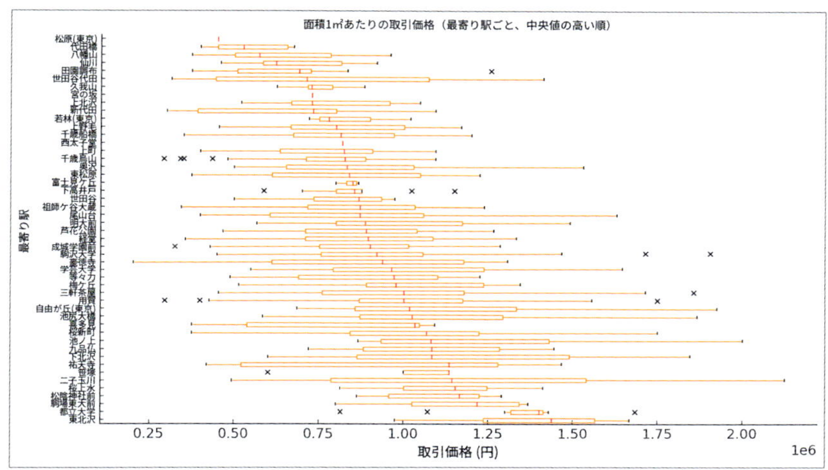


図3.5：作成された箱ひげ図（文字化けや見た目を修正）

## 箱ひげ図の内容を読み解く

グラフが作成されただけで安心してはいけません。

最初に確認するのは、グラフの正確性です。1位となった駅や、最下位となった駅など、極端な数値部分を中心に実データと突合して確認するのが効率的でしょう。ここでは、元データ通りに忠実にグラフが描かれていることを確認できました。

次に考えるべきなのは、データの読み取り方に対する正確な理解です。

このグラフを単純に理解すると、東北沢駅、次いで都立大学駅が最も不動産価格が高いということになります。でも、その裏にある実データを見ると、それぞれの事情が見えてくるのです。

### 第1位（東北沢）の状況

東北沢の物件の内訳を見ると（図3.6）、駅近（1分や2分）で築浅（2018年、

2020年）といったものが大半を占めることが分かりました。東北沢が人気のエリアであることは間違いないですが、さらに最寄駅以外の要素も好条件であったため取引価格が高くなっていたということが分かります。

| 最寄駅：名称 | 最寄駅：距離（分） | 取引価格（総額） | 間取り | 面積（㎡） | 建築年 | 建物の構造 | 都市計画 | 1㎡あたりの取引価格 |
|---|---|---|---|---|---|---|---|---|
| 東北沢 | 2 | 50,000,000 | 1Ｒ | 30 | 2020年 | ＲＣ | 1種住居 | 1,666,667 |
| 東北沢 | 2 | 88,000,000 | 2ＬＤＫ | 55 | 2018年 | ＲＣ | 1中住専 | 1,600,000 |
| 東北沢 | 2 | 84,000,000 | 2ＬＤＫ | 55 | 2018年 | ＲＣ | 近隣商業 | 1,527,273 |
| 東北沢 | 2 | 79,000,000 | 2ＬＤＫ | 55 | 2018年 | ＲＣ | 近隣商業 | 1,436,364 |
| 東北沢 | 2 | 70,000,000 | 2ＬＤＫ | 50 | 2018年 | ＲＣ | 近隣商業 | 1,400,000 |
| 東北沢 | 1 | 150,000,000 | 3ＬＤＫ | 140 | 1988年 | ＲＣ | 1種住居 | 1,071,429 |
| 東北沢 | 1 | 78,000,000 | 2ＬＤＫ | 80 | 1983年 | ＲＣ | 1種住居 | 975,000 |

図3.6：第1位（東北沢）の物件データ

## 第2位（都立大学）の状況

都立大学の物件の内訳を見ると（図3.7）、駅からの距離が15～19分、築年数が20年程度といった条件が多く、東北沢と比べると好条件が揃っているわけではありません。

それでも取引価格がかなり高い水準にあるため、都立大学近辺のエリア自体にかなり人気があると推測することができます。

| 最寄駅：名称 | 最寄駅：距離（分） | 取引価格（総額） | 間取り | 面積（㎡） | 建築年 | 建物の構造 | 都市計画 | 1㎡あたりの取引価格 |
|---|---|---|---|---|---|---|---|---|
| 都立大学 | 18 | 160,000,000 | 3ＬＤＫ | 95 | 2004年 | ＲＣ | 1中住専 | 1,684,211 |
| 都立大学 | 17 | 200,000,000 | 3ＬＤＫ | 140 | 2004年 | ＲＣ | 1中住専 | 1,428,571 |
| 都立大学 | 18 | 120,000,000 | 2ＬＤＫ | 85 | 2004年 | ＲＣ | 1中住専 | 1,411,765 |
| 都立大学 | 18 | 120,000,000 | 3ＬＤＫ | 85 | 2004年 | ＲＣ | 1低住専 | 1,411,765 |
| 都立大学 | 17 | 140,000,000 | 2ＬＤＫ | 100 | 2004年 | ＲＣ | 1種住居 | 1,400,000 |
| 都立大学 | 15 | 140,000,000 | 3ＬＤＫ | 100 | 2004年 | ＲＣ | 1中住専 | 1,400,000 |
| 都立大学 | 18 | 130,000,000 | 3ＬＤＫ | 95 | 2004年 | ＲＣ | 1低住専 | 1,368,421 |
| 都立大学 | 18 | 80,000,000 | 1ＬＤＫ | 60 | 2004年 | ＲＣ | 1中住専 | 1,333,333 |
| 都立大学 | 15 | 130,000,000 | 2ＬＤＫ | 100 | 2004年 | ＲＣ | 1中住専 | 1,300,000 |
| 都立大学 | 19 | 75,000,000 | 2ＬＤＫ | 70 | 2002年 | ＲＣ |  | 1,071,429 |
| 都立大学 | 18 | 57,000,000 | 2ＬＤＫ | 70 | 2002年 | ＲＣ | 1中住専 | 814,286 |

図3.7：第2位（都立大学）の物件データ

このように個々のデータの内訳については、注意を払う必要があります。

とはいえ、1,000件以上の不動産取引データに対して、最寄駅単位での価格状況を一目で理解できる箱ひげ図は、非常に便利な可視化手法です。

なお、Excelでも箱ひげ図を作成することはできますが、中央値の最寄駅距離に並べるといった細かな変更には対応していません。理解しやすいグラフを作るという観点でも、ChatGPTはとても役に立つツールです。

## Column

### 複数のデータを分析したい時には、重回帰分析

このように分析を進めていくと、面積だけでなく駅からの距離や築年数が不動産価格にどのように影響するかを知りたくなります。少し応用的な内容ですが、このような場合には重回帰分析を使います（単回帰分析は2変数の関係、重回帰分析は3変数以上の関係を調べます）。

プロンプト

取引価格を目的変数として、最寄駅距離、面積、築年数の３つの説明変数を使った重回帰分析を行ってください。

結果

重回帰分析の結果は以下の通りです：

- $R^2$値: 0.716（このモデルはデータの約71.6%の分散を説明できます）
- モデルの係数:

最寄駅距離（分）: -1,410,370円（最寄駅までの距離が1分増えるごとに、取引価格が約141万円下がる）

面積（$m^2$）: 1,136,139円（面積が1$m^2$増えるごとに、取引価格が約113万円上がる）

築年数: -759,657円（築年数が1年増えるごとに、取引価格が約76万円下がる）

切片: 22,382,328円

このモデルによって、取引価格に対する最寄駅距離、面積、築年数の影響を定量的に説明することができました。

注意

**築年数の算出方法**

使用したデータ内の「建築年」を使って、2024年現在の築年数をChatGPTに算出させた上で重回帰分析を行っています。

最寄駅距離や築年数が変わると取引価格がどのように変化するのか、とても具体的に知ることができます。
そして、このモデルを使えば標準的な価格も算出できます。例えば、最寄駅距離10分、面積100$m^2$、築年数10年の物件があれば、価格が1.14億円になるということです。重回帰分析で示された結果はあくまで全体的な傾向に過ぎませんが、実際に物件を選ぶ時の参考指標にはなりそうですね。

02

# ダンベルチャート（毎年の梅雨期間の推移）

ダンベルチャートは、期間や区間といった範囲を表す時に便利なグラフです。スケジュール表（ガントチャート）を作成する時に、作業単位で開始日程と終了日程を太い線で結びますが、この使い方と似ています。特に、期間や区間自体の変動や比較を行う際に用いられます。
今回は、毎年の梅雨入り、梅雨明けの推移をダンベルチャートで可視化しましょう。

## 気候がどれほど変化しているか

最近、暑い夏が続き、地球温暖化の影響を感じます。東北や北海道にも南国の魚が遡上し、高原の避暑地でも夏場にエアコンが必要になったというようなニュースも耳にします。また、ゲリラ豪雨の発生頻度が増え、一方で雨不足が心配されるような年も増えました。

梅雨の時期についてはどうでしょうか。6月が梅雨の時期という感覚はありますが、梅雨入りが大きく遅れたり、なかなか梅雨が明けなかったりと、近年では梅雨の時期自体が変動しているように感じます。

でも、感覚だけでなく、事実を把握することが大事です。気象庁が多数の統計情報を公開しているので、その情報を利用してChatGPTにチャチャッと分析してもらいましょう。

## データを準備する

梅雨入りと梅雨明けの時期についても、気象庁がデータを公開しています。

日本全国を12のエリアに分けています。今回は、「関東甲信」のデータを使いましょう（図3.8①～④）。

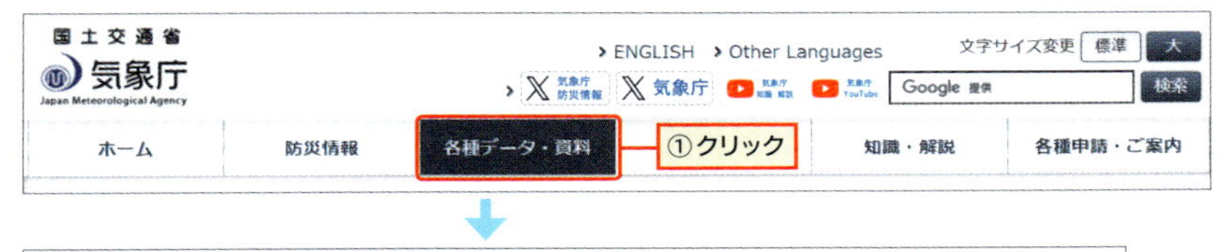


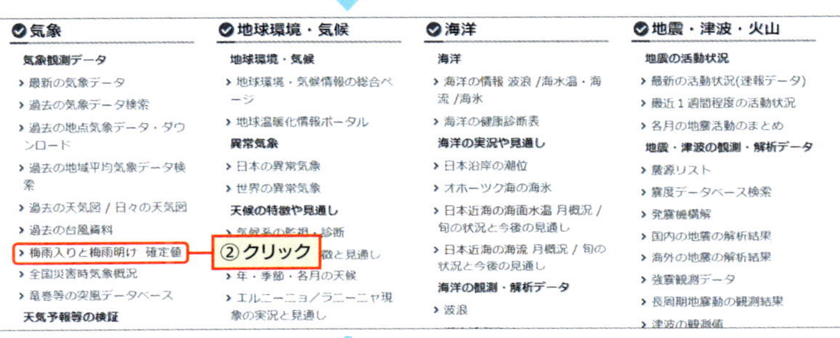


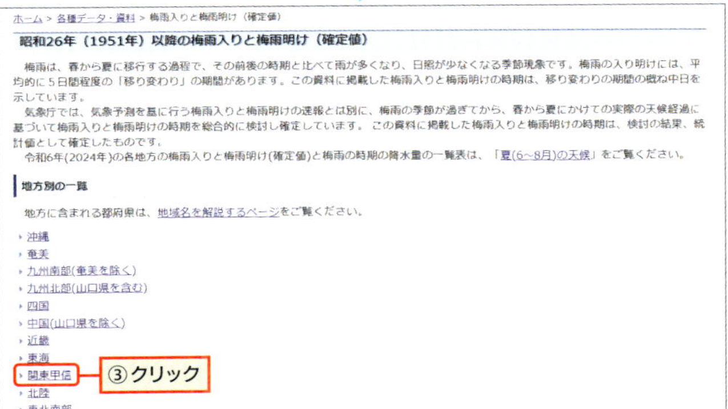


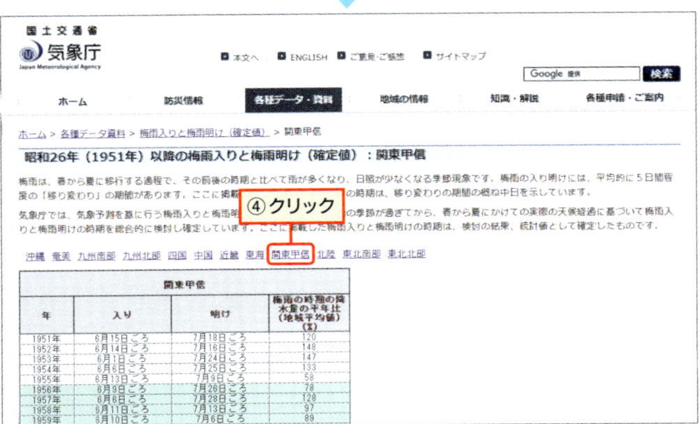


| 年 | 入り | 明け | 梅雨の時期の降水量の平年比（地域平均値）（%） |
|---|---|---|---|
| 1951年 | 6月15日ごろ | 7月18日ごろ | 120 |
| 1952年 | 6月14日ごろ | 7月16日ごろ | 148 |
| 1953年 | 6月1日ごろ | 7月24日ごろ | 147 |
| 1954年 | 6月6日ごろ | 7月25日ごろ | 133 |
| 1955年 | 6月13日ごろ | 7月9日ごろ | 58 |
| 1956年 | 6月9日ごろ | 7月26日ごろ | 78 |
| 1957年 | 6月6日ごろ | 7月28日ごろ | 128 |
| 1958年 | 6月11日ごろ | 7月13日ごろ | 97 |
| 1959年 | 6月10日ごろ | 7月6日ごろ | 89 |

図3.8：「昭和26年（1951年）以降の梅雨入りと梅雨明け（確定値）：関東甲信」

出典 気象庁

URL https://www.jma.go.jp/jma/index.html

## Webサイトから直接データを取り込ませる方法は非推奨

気象庁のWebサイトに表形式のデータがあるので、ChatGPTにURLを教えてデータを取り込んでほしいところです。例えば、こんな感じです。

プロンプト

https://www.data.jma.go.jp/cpd/baiu/kako_baiu09.html
このWebサイトの情報から、毎年の梅雨入り、梅雨明けの日時を読み込んでデータ分析できるようにして、そのデータの概要を示してください。

でも、結論から書くと、本書執筆時点（2024年9月から12月現在）ではWebサイトから直接的に情報を取るように指示することはオススメしません。

指示をすると、Webサイトの情報を読み込んでくれて、それらしい情報をデータとして取得してくれます。しかし、そのデータには欠損があることが多く、内容が間違っていることが多いのです。このように不安定で信頼性に欠けるデータは、分析に使えません。また、場合によっては「残念ながら、現在の環境では外部のURLを直接読み込むことができません」と、読み込み自体を拒否されることもあります。

## いったんHTMLファイルとして保存してから読み込ませる

では、どうすれば良いのでしょう。

もちろん、この表をExcelに貼り付けて、きれいなデータとして整形してから読み込ませるのが間違いありません。元データが複雑な構造になっている場合は、この方法が効率的でしょう。

一方で、今回の梅雨データはとてもシンプルな表形式になっています。この形式であれば、ChatGPTもファイルとして正しく認識できれば、データ内容を正確に読み込んでくれることが期待できます。このような時は、Webサイトをいったん HTMLファイルとして保存して（図3.9①～③)、そのファイルをChatGPTに読み込ませるという方法が効果的です。読み込ませるのは、メインのHTMLファイルだけで大丈夫です（画像等のファイルは不要です)。

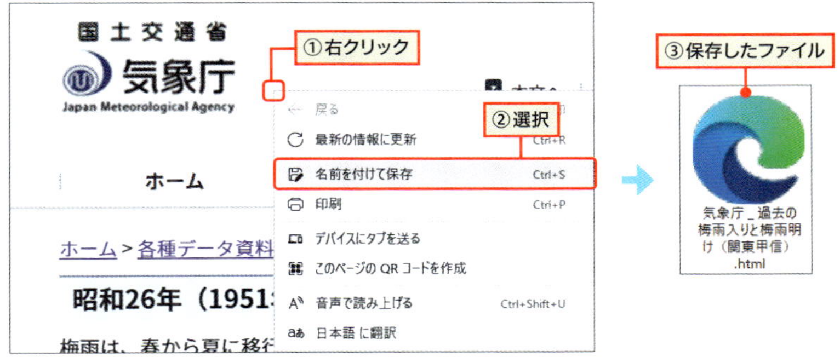


図3.9：ブラウザ（Microsoft Edge）上で右クリックして、「名前を付けて保存」を選択

出典 気象庁
URL https://www.data.jma.go.jp/cpd/baiu/kako_baiu09.html

ChatGPTへの指示は、以下のプロンプトのように行います。回答は図3.10の通りです。

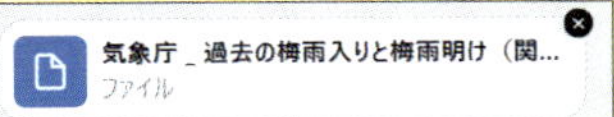


このHTMLファイルを読み込んで、毎年の梅雨入り、梅雨明けの日時を読み込んで、データの概要を示してください。

結果

梅雨入り、梅雨明け、および降水量の平年比のデータを抽出し、表示しました。これには各年の梅雨入りの日付、梅雨明けの日付、およびその期間の降水量が平年に対してどのくらいだったか（%）が含まれています。

梅雨入り・梅雨明けデータ

| | 年 | 梅雨入り | 梅雨明け | 降水量平年 |
|---|---|---|---|---|
| 1 | 1951年 | 6月15日ごろ | 7月18日ごろ | 120 |
| 2 | 1952年 | 6月14日ごろ | 7月16日ごろ | 148 |
| 3 | 1953年 | 6月1日ごろ | 7月24日ごろ | 147 |
| 4 | 1954年 | 6月6日ごろ | 7月25日ごろ | 133 |
| 5 | 1955年 | 6月13日ごろ | 7月9日ごろ | 58 |
| 6 | 1956年 | 6月9日ごろ | 7月26日ごろ | 78 |

図3.10：ChatGPTが表示したデータ概要（正確に反映されている）

## ダンベルチャートを作成する

下準備ができたので、まずはダンベルチャートの作成を依頼してみます。

プロンプト

年ごとに梅雨入り、梅雨明けの時期の違いが分かるように、ダンベルチャートを作成してください。

プロンプト

縦軸を年、横軸を日付（5月から8月）としてください。

最初の指示では、かなり簡潔にダンベルチャートの作成を依頼してみました。その結果、縦軸と横軸の両方が年単位になるなどイメージと異なるグラフとなってしまったため、2つ目の指示で縦軸と横軸を明示的に指定しました。最初から軸を指定したほうが良かったかもしれません。

いずれにしても、簡単にダンベルチャートを作成することができました（図3.11）。

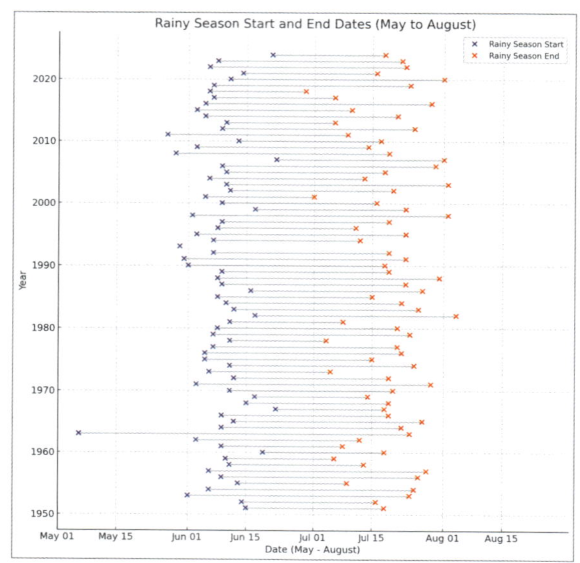


図3.11：出力結果（梅雨期間のダンベルチャート）

## ダンベルチャートの内容を分析する

さて、できあがったダンベルチャートを見て、どのようなことが分かるでしょうか。

思ったほど梅雨の時期は変化していないというのが、私の最初の感想でした。70年前（1950年代）も梅雨の時期は6月の中旬から下旬にかけてが中心的でありその傾向は今でも変わっていません。少数の例外として、2018年は6/29に梅雨明けを迎えていて、過去70年で最も早い梅雨明けとなっています。でも、その後の年の梅雨明けは平年並みなので、局所的な変化と捉えるべきでしょう。

年により大きく変動するというのも、昔から変わらない特徴です。

さらに、いくつか目立つ部分があるので、調べてみました。

1963年は、なんと5/6に梅雨入りしています。平年と比べても圧倒的に早い水準です。この年は4月から6月にかけて長雨が続き、麦類が全滅に近い被害を受けるなど農作物に大きな影響があったようです。関東甲信では梅雨入りの時期を特定できていますが、四国と近畿地方ではこの年に梅雨入りの時期自体が特定できないという事態になっています。70年以上の統計の中で、梅雨入りが特定できなかったのはこの年だけです。かなりの異常気象となっていたのです。

1993年は、梅雨明けのデータが入っていません。この年は、大冷夏に見舞われました。8月上旬にいったん梅雨明け宣言が発表されたのですが、その後も梅雨前線と台風による雨が続き、梅雨明け宣言を撤回する事態となりました。そして、9月になって「今年は梅雨明けが決められない」ということになり、梅雨明けの日が決まらないままとなったのです。なお、この年は記録的な冷夏と日照不足のために米が不作となり、タイや中国から米を緊急輸入した年です。平成の米騒動ともいわれました。

このように気象庁のデータを掘り下げて分析すると、数十年前にも異常気象が「日常的」に発生していたことが分かります。日々のニュースを見ると、私たちが生きている時代が特に異常気象のように思えるのですが、気象変化の幅は昔からそれなりに大きかったようですね。

## さらにダンベルチャートらしくする

ところで、ダンベルチャートという名前は、グラフの形がダンベルに似ているところから付けられました。手で持ち上げてトレーニングする、あの重いダンベルです。

見た目がダンベルチャートらしくなるように、さらに修正してみましょう。

プロンプト

梅雨入りと梅雨明けにプロットする点を、青色の小さな円形にしてください。また、その期間を表す線も青色にしてください。

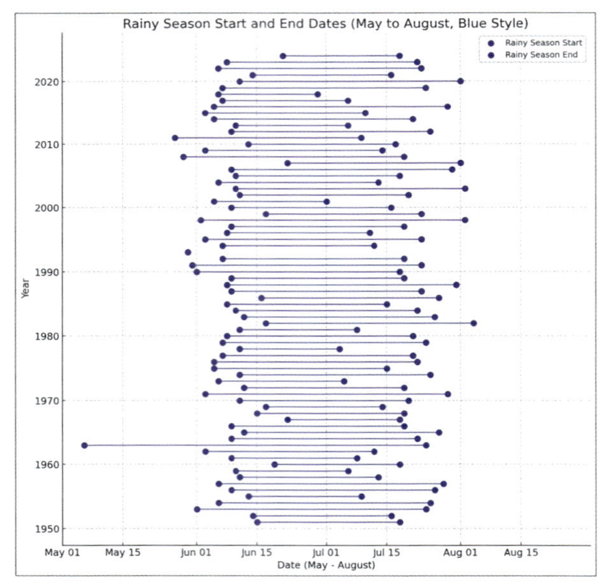

図3.12：出力結果（梅雨期間のダンベルチャート、デザイン修正後）

始点と終点を丸い形にすることで、少しはダンベルに似た形になったでしょうか。線が短ければ、もっとダンベルに見えるかもしれません（図3.12）。

始点と終点が異なる色となっていた元のグラフのほうが、読み取りやすいという人もいると思いますが、このあたりは好みの問題ですね。

# 03

# ヒートマップ（各都市の気温変動）

ヒートマップは、データのばらつき具合を色の濃度で表すことで、データの差異や変化を一目で分かるように可視化する手法です。
気象庁の気温データを使って、各都市の気温のばらつきを可視化してみましょう。

## データを準備する

気象庁が公開している「過去の気象データ・ダウンロード」というページから、全国各地の気温、降水量、日照時間、風速等の各種気象データをダウンロードすることができます（図3.13）。

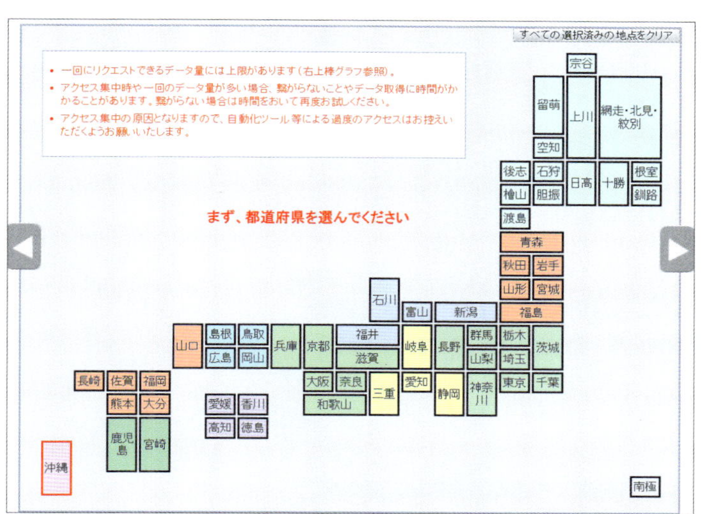


図3.13：「過去の気象データ・ダウンロード」

出典 気象庁
URL https://www.data.jma.go.jp/gmd/risk/obsdl
※気象庁の「過去の気象データ・ダウンロード」のサイトがメンテナンス中の場合は、本書のWebサイトにある「よくある質問」で対応方法をご確認ください。

まずは、東京の気温データをダウンロードします。

以下の条件を設定して、CSVファイル（data.csv）をダウンロードしました（図3.14①～⑮）。

- 地点：東京都（東京）
- 項目：気温
- データの種類：時別値
- 期間：2023年1月1日～2023年12月31日



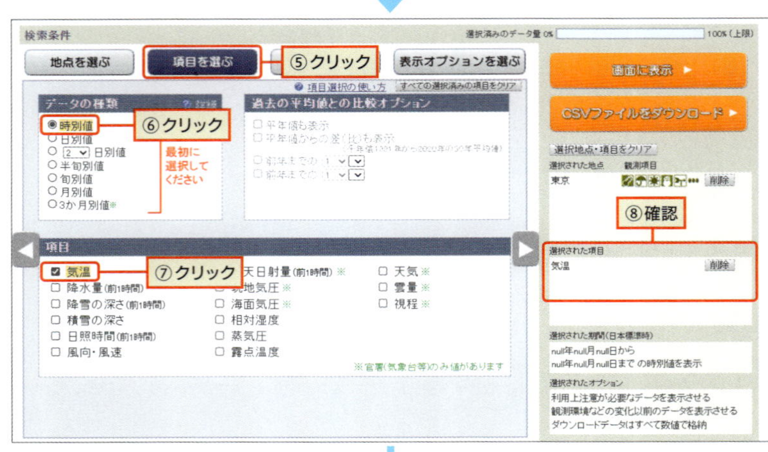

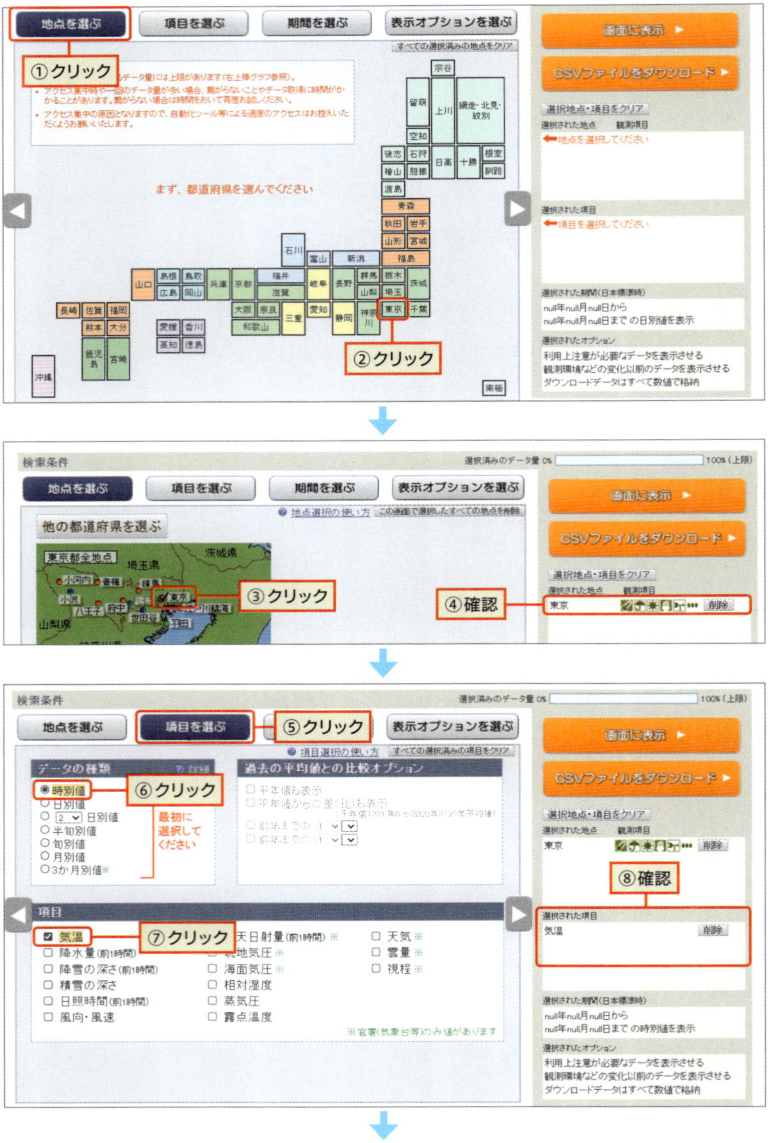

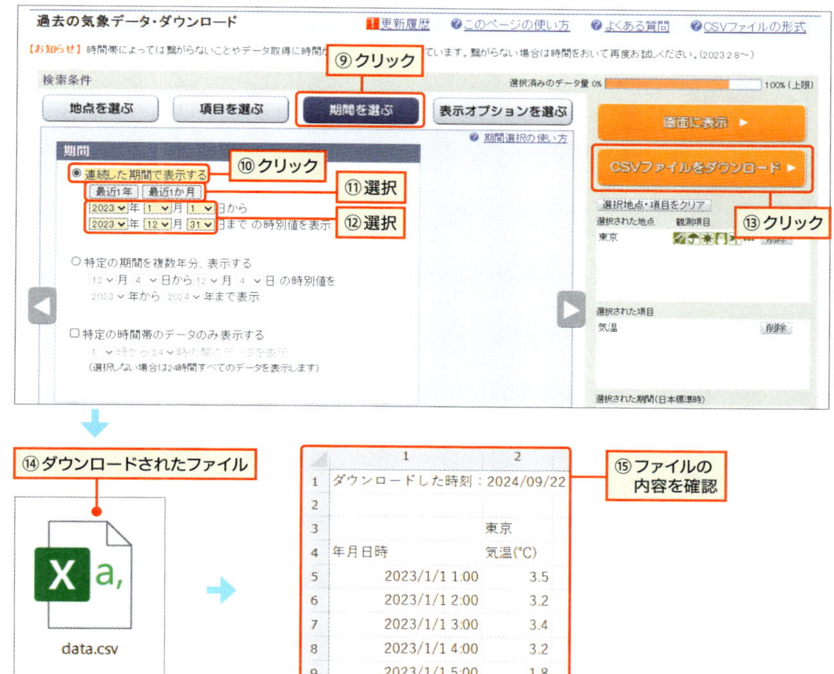


図3.14：ダウンロードした気温のCSVファイル

出典 気象庁

URL https://www.data.jma.go.jp/gmd/risk/obsdl

※気象庁の「過去の気象データ・ダウンロード」のサイトがメンテナンス中の場合は、本書のWebサイトにある「よくある質問」で対応方法をご確認ください。

## ChatGPTにCSVファイルを読み込ませる

CSVファイルの内容を見ると、1行目にダウンロードした時刻が入っていたり、都市名が3行目に入っていたりと、分析データとしては若干の整形が必要な状態です。でも、手作業で修正する必要はありません。そのままChatGPTに読み込ませれば、整形等の必要な作業は自動で行ってくれます。

これまでの手順と同様に、準備したファイルをChatGPTにアップロードします。読み込み結果を確認できるように、概要を尋ねておきましょう。

ファイルに不要な部分があるため、ChatGPTも何度か自動的に試行錯誤しながらデータの読み取りを進めますが、最終的にしっかり読み込んで内容を説明することに成功しました。

プロンプト

このファイルは、2023年の東京都の気温変動のデータです。このデータの内容を読み込んで、概要を教えてください。

結果

このデータは、2023年の東京都の気温変動に関するもののようです。具体的には、次のような内容が含まれています。
日時: 2023年1月1日から1時間単位で記録されている時刻。
気温: 各時刻における気温（℃）が記録されています。
データの最初の数行を見ると、2023年1月1日1:00の時点で3.5℃、その後の時刻でも気温が記録されているのが確認できます。
さらに詳細な解析を行うことも可能ですが、どのような分析を希望されますか？

## 日単位の気温ヒートマップを作成する

データが正確に読み込まれたので、早速ヒートマップを作成します。

ヒートマップは基本的に2次元で作成するので、縦軸と横軸をどのように設定するかが重要なポイントです。まずは全体的な傾向を知りたいので、時間単位の詳細な情報は省略して日単位の平均気温を可視化しましょう。

プロンプト

縦軸を「月」、横軸を「日」として、毎日の平均気温を可視化してください。ヒートマップを使って、温度の高低を色で識別できるようにしてください。

結果

2023年の東京の日平均気温のヒートマップ。色のグラデーションは気温の変化を表しており、低い色は気温が低いことを、高い色は気温が高いことを示している。さらに分析が必要な場合は、私に知らせてください！

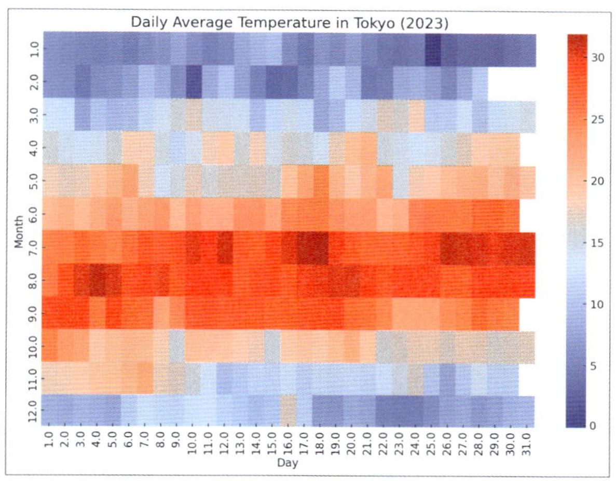


図3.15：出力結果（東京の日単位の平均気温）

明確に指示をしたので、期待通りの分析結果を表示してくれました（図3.15）。

グラフの上側が１月で下側が12月、横軸にそれぞれの日を示しています。例えば、右上の角は1/31の気温です。月や日の数値に小数点が入っているなど細かな点は修正したほうが良いですが、まずは概略をつかむことができました。

７月に最も暑い日が続き、８月、９月も同様の暑い日が続いていることがよく分かります。

## 時間単位の気温ヒートマップを作成する

次に、さらに精度を上げたヒートマップを作成しましょう。CSVファイルの中には時間単位の気温データが入っているので、この詳細な単位でヒートマップを作成します。

といっても、指示はいたって簡単です。先ほどと同様に、縦軸と横軸の内容を指示するだけです。

**プロンプト**

縦軸を「時」、横軸を「日」として、毎日の平均気温を可視化してください。横軸ラベルは文字が重ならないように、代表的な数値だけを示すようにしてください。

結果

ヒートマップは2023年の東京の1日1時間の平均気温を示している。縦軸は1日の時間、横軸は1年の日数を表している。X軸のラベルは、重複を避けるために代表的な値を少なく表示するように調整しました。
さらなる修正や分析が必要であれば、お知らせください！

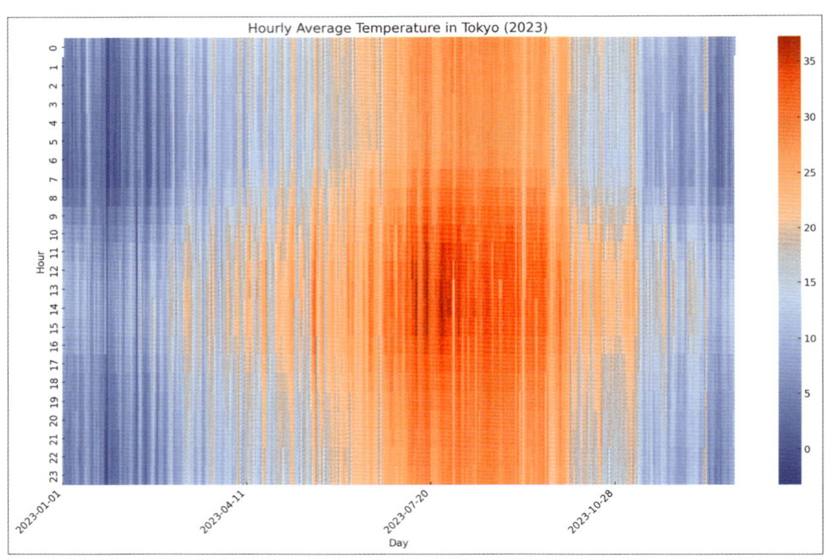


図3.16：出力結果（東京の時間単位の気温）

あっという間に、目指していたヒートマップを描画することができました（図3.16）。

上から下にかけて、0時から朝、昼、晩、深夜23時までの時刻の推移が示されています。夏場は、深夜時間帯でも20度を超える日ばかりということが分かります。

なお、横に365日分のデータを並べるので、横軸のラベル（それぞれの日付）が密集して読めなくなることが予想されました。そのため、あらかじめ「代表的な数値だけを示すように」と指示を出したのですが、たった4つの日付だけが表示される結果となりました。これはちょっと情報量を減らし過ぎなので、月単位で表示するほうが良かったですね。

## 異なる都市の気温ヒートマップを比較する

次に、東京だけでなく札幌と那覇の気温データを比較してみましょう。

まずは、気象庁のWebサイトで先ほどの手順と同様に、2023年の気温データについて札幌と那覇の2つのCSVファイルをダウンロードします（図3.17①～⑥）。

そのCSVファイル2つを一度にアップロードした上で、以下のように指示します。

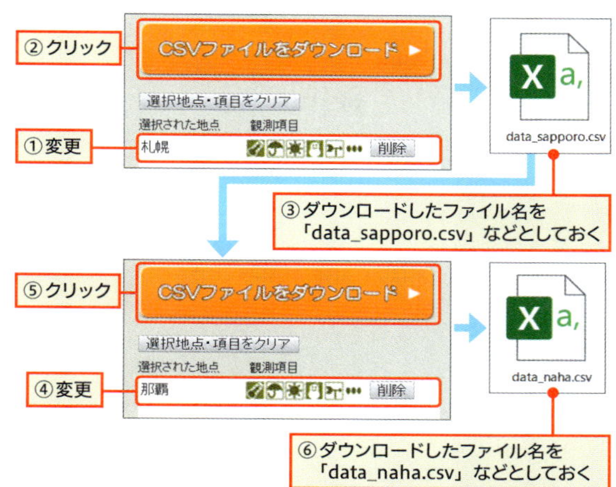


図3.17：気温データのCSVファイル（札幌と那覇）のダウンロード

出典 気象庁

URL https://www.data.jma.go.jp/gmd/risk/obsdl

※気象庁の「過去の気象データ・ダウンロード」のサイトがメンテナンス中の場合は、本書のWebサイトにある「よくある質問」で対応方法をご確認ください。

プロンプト

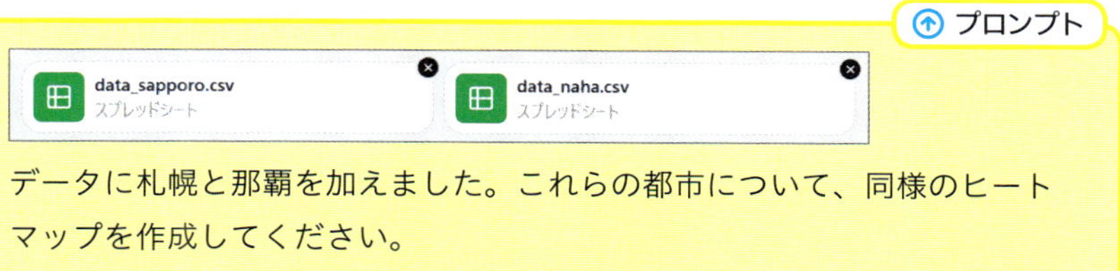


データに札幌と那覇を加えました。これらの都市について、同様のヒートマップを作成してください。

さらに、ヒートマップの見た目を整えるために、細かな指示を追加しました。

プロンプト

3つの都市を並べて、比較できるようにしてください。

プロンプト

3つのグラフで、ヒートマップの色基準を同一にしてください。

プロンプト

札幌、東京、那覇の順番にしてください。

プロンプト

横軸ラベルは、月のみを表示するようにしてください。

この結果としてできあがったのが、図3.18のヒートマップです。

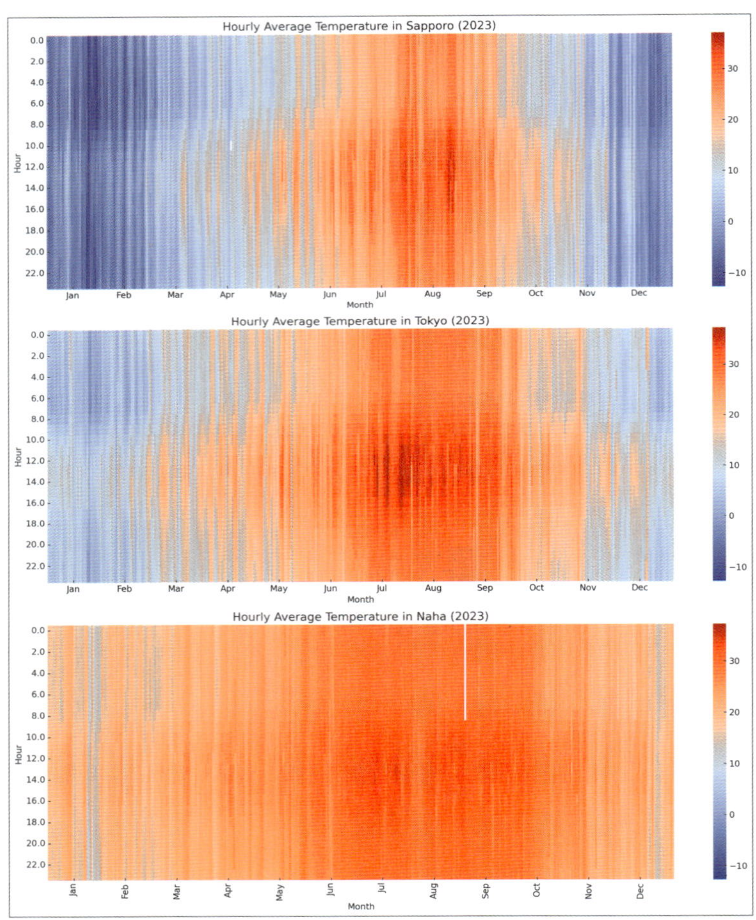


図3.18：出力結果（札幌、東京、那覇のヒートマップによる気温比較）

これで、3都市の1年間の気温（2023年）を一目で比較できるようになりました。気温の違いが一目瞭然です。8月、9月といった真夏は、札幌であっても東京や那覇と変わらない水準まで暑くなっていることが分かります。一方で、冬の寒さは札幌が突出していますね。

なお、那覇の夏のデータに白い縦線が1本入っている部分が目立ちます。元データを調べてみると、9/1の0時から8時までのデータが空白となっていました。つまり、データの欠損に由来するものであり、この1日だけ急激に寒くなったというわけではありませんでした。このように、周囲と異なる異常値を瞬時に把握できるのも、ヒートマップの便利なところです。

## ヒートマップを補完する帯グラフを作る

ヒートマップの良いところは、全体的な傾向を瞬時に把握できることです。

一方で、数値がわずかに異なる色合いで表現されるため、その水準を正確に読み取ることが難しくなります。例えば、那覇の1月の気温が15度程度なのか20度程度なのか、色合いだけで判断することは難しいでしょう。

このような数値の読み取りを容易にするには、気温をある程度の範囲（5度刻みなど）で区画化し、使う色数を限定するという方法があります。さらに、ヒートマップのような細かな単位で描画するのではなく、月単位でまとめて気温の出現頻度だけを可視化するという方法があります。この時に便利なのが、比率を表す帯グラフです。

**プロンプト**

気温を0度を境目とした5度刻みで分類して、各都市の月単位の測定気温の度数をカウントしてください。その結果を、各月単位の帯グラフで表してください。

**プロンプト**

各グラフの高さが揃うように、各月単位の比率で示してください。

帯グラフにすることで、数値指標を読み取ることが容易になります（図3.19）。

例えば、那覇の1月の気温は15度から20度の間となることが多く、20度を超えることは部分的な時間帯であることが分かります。また、年間を通じて10度を下回る水準（水色）となることはほとんどなく、1月にわずかに現れるだけであることも分かります。

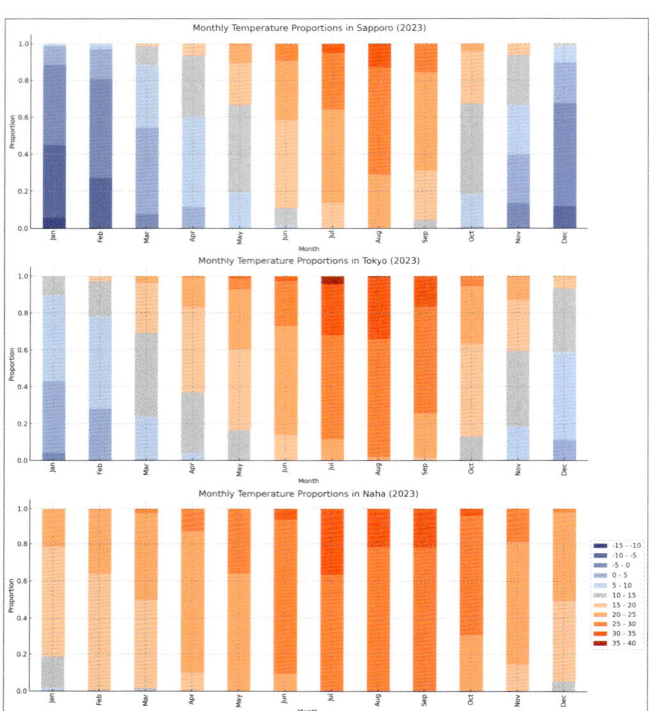


図3.19：出力結果（札幌、東京、那覇の帯グラフによる気温比較）

## ヒートマップと帯グラフの活用範囲は広い

今回利用した気温データは、各都市単位で8,760件（24件×365日）もの大量の数値が記録されたファイルでした。このファイル自体を眺めても、各都市、各時刻、各季節の差異や変動を読み取ることは困難です。ヒートマップや帯グラフの圧倒的な視覚化効果を実感いただけたのではないでしょうか。

なお、ビジネスの現場でも、これらの手法は非常に有用です。販売データ、在庫データ等を可視化すれば、拠点間の差異を理解し、局所的に発生している問題を特定することができます。Webサイトへのアクセス数を可視化すれば、曜日や時間帯ごとの差異を理解するだけでなく、ピーク発生の予測を行うことも可能になります。コンピューターのCPU使用率等を可視化すれば、特定時間帯にのみ発生する負荷を把握した上で適切なサイジングが行えるようになります。

定期的に測定された大量のデータがある場合、これらの手法を適用すると大きな改善を行えるかもしれませんね。

04

# バブルチャート（各都市の降水量）

バブルチャートは、散布図を応用したものです。散布図では縦軸と横軸という２つの情報量を表すために「点」をプロットしますが、バブルチャートではその点に面積を持たせることで3つ目の情報量を表します。さらに、縦軸や横軸に整数値しか持たないもの（日時など）を選ぶと見た目が整列され、面積部分の変化を捉えやすくなります。
今度は、降水量について可視化してみましょう。

## データを準備する

先ほどと同様に、気象庁が公開している「過去の気象データ・ダウンロード」の情報を使います（図3.20）。

以下の条件を設定して、CSVファイルをダウンロードしました。ダウンロードしたファイル名は「data_tokyo_kousui.csv」などとしておきます。

- 地点：東京都（東京）
- データの種類：時別値
- 項目：降水量（前1時間）
- 期間：2023年1月1日～2023年12月31日

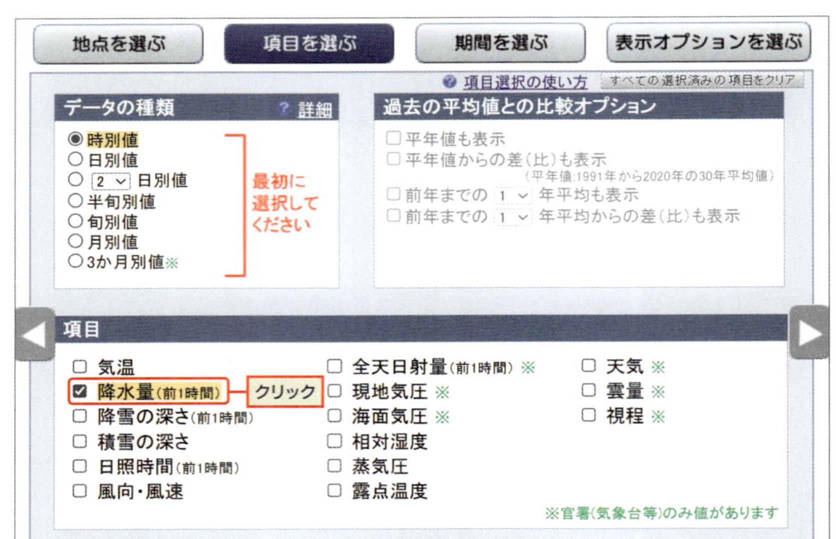


図 3.20：「過去の気象データ・ダウンロード」

出典 気象庁

URL https://www.data.jma.go.jp/gmd/risk/obsdl/

※気象庁の「過去の気象データ・ダウンロード」のサイトがメンテナンス中の場合は、本書のWebサイトにある「よくある質問」で対応方法をご確認ください。

| | A | B | C |
|---|---|---|---|
| 1 | ダウンロードした時刻：2024/09/23 23:08:02 | | |
| 2 | | | |
| 3 | | 東京 | 東京 |
| 4 | 年月日時 | 降水量(mm) | 降水量(mm) |
| 5 | | | 現象なし情報 |
| 6 | 2023/1/1 1:00 | 0 | 1 |
| 7 | 2023/1/1 2:00 | 0 | 1 |
| 8 | 2023/1/1 3:00 | 0 | 1 |
| 9 | 2023/1/1 4:00 | 0 | 1 |
| 10 | 2023/1/1 5:00 | 0 | 1 |
| 11 | 2023/1/1 6:00 | 0 | 1 |
| 12 | 2023/1/1 7:00 | 0 | 1 |

図 3.21：ダウンロードした降水量のCSVファイルとその内容

B列が降水量の情報です（図3.21）。先頭データの2023/1/1 1.00には雨が降っていないのですが、雨が降った時には、0.5mm、3mm、5.5mmなど0.5mm刻みでのデータが入っています。

C列は0と1のみの値を取るフラグ情報であり、雨が降っている時は0、降っていない時は1となっています。今回の分析ではB列のみを使います。

## ChatGPTにExcelファイルを読み込ませる

まずは、準備したファイルをChatGPTにアップロードします。

プロンプト

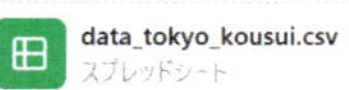


このファイルは、2023年の東京都の降水量のデータです。このデータの内容を読み込んで、概要を教えてください。

結果

The dataset appears to have been loaded, but it contains some issues that need to be cleaned for analysis. Here's what we see so far:
(中略)
I have cleaned and formatted the rainfall data for 2023 from Tokyo. You can now analyze it easily. Let me know if you need any specific analysis or visualizations performed on this dataset.
(筆者訳：このデータは少し問題があるので修正が必要です。・・・修正を完了しました。分析や可視化の方法を指示してください)

今度は、たまたま英語で回答が返ってきました。

データ分析をしていると、回答が勝手に英語に切り替わることがあります。これを防ぐには「日本語で回答してください」と指示すれば大丈夫です。ただ、回答が英語であっても、グラフを作成するための処理は間違いなくやってくれるので、英語のままでも支障ありません。

ヘッダ情報のレイアウトや文字エンコード等が整っていないファイルでしたが、今回も自動的にデータを整形して内容を読み込んでくれました。

## 時刻毎降水量のバブルチャートを作成する

バブルチャートですので、3つの情報を可視化します。

今回は、「日」、「時刻」、「降水量」の3つです。一番目立たせたいのは「降水量」の部分ですので、ここを面積で表すようにします。

分析方針が決まっているので、指示は非常にシンプルです。

**プロンプト**

縦軸を時刻、横軸を日、降水量を面積としてバブルチャートを作成してください。

**結果**

Here is the bubble chart representing Tokyo's hourly rainfall in 2023. The vertical axis represents the time of day (hour), the horizontal axis shows the date, and the size of the bubbles indicates the amount of rainfall. Let me know if you need further adjustments or analysis!

（筆者訳：縦軸が時刻、横軸が日で、点の大きさが雨量を示しています）

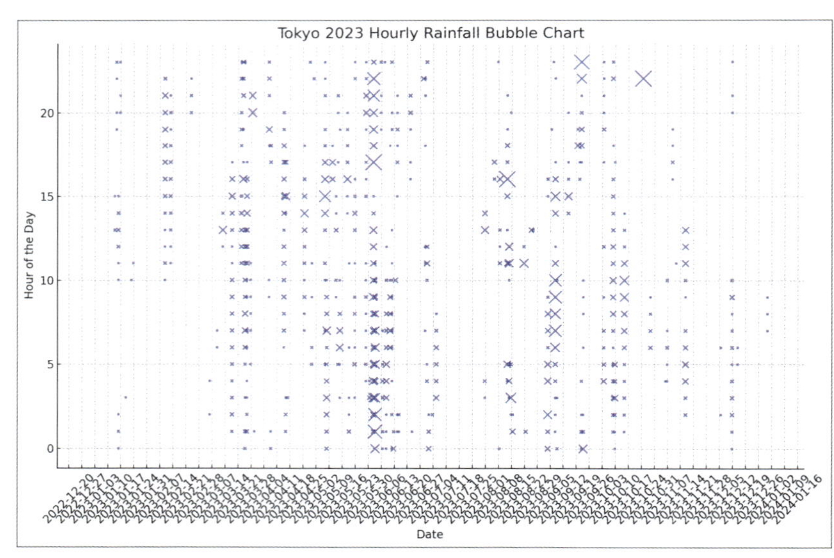


図3.22：出力結果（2023年の東京の降水量）

少し修正する点はありそうですが、まずはバブルチャートらしきものを作成することができました（図3.22）。

## グラフの見た目を整える

ChatGPTでバブルチャートを作成すると、なぜか各点のプロットが×印になることが多いようです。線のみで表された記号では面積の大きさが伝わらないので、円形に変えたほうが分かりやすいでしょう。

また、横軸の日付表記が重なっていて読み取れないので、シンプルに変えます。

ここでは、以下のような指示を個々に行いました。もう耳にタコができたかもしれませんが、一遍に複数の指示を入れるのではなく、1つずつ結果を確認しながら改善を進めていきます。

プロンプト

プロットする点の形を円形にしてください。

プロンプト

横軸のラベルを月単位にしてください。

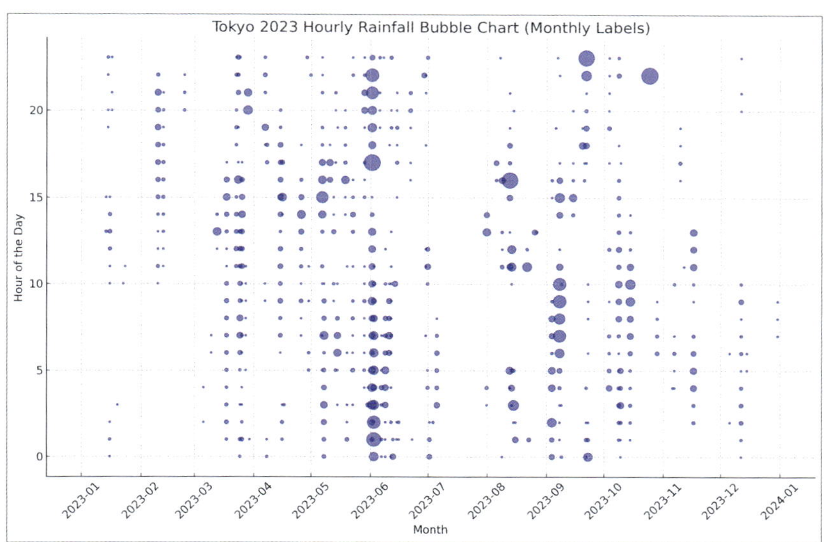

図3.23：出力結果（見た目修正後）

これで、かなり降水量が読み取りやすくなりました（図3.23）。

6月の梅雨のシーズンに、降水量が多くなっていることが読み取れます。8月や9月にも大きな丸印が見えるので、これは台風やゲリラ豪雨かもしれません。逆に、12月や1月といった冬の時期は雨が少ないですね。

多くの人が活動する10時から15時あたりの時間帯を見ると、どのシーズンも同じような頻度で雨が降っているように見えます。ただ、7月と12月に関してはかなり雨が少なかったことが読み取れます。

ただ、365日分を縮小して表示しているので、日単位の情報についてこのグラフだけで分析をするのは危険です。もっとドリルダウンして、日単位の詳細な情報を見てみましょう。

## 月単位から日単位にドリルダウンして詳細を確認する

縦軸や横軸の縮尺を変えるのは簡単です。ChatGPTに一言依頼するだけです。ここでは、最も雨が降っている6月について、詳細な状況を調べてみましょう。

プロンプト

6月のデータのみ抜粋して、横軸を日単位で表示してください。

結果

Here is the bubble chart showing the hourly rainfall for June 2023, with the horizontal axis labeled by day. The size of the bubbles represents the amount of rainfall. Let me know if you need further adjustments or additional analysis!
（筆者訳：横軸が日で、円の大きさが雨量を示しています）

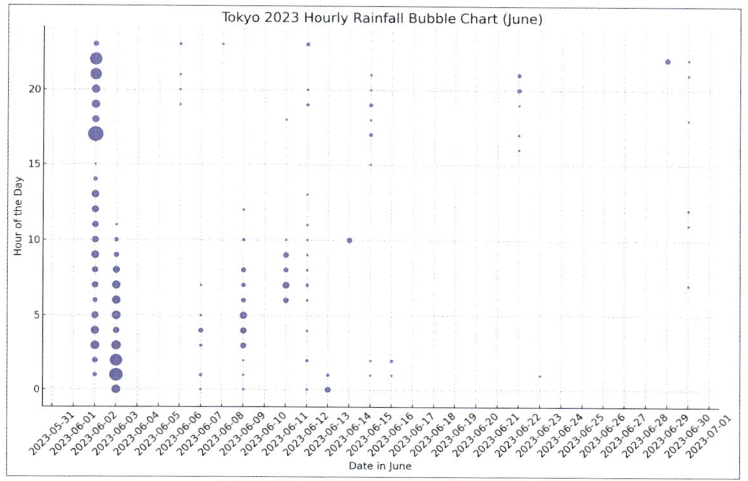


図3.24：出力結果（2023年6月の東京の降水量）

こうして詳細に見ると、先ほどとはかなり異なった事実を読み取ることができます（図3.24）。

6/1と6/2には、かなりの雨量となっています。調べてみると、この時に線状降水帯が発生して、「1日で平年の6月の1か月分を超える雨」が降ったようです。

ただし、その後は梅雨入りするもほとんど雨が降っていません。特に、多くの人が活動する10時から15時あたりの時間帯を見ると、ほとんど雨が降っていないことが分かります。月単位のグラフでは月初の大雨による大きな面積の円が目立つため6月全体が雨天のように見えましたが、実際には日単位の降水量に大きなばらつきがあったのです。データをドリルダウンして、詳細に確認することの重要性が分かりますね。

## さらに情報を重ねる（風向・風速）

欲張って、もう1つ情報を足してみましょう。

気象庁のWebサイトでは様々な気象情報を取得できるので、今度は「風向・風速」の情報を使います。最初と同様の手順で2023年の東京の風向・風速の情報をダウンロードします。ダウンロードしたファイル名は「data_tokyo_kazamuki_fusoku.csv」などとしておきます（気象庁の「過去の気象データ・ダウンロード」のサイトがメンテナンス中の場合は、本書のWebサイトにある「よくある質問」で対応方法をご確認ください）。

- 地点：東京都（東京）
- データの種類：時別値
- 項目：風向・風速
- 期間：2023年1月1日～2023年12月31日

このデータを使って、以下のように指示しました。

プロンプト

data_tokyo_kazamuki_fusoku..csv
スプレッドシート

これは、2023年の東京の風向・風速データです。このデータを読み込み、先ほどのバブルチャートに風向・風速のデータを重ねてください。各点の重ね順は、風速を下、雨量を上としてください。6月のデータのみ抜粋してください

結果

Here is the combined bubble chart for June 2023, displaying both hourly rainfall (in blue) and wind speed (in green). The wind speed bubbles are plotted underneath the rainfall bubbles. Let me know if you need further adjustments or additional analysis!
（筆者訳：雨量が青、風速が緑です）

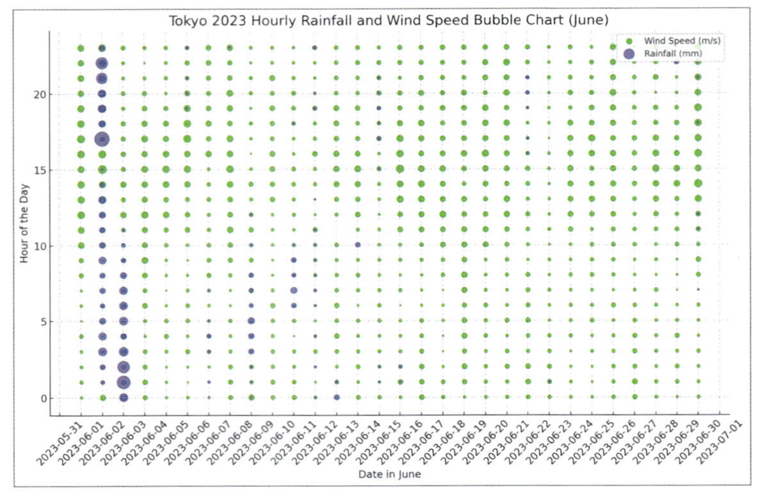


図3.25：出力結果（2023年6月の東京の降水量と風速）

1か月を通して無風となることはなく、一定の風速があることが分かります（図3.25）。風が強い日も弱い日もありますが、あまり法則性は感じられないですね。この6月のグラフでは夜間（0-5時）よりも日中（10-15時、15-20時）のほうが風が強いようにも見えますが、他の月でも確認したところそのような傾向は見られませんでした。

降水量と風速の間の関係については、このグラフでは読み取れませんね。晴れの日も雨の日も風速は様々なので、あまり関係がないように見えます。

このような2変数の関係を詳細に調べるには、普通の散布図が便利です。とはいえ、少しだけ工夫してみましょう。ジョイントプロット（jointplot）という、散布図にヒストグラムを合体させたグラフを作成してみます。

## 2変数の関係を詳細に調べるジョイントプロット

ジョイントプロットを描くには、Pythonの可視化ライブラリであるseabornを使います。

細かな説明は後回しにして、まずは実行結果を見てみましょう。

プロンプト

seabornのjointplotを使って、ヒストグラム付きの散布図を作成してください。
横軸は降水量、縦軸は風速としてください。

プロンプト

降水量が0のデータを除外してください。

プロンプト

散布図やヒストグラムの塗り色を、青にしてください。

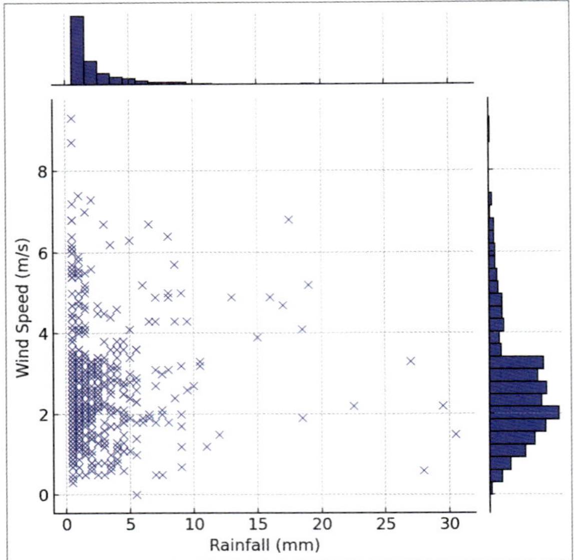

図3.26：出力結果（降水量と風速のジョイントプロット）

このジョイントプロット（図3.26）の上側と右側にはヒストグラムが描かれています。例えば、風速（右側）については2m/秒を中心として分布していることが分かります。

また、散布図の部分では降水量と風速の関係が可視化されていますが、一見しただけでは特徴を見出すことが難しいかもしれません。ただし、よく観察すると散布図の右上部分にはほとんど点がありません。降水量が非常に多い時（20 mm/時を超えるような水準）は、4m/秒を下回る低い水準となっているのです。

確かに線状降水帯等による大雨の時に、風速が遅いと雨雲が同じ場所に留まり続けるので降水量が増えます。このような事象を反映しているのかもしれません。ただ、1拠点（東京）の1時点（2023年）だけで判断するのは早計であり、他のデータも見た上で考察するのが正しいアプローチです。

このように、散布図にも様々なバリエーションがあります。

面積という形で第3の情報を加えたバブルチャート、色を変えて第4の情報も加えたバブルチャート、散布図にヒストグラムを加えるという形で2変数の関係を詳細に見るジョイントプロットなど、用途とデータ特性に応じて使い分けてください。そのような使い分けが瞬時にでき、様々なパターンの可視化を気軽に試せるのがChatGPTの優れたところです。

## Column

### Pythonの可視化ライブラリ

Python はデータ分析や数学的処理に非常に強いプログラミング言語です。
その強さの根源は、ライブラリが充実していることです。数値計算ライブラリ、画像処理ライブラリ、機械学習ライブラリといった形で、専門分野に特化した素晴らしいライブラリを使うことで、とても効率的にプログラミングを行うことができるのです。

ところで、ライブラリが何なのか、どのように使うのかをイメージすることができるでしょうか？
プログラミングの詳細には立ち入りませんが、そのエッセンスをご説明しましょう。

例えば、3人のテスト結果の点数を棒グラフで表すことを考えてみてください。
もしライブラリがなければ、グラフを作図するのは大変です。棒グラフのサイズや色を決める必要があります。それから、棒の大きさがデータと連動して変わるように縮尺や間隔などを調整する必要があります。縦軸と横軸の長さやスタイルも決めなければなりません。
こういう地味で面倒な部分を自動処理してくれるのがライブラリです。必要な情報だけを簡潔に記述すれば、良い感じにグラフを作成してくれるのです（図3.27）。

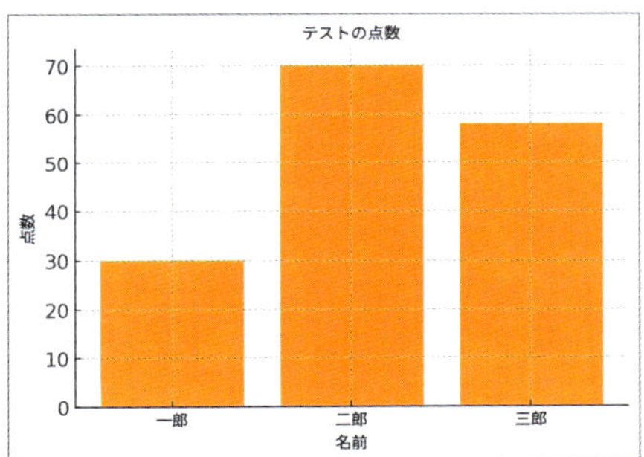


図3.27：可視化ライブラリ（matplotlib）による棒グラフの出力例

このグラフのソースコードは驚くほどシンプルです（リスト3.1）。

リスト3.1：ソースコード

```
import matplotlib.pyplot as plt


# データ
names = ['一郎', '二郎', '三郎']
scores = [30, 70, 58]
```

```
# グラフの作成
plt.figure(figsize=(6, 4))
plt.bar(names, scores)

# タイトルと軸ラベルの設定
plt.title('テストの点数')
plt.xlabel('名前')
plt.ylabel('点数')

# グラフの表示
plt.show()
```

最初にimport文で、ライブラリを読み込んでいます。ここでは、matplotlibという可視化ライブラリを読み込んでいます。
グラフ作成の根幹となるのは、たった1行の命令です。

```
plt.bar(names, scores)
```

これで、横軸を名前、縦軸を点数として棒グラフ（bar）を書くという指示になっています。
その他の記載は、グラフタイトルや軸ラベルなどのオプションを指定しているだけです。

描画されたグラフはオレンジ色ですし、グラフ内には点線の目盛線も入っています。これらは、ユーザーが指示したものではなく、ライブラリ側の標準設定が反映されただけです。色などの見た目を変えたければ、オプションの記載を追加すれば大丈夫です。
このように効率的に処理を実行できるというのが、プログラミングにおけるライブラリの効果です。エラーが減るという正確性、意図しないデータ漏洩を防ぐといった安全性の観点からも、とても優れています。

ChatGPTのPython実行環境には、多くの人が使うであろうライブラリが事前にインストールされています。逆に、独自のライブラリをユーザー指示でインストールすることはできないのですが、これはセキュリティ面を考えてもやむを得ないことでしょう。
グラフ作成時に多用する可視化ライブラリは、matplotlibとseabornの2種類です。

### 可視化ライブラリ matplotlib（マットプロットリブ）

matplotlib は Python の可視化ライブラリで最も有名なものであり（図3.28）、ChatGPT でも標準的に利用しています。ユーザーが何も指示をしなくても、このライブラリを使ってグラフが描画されることが多いでしょう。

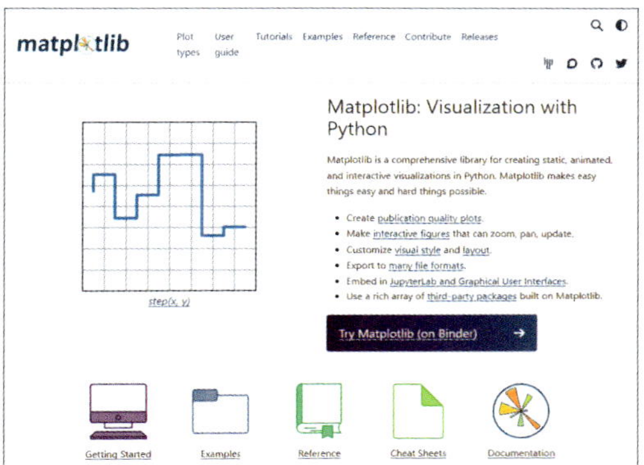


図3.28：matplotlib 公式サイトのトップページ

出典 matplotlib
URL https://matplotlib.org

公式サイトでは、matplotlib を使って描画できるグラフのサンプルが、カタログのように並んでいます（図3.29）。ここを見るだけで楽しいですし、このグラフの名前を ChatGPT に指示することで同様のグラフをすぐに作成できます。

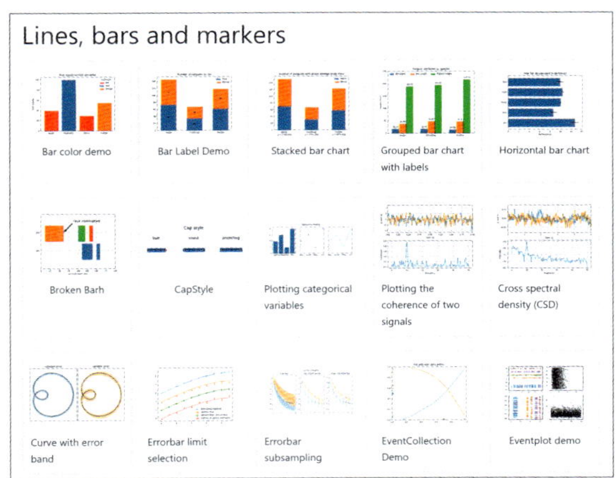


図3.29：matplotlib のグラフ作図サンプル

出典 matplotlib
URL https://matplotlib.org/stable/gallery/lines_bars_and_markers/index.html

### 可視化ライブラリ seaborn（シーボーン）

seabornは、matplotlibよりもさらに洗練されたグラフを、さらに短いプログラムで描画できるという特徴を持ったライブラリです（図3.30）。実は、このライブラリの内部でmatplotlibが動いているという関係になっています。

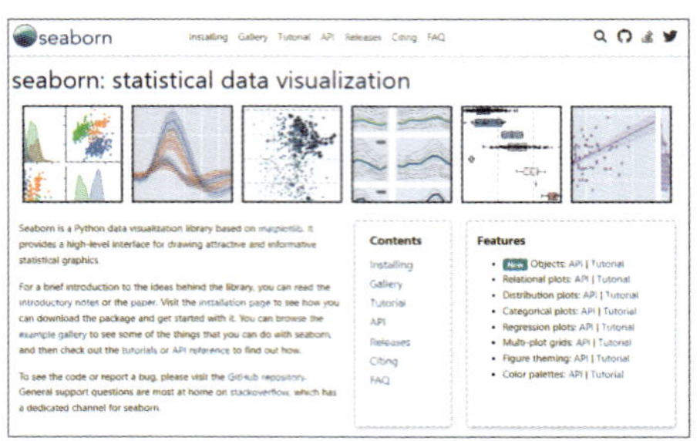


図3.30：seaborn 公式サイトのトップページ

出典 seaborn
URL https://seaborn.pydata.org

こちらのライブラリについても、作図サンプルが多数用意されています。
視覚的なデザインも工夫されていて、人目を引きそうなグラフばかりです。それぞれのグラフに名前が付けられているので、ChatGPTに指示すれば同様のグラフを作成できます。ChatGPTに指示する時は、seabornを使うという点も明示的にするのが無難でしょう。
本章で紹介したジョイントプロットの例でも、「seabornのjointplotを使って、ヒストグラムつきの散布図を作成してください。」と指示を示しました。

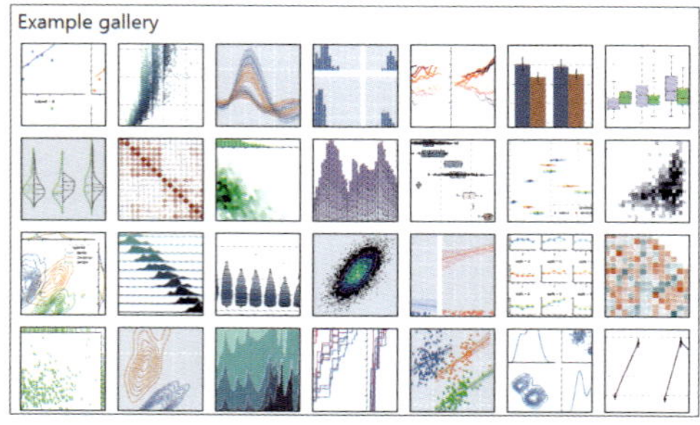


図3.31：seabornのグラフ作図サンプル

出典 seaborn
URL https://seaborn.pydata.org/examples/index.html

このギャラリーページを眺めているだけでも、データ分析に向けた様々なインスピレーションが湧いてきます（図3.31）。これらの高度な可視化を、自分が持つデータを使って実現できるのです。本当に、ワクワクするような時代になりました。

Chapter

# 4

# JavaScriptを使った高度な可視化手法

ChatGPTは基本的にPythonを使ってプログラミングを行いますが、
指示をすれば他の言語も使ってくれます。
可視化という目的で考えると、
Pythonと同等以上に作成環境が充実しているのがJavaScriptです。
特にChart.jsやD3.jsという可視化ライブラリを使うと、
驚くほど美しく示唆に富むグラフを作成できます。
その具体的な方法を見ていきましょう。

# 01

# 基本的な棒グラフを作成する

ChatGPTはJavaScriptのプログラミングを行えるのですが、セキュリティ等の制約があるためプログラムを実行して結果を表示することができません。そのため、Pythonの時のように生成したグラフをすぐに確認することができず、少しだけ手間をかける必要があります。
まずは、基本的な基準を見ていきましょう。

## 指示はとても簡単

ChatGPTにグラフを描くことを指示すると、基本的にはPythonを使って描画します。

JavaScriptを使ってほしい場合は、「JavaScriptを使ってほしい」と指示をするだけで大丈夫です。ここでは明示的に使用する可視化ライブラリ（Chart.js）も指定しましたが、言語を指示するだけでもライブラリを選んでくれます。作成するグラフの内容にもよりますが、多くの場合はChart.jsが自動的に選択されます。

Pythonの可視化ライブラリの説明に使った単純な棒グラフと同じものを、作ってみました。

プロンプト

一郎30点、二郎70点、三郎58点。この状況を棒グラフで表してください。Chart.jsを使ってJavaScriptでグラフを作成し、単一のHTMLファイルとしてダウンロードできるようにしてください。

結果

グラフを表示するHTMLファイルを作成しました。以下のリンクからダウンロードして、ご確認ください。
ダウンロード：scores_chart.html

ここで、Pythonの時との違いが1つあります。

ChatGPTはPythonを実行できるので、ChatGPTとの対話画面でグラフがすぐに表示されました。

しかし、JavaScriptを指定した場合は、ChatGPT自身はプログラムの実行結果を表示することができません。その代わりに、ファイルをダウンロードすることができます。まずは、このファイルをダウンロードしてください。

## ダウンロードしたHTMLファイルを開く

ダウンロードしたファイル（名前は自動的に作成されており、本書では「scores_chart.html」となりました）を開くと、ブラウザ上でグラフを確認することができます。

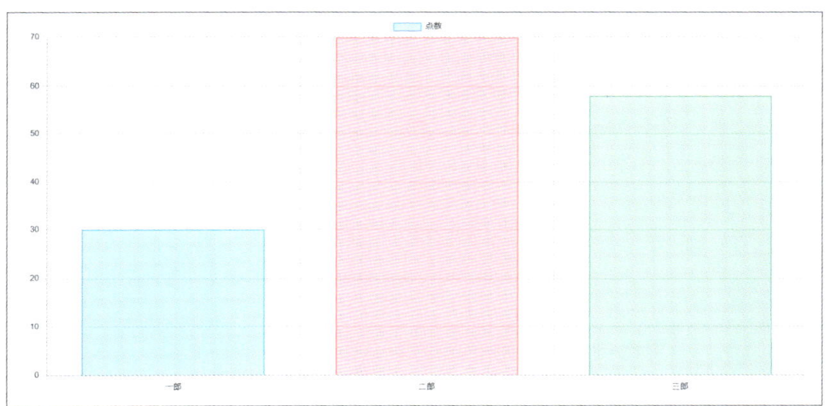


**図4.1**：出力結果（Chart.jsで作成した棒グラフ）

Pythonの時とは異なる雰囲気で、グラフが描画されています（**図4.1**）。

書籍では伝わりませんが、このJavaScriptで書かれたグラフにはアニメーション効果が付いています。ブラウザで表示した瞬間、3本のタケノコがニョキッと生えてくるように棒グラフが下から伸びていきます。グラフが完成するまでの時間は、0.5秒ほどでしょうか。瞬時にグラフが作成されます。

このソースコードを組み込めば、ダッシュボード的な動的グラフ付きのWebサイトを作ることができます。もちろん、画像としてキャプチャすればWordやPowerPointに貼り付けて使うこともできます。

なお、JavaScriptで作図する時は、日本語フォントファイルを別途準備する必要はありません。グラフの表示処理はブラウザで行われているので、使っているPCのフォントを利用しています。

## コツは、「単一のHTMLファイルとしてダウンロード」できるようにすること

今回は成功例から紹介しましたが、コツは生成結果をHTMLファイルとしてダウンロードできるようにすることです。

このような指示をしなければ、ChatGPTはJavaScriptのソースコードだけを画面に表示して処理を終了してしまい、ファイルとしてダウンロードすることができません。そして、今回よりももっと複雑なグラフを指示すると、データ部分(JSONやCSV)、グラフ描画処理部分（JavaScript)、全体表示部分（HTML）といった複数のファイルに分けられてしまいます。その全てをコピー&ペーストしてファイル名等を合わせて保存し、動作させるようにすることは、なかなか面倒な作業です。

そのため、最初の指示の段階から「単一のHTMLファイルとしてダウンロード」できるように指示をするのです。ChatGPTは必要な処理を1つのHTMLファイルに詰め込んで、そのファイルをダウンロードできるようにしてくれます。ですので、マウスで数回クリックするだけでグラフを確認することができます。

## Chart.jsを使ったプログラミングの中身

JavaScriptのソースコードは行数や括弧書きが多く、少し理解しにくい構造かもしれません。しかし、可視化ライブラリを呼び出して必要な情報だけを与えればグラフを描画するという点は、Pythonの時と全く同じです。記法を理解すると、実は単純な構造となっています。

リスト4.1は、色合いなどの補足的な設定を除外して、処理の中心部分だけを抜き出したソースコードです。

2行目で、Chart.jsのライブラリを読み込んでいます。

そして、まずグラフを描く場所（canvas）を設定した上で、棒グラフ（type: 'bar'）のラベルや点数データを設定しています。

リスト4.1：Chart.jsを使ったプログラミングの中身、scores_chart.html

```
（…略…）
<head>
（…略…）
    <script src="https://cdn.jsdelivr.net/npm/Chart.js"></script>
</head>
<body>
    <div style="width: 75%; margin: auto;">
        <canvas id="myBarChart"></canvas>
    </div>

    <script>
        var ctx = document.getElementById('myBarChart')➡
.getContext('2d');
        var myBarChart = new Chart(ctx, {
           type: 'bar',

            data: {
                labels: ['一郎', '二郎', '三郎'],
                datasets: [{
                    label: '点数',
                    data: [30, 70, 58],
                （…略…）
                }]
            },
            （…略…）
        });
    （…略…）
    </script>
</body>
```

01

基本的な棒グラフを作成する

## Column

# JavaScriptの可視化ライブラリ

JavaScriptは、Web技術とともに発展してきた言語です。ブラウザ上で動的な処理をさせることが非常に得意です。インターネットの黎明期以来、Webの発展とともにJavaScriptの使い方もどんどん高度化し、様々なライブラリが登場しています。可視化についても、優れたライブラリが数十個以上存在します。その中でも、特に有用なライブラリを2つ紹介しましょう。

### 可視化ライブラリ Chart.js

Chart.jsは、JavaScriptでグラフを作成する時の定番ライブラリです（図4.2）。
短いコードで簡単にグラフを作成することができます。作成できるグラフの種類自体はそんなに多くありませんが、基本的なものは網羅しているので通常の利用には十分でしょう。
アニメーション効果もありますし、デザインも洗練されていて、とても使い勝手の良いライブラリです。サンプルページで、棒グラフ、折れ線グラフ、円グラフ、散布図、レーダーチャート等の様々な実例やソースコードを確認することができます（図4.3）。

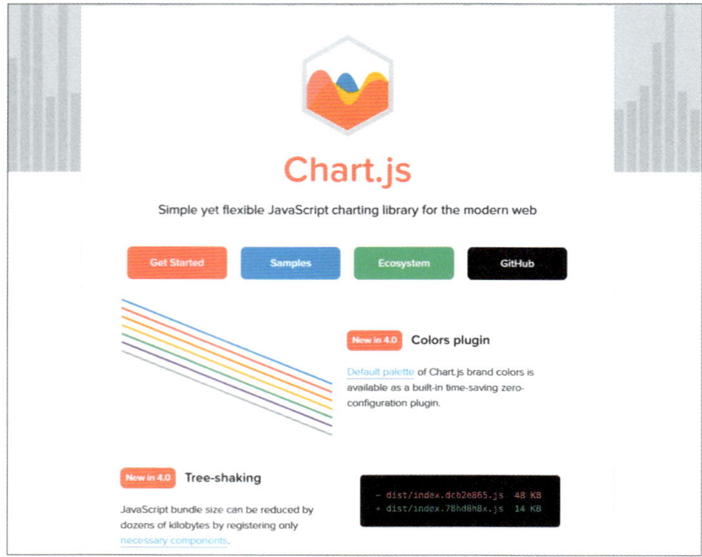


図4.2：Chart.js 公式サイトのトップページ

出典 Chart.js
URL https://www.chartjs.org

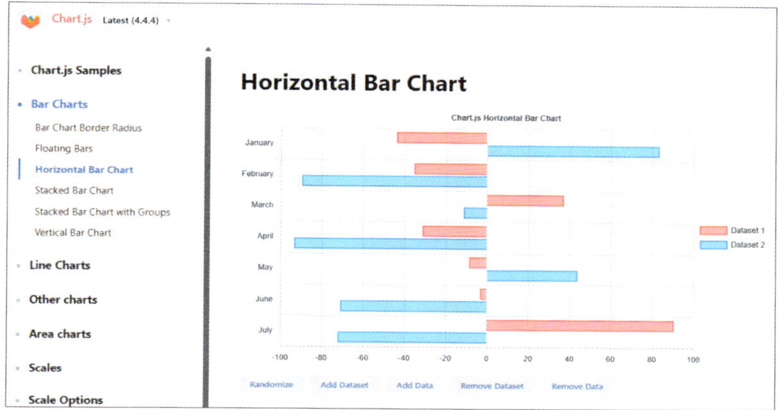


**図4.3**：Chart.jsの実装例

**出典** Chart.js：Horizontal Bar Chart
**URL** https://www.chartjs.org/docs/latest/samples/bar/horizontal.html

## 可視化ライブラリ D3.js

D3.jsは、かなり上級者向けのライブラリです（**図4.4**）。他のライブラリと比べても学習コストは高めです。少し独特で複雑なプログラミング方法を覚えなければなりません。
その代わりに、他のライブラリでは全く実現できないような、驚くほど高度なグラフを作成することができます。

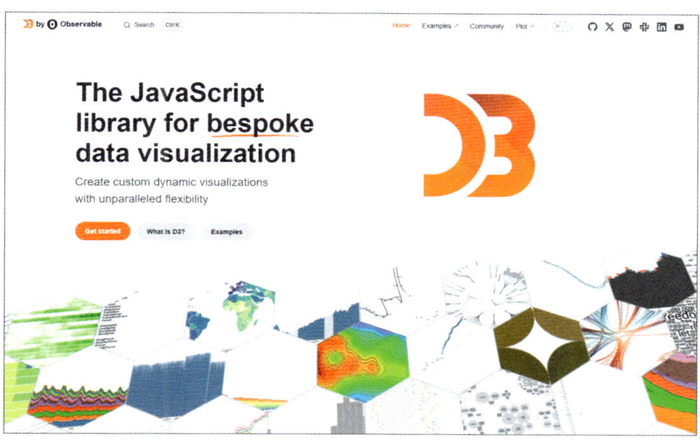


**図4.4**：D3.js公式サイトのトップページ

**出典** D3.js
**URL** https://d3js.org

高度なグラフとは、どれほどのものなのか、気になりますよね。
実例を見てください（図4.5）。D3.jsのギャラリーページです。

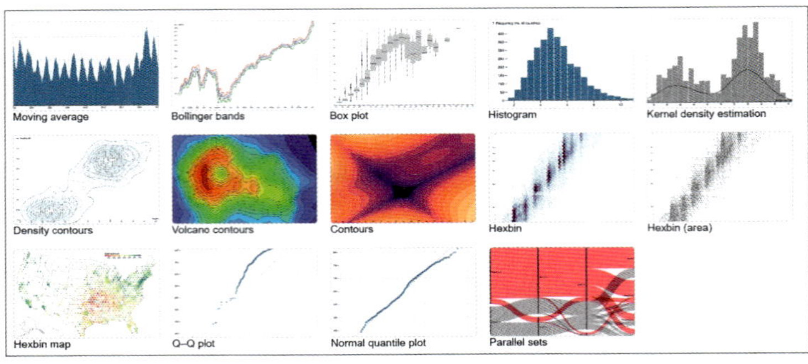


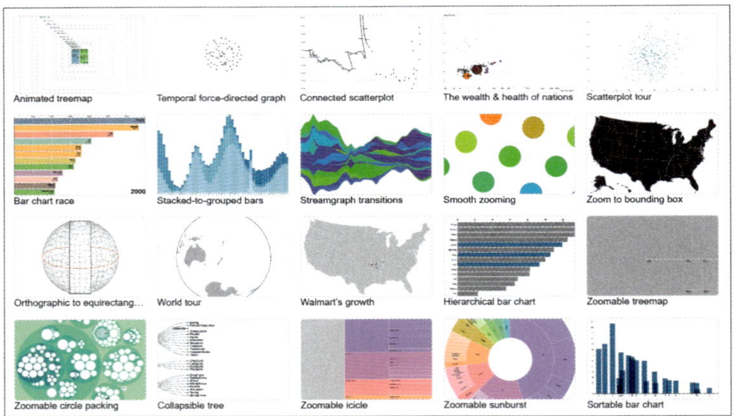


**図4.5：** D3.jsの実装例

**出典** D3 gallery
**URL** https://observablehq.com/@d3/gallery

ここで紹介したグラフもごく一部の抜粋です。D3.jsを使うと本当に多様なグラフを作成することができます。
D3.jsは高度な可視化を行えるのですが、このライブラリを使いこなせる人は少数に留まっていました。これまでは専門分野の限られたプロフェッショナルだけが、長時間の学習コストを払って利用していたのです。
ところが、ChatGPTを使えば、これまで見てきたような簡単な指示で、このD3.jsを使いこなすことができます。筆者自身、最初にChatGPT経由でD3.jsを使った時には感動しました。今までは独力ではとても作成できなかった高度なグラフが、いとも簡単に作成できてしまうのです。
読者の皆様にもこの感動を味わってもらいたく、これからD3.jsを使った可視化の事例を2つ紹介します。

# 02

# フローを可視化するコードダイアグラム（各国の輸出入状況）

コードダイアグラムは、AからB、AからC、BからAといった様々な主体間での移動量を可視化する素晴らしい手法です。
円形のグラフの中で、それぞれの移動量が流線形に描かれるという美しいグラフなのですが、その作図を行うことはとても困難でした。
しかし、ChatGPTでD3.jsを呼び出して使うことで、簡単にこのコードダイアグラムを作成できるのです。

## データを準備する

今回は、世界各国の輸出入の状況を可視化します。全ての国を対象にするとグラフが複雑になるので、主要国間のデータに絞りましょう。

探してみると、JETRO（日本貿易振興機構）が分かりやすい報告書を公開していました（図4.6）。「ジェトロ世界貿易投資報告」というタイトルで、世界と日本の経済、貿易、投資等の状況を分析しています。

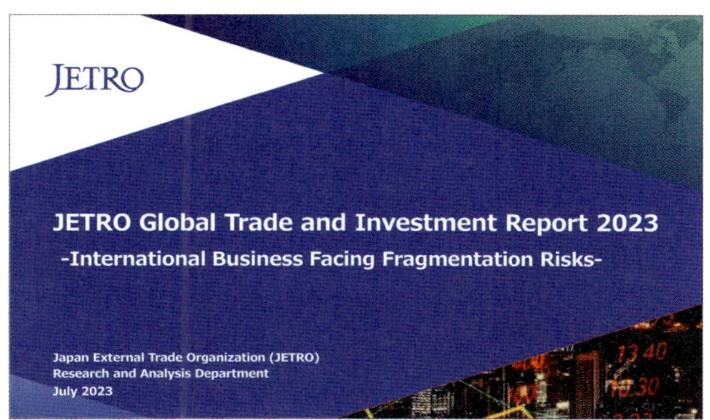


図4.6：JETRO Global Trade and Investment Report 2023

出典『JETRO Global Trade and Investment Report 2023-International Business Facing Fragmentation Risks-』の表紙

URL https://www.jetro.go.jp/ext_images/en/reports/white_paper/trade_invest_2023_rev2.pdf

この報告書の中に、2023年の主要国間の輸出額、輸入額をまとめた表（Global Trade Value Matrix）があります（図4.7）。例えば、日本から中国への輸出は289.46億ドル、中国から日本への輸出は407.75億ドルということが分かります。色合いは2021年と比べた増減率を表しています。

**Global Trade Value Matrix (Q1 2023 trade value, growth rate over Q1 2021)** (Millions USD, %)

| Export \ Import | World | USMCA | U.S. | EU | Japan | Korea | Taiwan | China | ASEAN |
|---|---|---|---|---|---|---|---|---|---|
| World | 5,810,903<br>16.5 | 999,965<br>16.0 | 732,576<br>14.0 | 1,834,502<br>20.6 | 184,704<br>15.3 | 151,018<br>16.4 | 78,964<br>1.3 | 514,490<br>0.3 | 448,873<br>18.4 |
| USMCA | 793,495<br>25.7 | 399,316<br>26.3 | 226,400<br>29.2 | 107,395<br>49.3 | 23,259<br>12.1 | 18,612<br>2.2 | 10,238<br>10.3 | 47,480<br>10.9 | 28,350<br>18.1 |
| U.S. | 508,764<br>25.9 | 167,295<br>22.9 | - | 95,315<br>53.8 | 19,073<br>9.6 | 15,848<br>1.2 | 9,726<br>13.1 | 38,892<br>10.8 | 26,028<br>17.0 |
| EU | 1,802,674<br>13.1 | 143,098<br>7.6 | 118,268<br>5.4 | 1,153,314<br>17.8 | 16,324<br>- 7.1 | 13,213<br>- 11.5 | 8,809<br>12.6 | 56,321<br>- 14.2 | 23,394<br>2.7 |
| Japan | 173,906<br>- 3.9 | 38,655<br>5.8 | 33,148<br>4.9 | 17,491<br>1.0 | - | 12,580<br>- 1.1 | 11,434<br>- 7.9 | 28,946<br>- 24.0 | 27,040<br>0.1 |
| Korea | 151,353<br>3.4 | 32,052<br>18.3 | 26,977<br>18.1 | 17,765<br>9.8 | 7,055<br>3.1 | - | 4,289<br>- 17.1 | 29,560<br>- 18.8 | 26,324<br>11.9 |
| Taiwan | 90,906<br>- 0.6 | 16,480<br>12.1 | 14,901<br>12.1 | 7,979<br>24.8 | 6,637<br>24.4 | 4,314<br>1.2 | - | 19,554<br>- 25.1 | 15,867<br>3.1 |
| China | 821,891<br>15.8 | 144,509<br>0.4 | 115,474<br>- 3.3 | 126,120<br>14.3 | 40,775<br>5.3 | 38,834<br>22.4 | 15,879<br>- 7.2 | - | 139,075<br>32.3 |
| ASEAN | 459,900<br>16.5 | 77,701<br>19.8 | 70,141<br>18.3 | 42,594<br>15.1 | 32,347<br>15.6 | 19,090<br>20.5 | 12,108<br>5.2 | 72,127<br>19.9 | 103,264<br>16.0 |

<Legend>
- 30% or more
- Less than 20~30%
- Less than 10~20%
- Less than 0~10%
- 0~-10%
- -10~-20%
- 20% or less

図4.7：報告書内にある「Global Trade Value Matrix（Q1 2023 trade values, growth rate over Q1 2021）」

出典 『JETRO Global Trade and Investment Report 2023-International Business Facing Fragmentation Risks-』の5ページ目

URL https://www.jetro.go.jp/ext_images/en/reports/white_paper/trade_invest_2023_rev2.pdf

この表では、各国間の輸出入の増減（2021年対比）については色を使って分かりやすく可視化されていますが、輸出入の規模自体は数字を読み込んで比較するしかなく、直感的に理解できません。

この輸出入規模について視覚的にイメージできることを目的に、可視化を進めます。

## 画像からOCRで数値データを読み込ませる

ChatGPTにデータを読み込ませる方法は、多種多様に用意されています。

Excel形式やCSV形式のファイルをアップロードして読み込ませることもできますし、WebサイトをHTMLファイルとして保存してその中の表を読み込ませるということもできます。既に前章までで具体的な手順を紹介しました。

今回の表はどうでしょうか。PDFファイルの中に埋め込まれた表であるため編集が難しいですし、ヘッダが3行になっているなど構成も複雑です。面倒ですが、手作業で数値をExcelファイルに転記するしかないと感じるかもしれません。

でも、もっと便利な方法があるのです。この表を画像として保存して、それをChatGPTにアップロードしてOCRで読み込んでもらうのです。この表のように数字と英語しかない場合は、かなりの高精度でデータを取り込むことができます。日本語を含む場合は、残念ながら現状ではOCR処理ができないようです。

まずは、画像ファイルを作成しましょう。Windows PCの場合は、[Windows] + [Shift] + [S] キーを押すことで、画面上の指定範囲のスクリーンショットを撮ることができます。先ほどの表について、余計な部分（タイトルや凡例等）を除いて表部分だけを画像ファイルとしました（ここではscreenshot01.pngとしました）。

そして、ChatGPTにアップロードします。

プロンプト

このデータは主要国間の輸入額、輸出額を表形式でまとめたものです。
このデータをOCRを使って読み込み、分析可能なデータとして取り込んでください。

結果

The OCR output appears to be somewhat noisy, with unclear or misplaced text due to the complexity of the table layout in the image. I will clean up the data manually by parsing and reorganizing it into a structured format suitable for analysis. Let me extract the relevant numeric values and country labels to form a proper dataframe for analysis.
(筆者訳：表が複雑でノイズがあるので、きれいに整理して分析できるようにします)

| | Export | World | USMCA | U.S. |
|---|---|---|---|---|
| 1 | World | 5,810,903 | 999,965 | 732,576 |
| 2 | USMCA | 793,495 | 399,316 | 226,400 |
| 3 | U.S. | 508,764 | 167,295 | - |
| 4 | EU | 1,802,674 | 143,098 | 118,268 |
| 5 | Japan | 173,906 | 38,655 | 33,148 |
| 6 | Korea | 151,353 | 32,052 | 26,977 |

Trade Data

I have processed the data and presented it in a structured table format for further analysis. You can now analyze the trade data between major countries and regions. If you would like to perform any specific analysis or need further breakdowns or insights, feel free to let me know!
(筆者訳：処理を完了しました。分析方法を指示してください)

このような形で、OCR取り込みに成功しました。

画面上でも全てのデータを確認できますし、表右上の ⬇ ボタン（下矢印マーク）を押すことでCSVファイルをダウンロードすることもできます。今後の処理の「中間ファイル」としても使えるので、ファイルをダウンロードしておきます（本書では「Trade_Data.csv」となりました）。

読み取り内容を確認すると、かなり高い精度です。

ただし、場合によってはデータが間違っていたり、OCR自体に失敗したりすることもあるので、内容の確認はしっかり行ってください。筆者の環境では同じ作業を何度か繰り返して、やっと完全な読み込みに成功しました。データの中に欠損値（例えば、EUからEUの輸出入はあるが、日本から日本への輸出入はない）があるため、ここの処理に迷うようです。ごく一部だけ読み取り数値が間違っている場合は、その部分だけ手作業で修正してChatGPTに再アップロードするほうが手早いかもしれません。

また、この表が親子関係を含んだ階層構造になっていることには注意が必要です。

USMCAとは米国、メキシコ、カナダの3か国を表していますが、レポートの表中ではこの内訳として米国単体での数値も記載していました。可視化にあたってUSMCAと米国の両方を残すと重複が発生してしまうので、米国データについては分析対象から外すことにします。

また、全体を示す“World”が1行目に残っているという中途半端な状態なので、分析時に留意する必要があります。

## コードダイアグラムを作成する

コードダイアグラム（chord diagram）という耳慣れない言葉が出てきました。カテゴリー間の移動量や方向を表すのに適したグラフです。

筆者も、この名称は初めて知りました。先ほど紹介したD3.jsのサンプルの中にこのグラフ（コードダイアグラム）があったので、輸出入のフローを表すのにぴったりだと考えて選んだというわけです。

この名前を指定して、グラフの作図を指示します。

プロンプト

USMCA、EU、Japan、Korea、Taiwan、China、ASEANの輸出入額について、D3.jsを使ってコードダイアグラムを作成し、単一のHTMLファイルとしてダウンロードできるようにしてください。
データの中に欠損値があるので、その部分は0（ゼロ）として計算してください。

結果

The D3.js chord diagram has been created and embedded into an HTML file. You can download the file from the link below:
(筆者訳：コードダイアグラムを作成しました。こちらからダウンロードしてください。)

すぐに、コードダイアグラムが完成しました。

ファイル（本書では「trade_chord_diagram.html」となりました）をダ

ウンロードして、完成したファイルをブラウザで開いてみます（**図4.8**）。

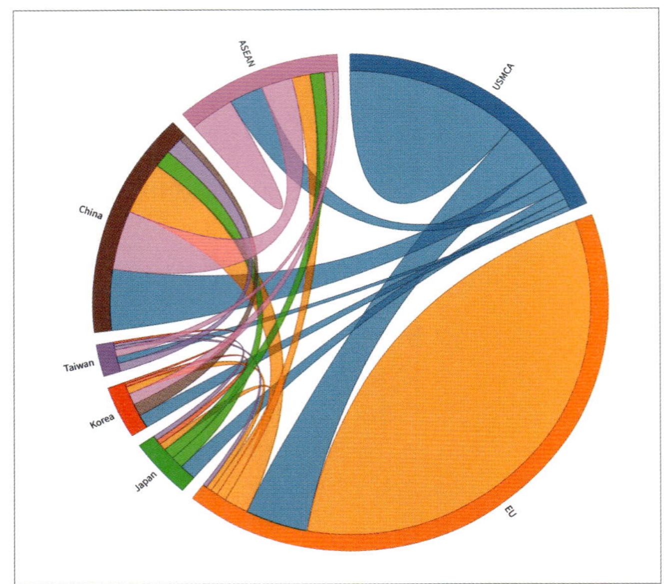


**図4.8：**出力結果（主要国間の輸出入額のコードダイアグラム）

素晴らしいグラフが完成しました！　Excelなどでは絶対に作図できないグラフです。

このグラフの読み取り方は、少し説明が必要ですね。一番外側の枠は、各国の輸出額を示しています。自国の立場から見た輸出総額が、枠の大きさとなっています。

2国間の関係については、中国（China）を見るのが分かりやすいでしょう。中国はほとんどの国に対して輸出超過となっています。中国とEUを結ぶオレンジ色の線を見ると、中国側から線が出る部分（中国立場での輸出）の方が、EUから線が出る部分（中国立場での輸入）よりも大きくなっています。

USMCAとEUについては域内国での輸出入があります。中でも、EUの域内輸出入が群を抜いて大きな比率となっていることが分かります。分析目的によっては、域内輸出入を除外してコードダイアグラムを作ると、各国間の関係がさらに見やすくなるかもしれません。

なお、裏話的な話をすると、このグラフを作成するのには少し苦労しました。

何度試しても部分的に不正確なグラフとなり、毎回異なる割合のグラフになってしまったのです。

その原因を分析すると、欠損値の存在（例えば、日本から日本への輸出入は存在しないのでハイフンとなっている、など）が悪影響を与えていることが分かりました。ChatGPTが欠損値をどのように処理して良いかが分からず、データを勝手に補完する処理や、列をずらすという処理を行っていたようです。

最終的に、プロンプトの中に「データの中に欠損値があるので、その部分は0として計算してください。」という文章を入れることで、安定して正確な結果を出すことに成功しました。先ほど示したプロンプトの通りです。

このように、グラフが作図されたあとでも確認を怠らず、おかしなところが発生していないか注意深く観察してください。ChatGPT自体はかなり正確に動作するのですが、指示が曖昧だとアウトプットに誤りが出ます。欠損値の扱いは、明確に指示をしないと誤解されるパターンの典型例です。

なお、グラフの中に文字が収まりきらず、文字が途中で切れてしまうことがあります。

感覚的な修正指示（文字のサイズを小さくしてください）で対応できることもありますが、うまく修正できない場合はJavaScriptのソースコードを見た上で、直接的な指示をするほうが効果的な場合もあります。例えば、次のような形です。

プロンプト

文字のフォントサイズを、0.8倍程度にしてください。

プロンプト

描画エリアの幅を、960pxから1200pxに変えてください。

03

# 地図に色を塗るコロプレス図（都道府県単位のテニス人口）

コロプレス図という名前は耳慣れませんが、地図をエリア単位で色分けした図のことです。ギリシャ語のchoro（場所）とpleth（多数）が語源です。日常的に見かける図ですが、自分で作成することはかなり困難でした。
このような図も、ChatGPTにD3.jsを使わせることで、簡単に描くことができるのです。

## データを準備する

独立行政法人統計センターが、SSDSE（教育用標準データセット：Standardized Statistical Data Set for Education）という名前で、様々な統計データを公開しています（図4.9）。

データ分析に使いやすいように整った表形式で整理されているので、使い勝手の良いデータです。特に、都道府県単位で様々な情報がまとまっているので、日本地図を色分けするという用途にはぴったりです。

図4.9：教育用標準データセットSSDSE

出典 独立行政法人統計センター：統計リテラシー向上のために
URL https://www.nstac.go.jp/use/literacy/ssdse/

SSDSEには大きく6種類のデータが用意されています。今回はスポーツや趣味に着目するので、SSDSE-D（社会生活）のデータを利用します。ダウンロードしたファイルは「SSDSE-D-2023.xlsx」となりました。

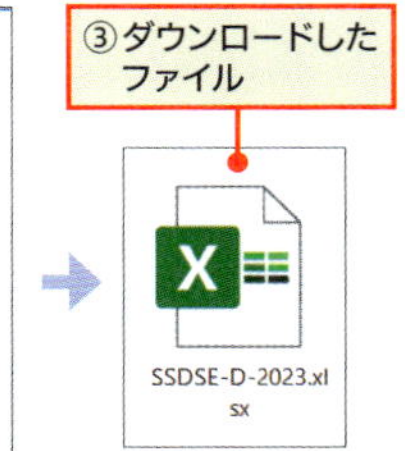


図4.10：SSDSE-社会生活（SSDSE-D）のデータ

出典 独立行政法人統計センター：最新版のSSDSE

URL https://www.nstac.go.jp/use/literacy/ssdse/

統計センターのWebサイトから、Excelデータをダウンロードします（図4.10①～③）。

内容を見ると（図4.11）、横に120項目ほどの調査データが並んでいます。今回は、スポーツの中でも「テニス」の数値に注目しましょう。

| SSDSE-D-20 | 2021年 | Prefecture | MC00 | MC01 | MC02 | MC03 | MC04 | MC05 | MC06 | MC07 |
|---|---|---|---|---|---|---|---|---|---|---|
| 男女の別 | 地域コード | 都道府県 | スポーツの総数 | 野球(キャッチボールを含む) | ソフトボール | バレーボール | バスケットボール | サッカー(フットサルを含む) | 卓球 | テニス |
| 0_総数 | R00000 | 全国 | 66.5 | 6.3 | 1.5 | 3.5 | 3.6 | 4.7 | 4.9 | 3.4 |
| 0_総数 | R01000 | 北海道 | 62.2 | 7.3 | 1.1 | 4.1 | 3.8 | 4.4 | 4.8 | 2.5 |
| 0_総数 | R02000 | 青森県 | 52.1 | 5.8 | 0.6 | 2.9 | 4.0 | 3.5 | 2.8 | 2.1 |
| 0_総数 | R03000 | 岩手県 | 59.1 | 5.8 | 1.7 | 3.6 | 4.2 | 4.3 | 5.0 | 2.6 |
| 0_総数 | R04000 | 宮城県 | 64.4 | 7.0 | 1.2 | 4.1 | 4.7 | 5.0 | 4.9 | 2.7 |
| 0_総数 | R05000 | 秋田県 | 57.1 | 7.0 | 0.9 | 3.8 | 5.3 | 3.7 | 4.8 | 2.2 |
| 0_総数 | R06000 | 山形県 | 58.4 | 5.3 | 1.6 | 4.0 | 3.6 | 4.5 | 5.1 | 2.4 |
| 0_総数 | R07000 | 福島県 | 59.5 | 5.6 | 2.5 | 3.6 | 3.5 | 3.3 | 4.8 | 1.8 |
| 0_総数 | R08000 | 茨城県 | 65.8 | 6.0 | 1.4 | 3.7 | 3.7 | 5.7 | 5.1 | 3.6 |
| 0_総数 | R09000 | 栃木県 | 62.6 | 4.9 | 1.2 | 3.0 | 3.6 | 4.4 | 3.6 | 3.0 |
| 0_総数 | R10000 | 群馬県 | 67.0 | 5.9 | 1.2 | 3.2 | 3.5 | 4.5 | 4.4 | 3.2 |
| 0_総数 | R11000 | 埼玉県 | 69.3 | 6.7 | 1.5 | 2.6 | 4.1 | 5.6 | 5.0 | 4.1 |
| 0_総数 | R12000 | 千葉県 | 67.4 | 5.6 | 0.9 | 3.1 | 4.0 | 4.6 | 4.4 | 4.0 |
| 0_総数 | R13000 | 東京都 | 74.5 | 6.7 | 1.0 | 2.9 | 2.7 | 4.9 | 6.2 | 3.6 |

**図4.11：** SSDSE-D（社会生活）のデータ内容

## データをChatGPTに読み込ませる

慣れてきたと思いますが、データをアップロードしてグラフ作成を指示するという基本的な流れはこれまでと同じです。

**プロンプト**

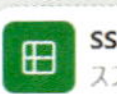
SSDSE-D-2023.xlsx
スプレッドシート

このファイルは、都道府県別の自由時間活動の調査統計です。1行目と2行目がデータ項目名称となっているので、マージして項目名称としてください。ファイルを読み込んで、概要を教えてください。

**結果**

データ項目名称を結合し、最初の数行を確認しました。各列には都道府県別の自由時間活動に関する情報が含まれており、人口や活動別の参加割合、起床・就寝時間、仕事や学業の時間など、多岐にわたる項目が含まれています。

今回は、最初の指示の時点でヘッダ部分の処理方法についても指定しました。元のExcelファイルではヘッダ情報が2行（MC07、テニス）となっており、そのまま読み込むと2行目の内容がデータとして認識されるおそれがあったため、マージしてヘッダ（項目名称）としました。

## 作図に使うデータを抽出しておく

このデータには大量の情報が含まれているので、あらかじめコロプレス図の作成に使うデータを抽出しておきます。作図フェーズで行き詰まった時にもこの抽出データがあれば最初から手順を繰り返す必要がないので便利ですし、不要な情報を削除しておくことで、計算過程で誤りが混入するリスクを減らすことができます。

プロンプト

「テニス」について各都道府県の数値を抽出して、ダウンロードできるようにしてください。
男女の別については「0_総数」のみを選択してください。

結果

各都道府県の「テニス」に関するデータを抽出しました。表示されたデータをご確認ください。以下のリンクからダウンロードできます。
テニスデータをダウンロードする

## コロプレス図の作成には、コツが必要

さて、いよいよ作図に入るのですが、コロプレス図の作成には試行錯誤を繰り返しました。

最終的に成功率の高い方法を把握することができたので、まずはその結論から紹介します。ただ、場合によってはエラーが出ることがあるので、その対応方法について後述します。

一気に都道府県単位に色分けされたコロプレス図を作るのではなく、まずはデータなしのコロプレス図を作成し、その次に都道府県単位の情報を反映させるという手順を踏みました。「外部のGeoJSONを読み込んで地図を描画する」ことと、「都道府県ごとのデータを色分けして塗る」という2つの難しい作業があるので、これをまとめて指示するのではなく別々に指示したのです。問題の切り分けのためにも、指示を細かく分けるというやり方は有効です。

プロンプト

以下のGeoJSONデータを読み込んで日本の都道府県単位のコロプレス図を描くHTMLファイルをD3.jsを使って作成し、ダウンロードできるようにしてください。
https://raw.githubusercontent.com/dataofjapan/land/master/japan.geojson

結果

日本の都道府県単位のコロプレス図をD3.jsで表示するHTMLファイルを作成しました。以下のリンクからダウンロードできます。
日本の都道府県コロプレス地図をダウンロードする

プロンプト

都道府県別のテニスの数値をコロプレス図で可視化してください。

結果

都道府県別のテニス数値を表示するコロプレス図を作成しました。以下のリンクからダウンロードできます。
日本のテニスコロプレス図HTMLファイルをダウンロード

出力結果を説明する前に、指示内容について解説しましょう。

まず、D3.jsのライブラリ自体は、都道府県単位の地図情報を持っていません。そのため、単に「D3.jsを使って日本の都道府県単位のコロプレス図を作成してください」と指示しても、情報不足のため作図ができません。

そのため、公開されている地図情報（外部のGeoJSONデータ）のURLを明示的に示し、都道府県単位の地図情報を与えています。今回利用したデータは、国土地理院が公開しているデータを使った「地球地図日本」というGeoJSONデータ（URL https://www.gsi.go.jp/kankyochiri/gm_jpn.html）を基にしています。

なお、このGeoJSONデータには使用ライセンスが定められているので、留意してください。

「使用ライセンスは配布元に準じ、非営利目的の場合は『出典元(地球地図日本)の明記』を、営利目的の場合は『出典元(地球地図日本)の明記』と『著作権者(地球地図日本)への利用報告』をお願いいたします。」(URL https://github.com/dataofjapan/land)

リンク先からHTMLファイル（本書では「tennis_population_map.html」となりました）をダウンロードしてブラウザで開くと、コロプレス図が表示されます。

日本全国のテニス人口比率を、分かりやすく可視化することができました（図4.12）。

比率が高いのは神奈川県（4.7%)、滋賀県（4.5%)、徳島県（4.3%）などです。一方で東北地方や新潟県、長野県のあたりは2%前後の水準です。かなり、地域差があるものですね。

グラフはJavaScriptで作成されるので、動的に変化します。マウスのカーソルを地図の上に持っていくと、該当する県の情報（県名とテニス人口比率）を表示してくれます。

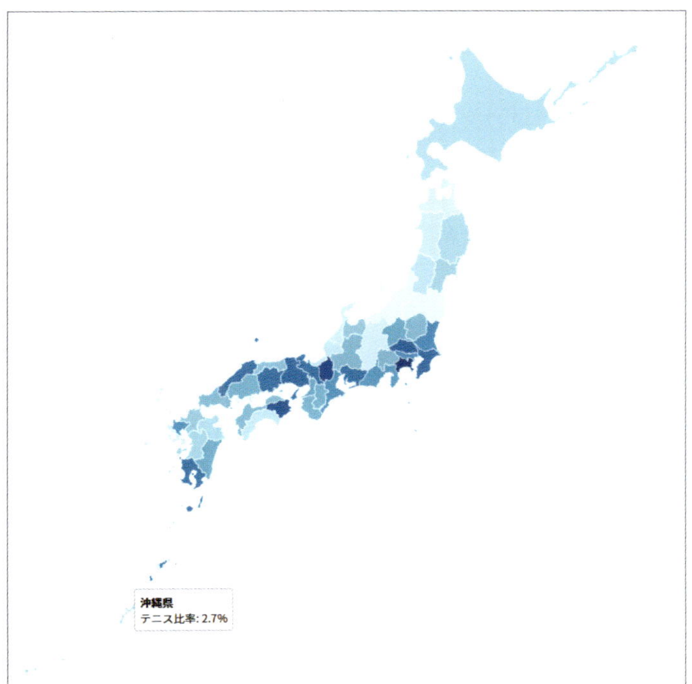


図4.12：出力結果（テニス人口比率のコロプレス図）

## エラーが発生した際の対応方法

筆者が試行錯誤した中で比較的多く遭遇したのは、HTMLファイルを開いても日本地図自体が描かれないというものでした。主な原因は、「外部のGeoJSONを読み込んで地図を描画する」ことと、「都道府県ごとのデータを色分けして塗る」という2つのことを同時に依頼してしまっていたからでした。この反省を踏まえて、先に紹介したプロンプトではこの2つを分ける形のプロンプトを紹介しました。

次に多かったのは、日本地図は描かれるものの、都道府県単位のデータが反映されず色が塗られないという事象でした。ChatGPTにデバッグを手伝ってもらいながらソースコードを調べてみると、色分けをする際の都道府県を表す変数の名前がマッチしていないことが分かりました。結論としては、「都道府県名は、nam_ja プロパティとして設定してください」と指示することで修正対応が行われることが多かったです。

ソースコードの内容の話になりますが、都道府県などの固有名詞を変数に格納する時に、一般的にはnameとかname_jaというような名前にすることが多いです。しかし、この日本地図データではnam_jaという少し特殊な名前になっていたのです。原因が分かったので、「都道府県名は、nam_ja プロパティとして設定してください」という形で明示的に指示することで、無事に色分けが反映されるようになりました。ソースコードを理解しないと難しい対応ですが、このような対応方法もあるということを記憶しておくと、行き詰まった時に役に立つことでしょう。

また、都道府県の色は塗られたものの、数値が元データと異なってしまうというエラーにも遭遇しました。これは、元のExcelデータの絞り込みを十分に行わず、大量のデータを残したまま「テニス」のデータを選択した際に発生しました。この点については既に紹介したように、先に「テニス」のデータに絞り込んでから作図することで、問題を回避できるようになりました。

このように、ChatGPTを使ったグラフ作図においては、運が良ければすぐに結果を得ることができるのですが、問題が発生してしまった場合には何度か修正や再実行を試みて、それでもダメなら生成したソースコードを調べながら改善方法を考えるといった作業が必要になることがあります。

とはいえ、難解なD3.jsのプログラミングもほぼ完璧な水準でこなしてくれるChatGPTの能力には脱帽です。

## 他のスポーツや趣味も調べてみる

一度、コロプレス図の作成に成功すれば、他のデータを反映するのは簡単です。
色々と試してみましたが、特に地域差が比較的大きかった2例について紹介しましょう。

「釣り」(本書では「fishing_population_map.html」となりました)については西日本で人気が高く(10%〜12%)、関東では人気が低い(5%〜7%)という傾向がくっきりと表れています(**図4.13**)。美味しい魚がたくさん釣れる場所で人気があるのは分かりますね。

「サイクリング」(本書では「cycling_population_map.html」となりました)については、その逆です。東京(14.4%)が2位以下を引き離して圧倒的な1位となっています(**図4.14**)。車社会の地方に比べて都心は自転車を使うことが多いことが、その一因なのかもしれません。

色々な例について試してみましたが、都道府県単位で地域差が色濃く出て、なかなか楽しい時間を過ごすことができました。ChatGPTを使えば簡単に作図することができるので、ぜひ試してみてください。

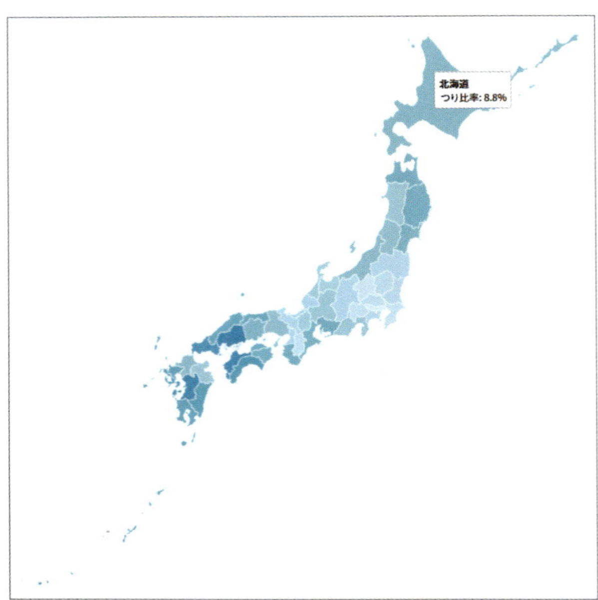


図4.13：出力結果（釣り人口比率のコロプレス図）

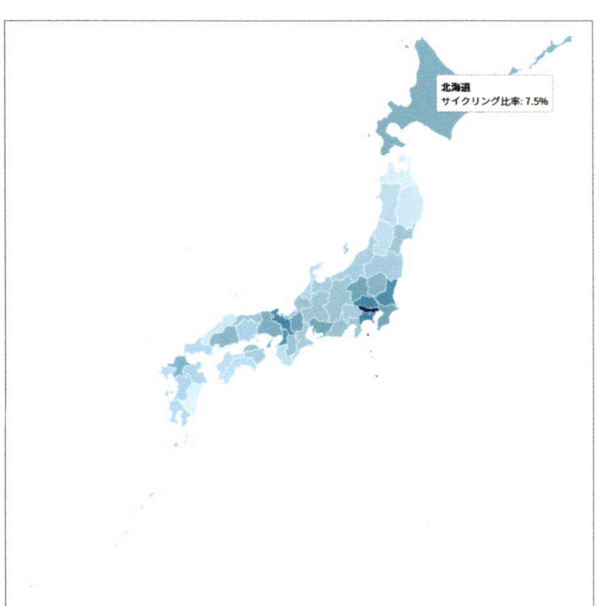


図4.14：出力結果（サイクリング人口比率のコロプレス図）

Chapter

# 5

# 複数データの合成を学ぶ（郵便番号と人口データの分析）

これまでの章では、
1つのデータファイルに全てのデータが揃っていることが前提でした。
しかし、実際の業務では様々な場所に散在するデータを集めてきて、
それらを合成して分析するシーンが多くなります。
データを合成するには、それぞれのデータを正確にマッチングさせるという
地道で繊細な作業が不可欠です。
ChatGPTを使って、
このような作業を効率的に実施する方法を見ていきましょう。

# 01

# データを合成するメリット

Web上には様々な統計データが公開されていますが、その分析軸やデータの定義方法が異なるので、複数のデータをまたがって分析をすることはかなり面倒です。例えば自治体名称についても、県名と市名の2項目で管理する方法もあれば、半角スペースで区切って1項目で管理する方法もあります。
ChatGPTを使えば、このような差異も自動的に揃えた上で分析することができます。

## 題材とするデータ

今回は、総務省統計局が公開している「人口データ」と、郵便局が出している「郵便番号データ」の2つを題材とします。どちらも自治体単位の統計データをまとめているのですが、その自治体名の管理方法が異なっています。このままでは、両データを突合して分析することができません。

本章の内容を先取りする形となりますが、両者のデータ構造は**図5.1**のように異なっています。

人口データの構造
（1項目で整理）

| 自治体名 |
|---|
| 北海道 札幌市 |
| 北海道 函館市 |
| 東京都 瑞穂町 |

郵便番号データの構造
（複数項目で整理）

| 都道府県 | 市区町村 | 町域 |
|---|---|---|
| 北海道 | 札幌市中央区 | 旭丘 |
| 北海道 | 函館市 | 青柳町 |
| 東京都 | 西多摩郡瑞穂町 | 石畑 |

**図5.1**：データ構造の違い

## 分析方針

今回の分析では、人口の多い自治体が、郵便番号が多い傾向にあるのか、逆に少ない傾向にあるのかを調べます。単純に考えると人口が多いほうが郵便番号が多くなるようにも思えますが、地方部や離島では人口が少なくても郵便番号が多く必要という状況もあるので、どのような傾向となるのかは想像が難しいところです。

この分析を行うには、2つのデータを突合して組み合わせる必要があります。どちらのデータにも自治体名があるので、その命名規則を統一すれば突合できるはずです。

しかし、この突合作業は一筋縄ではいきません。

全ての自治体が「都道府県」+「市町村」という構造になっていれば、作業は簡単です。しかし、**図5.1**にあるように、政令指定都市には区名が入っていたり、町名には郡名が入っていたりと、様々な例外が紛れ込んでいます。このような例外をしらみつぶしに修正しないと、完璧な突合ができないのです。

この作業をExcelでやることはほとんど不可能です。Excelの名人なら複雑な関数やマクロを使って何とか変換処理を作り上げることができるかもしれませんが、そのExcelファイルはもはや他人がメンテナンスできるようなものではないでしょう。

データ分析という一見華やかな世界ですが、実はその大半の時間を、データの前処理という地味で労力がかかる仕事に費やしています。ただ、今回の題材のような難易度の高い突合作業も、ChatGPTという強力なパートナーがいれば確実にやり遂げることができます。

一方で、ChatGPTを使う私たちにもかなりの慎重さが求められます。安易にChatGPTに処理を丸投げすると、精度が低く使い物にならないデータになります。

本章は、データ分析の実務を担う人にとって非常に価値のある情報になると考えていますが、少し難易度が高くなっています。これからデータ分析のプロを目指す方は、ぜひ頑張って読み通してください。将来、この方法が役に立つシーンがきっとあるはずです。

# データを準備する

今回の分析でも、統計データを利用します。統計データを扱う際には、それがいつ時点のもので合計何件のデータがあるのかなど、データの前提を理解することが重要です。
データ合成にあたっての突合作業を精緻に行うための基礎となるので、注意してデータを準備しましょう。

## 総務省統計局の人口データをダウンロードする

1つ目は、総務省統計局の人口データです。以下のURLにアクセスしてください。

URL https://www.e-stat.go.jp/regional-statistics/ssdsview/municipality

図5.2①～⑤に示すように、ダウンロードにあたってはいくつかの絞り込み条件を設定することができます。

初期状態では「区（特別区を除く）」にもチェックが入っている状態ですが、このチェックは外してください。このチェックを入れたままにすると、政令指定都市（例えば札幌市）について区単位の情報（札幌市中央区、札幌市北区等）に分割されてしまいます。今回の分析では「自治体ごとの郵便番号の数」を分析するのですが、政令指定都市は全ての区を含めて1つの行政組織ですのでデータを区単位に分割する必要はありません。

なお、東京23区（千代田区、中央区、港区等）については区という名称でありながらそれぞれが独立した行政組織となっているため、これらは個別に扱います。総務省統計局のデータでも「特別区」にチェックが入ることによって、この23区のデータが含まれるようになっています。

このデータには、1,741の自治体が含まれています。人口データは5年刻みで管理されているので、この時点の最新データは2020年時点のものでした。なお、参考までですが自治体数は合併によって毎年減っていて、2024年10月時点の自治体数は1,718となっています。

次の画面（図5.3）では、統計データの内容を選びます。自然環境、経済基盤、行政基盤、教育、労働など様々なデータが選択できますが、ここでは分類「A 人口・世帯」の中の「A1101 総人口（人）」というデータを使います（図5.3①～④）。

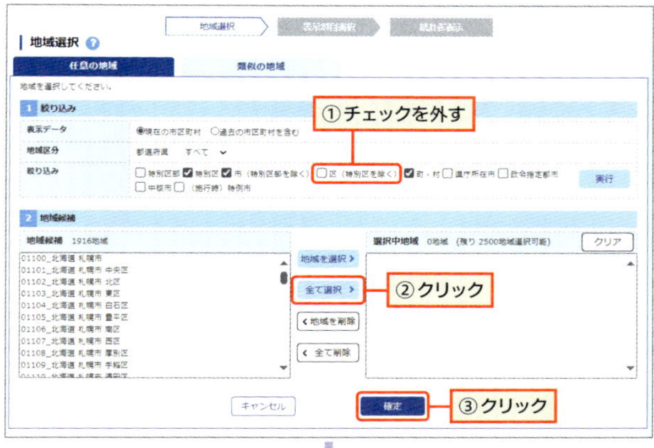


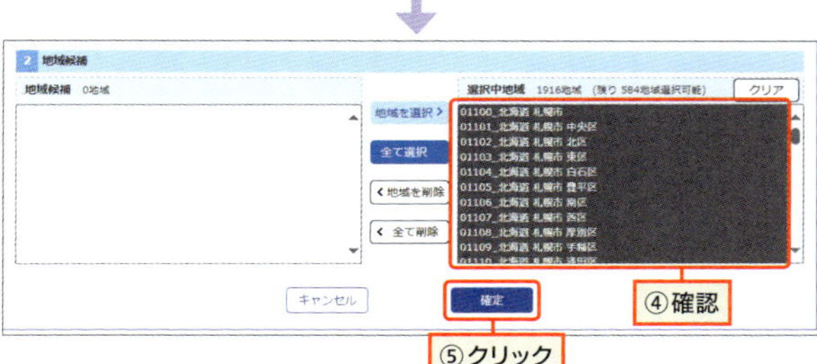


図5.2：
人口データのダウンロード画面（地域選択）
出典 政府統計の総合窓口（e-Stat）
URL https://www.e-stat.go.jp/regional-statistics/ssdsview/municipality

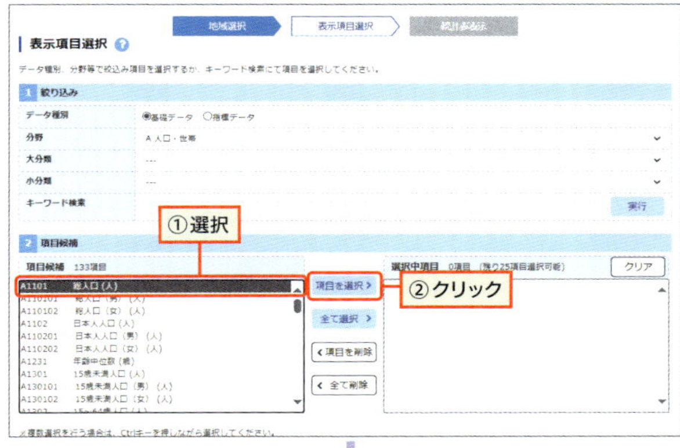


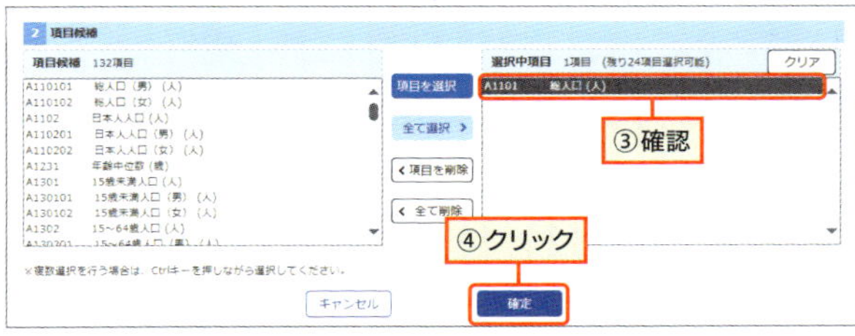


図5.3：
人口データのダウンロード画面（表示項目選択）
出典 政府統計の総合窓口（e-Stat）
URL https://www.e-stat.go.jp/regional-statistics/ssdsview/municipality

最後の画面（図5.4）では、自治体ごとの人口データを確認することができます。

画面右上にある「ダウンロード」のボタンを押して、ファイルをダウンロードします。ファイル形式を選ぶことができるので、ここでは「CSV形式（Shift-JIS）」を選択しました。その他の形式（UTF-8等）でもChatGPTに読み込ませるには問題ないのですが、Excel等で確認する際に文字化けしてしまうのでShift-JISを選びました。また「ヘッダの出力」、「コードの出力」、「凡例の出力」は「出力しない」を選んでダウンロードします（図5.4①～⑧）。ダウンロードしたファイルは「FEI_CITY_241206120035.csv」となりました。

データ内容を見ると、コード番号（01100）と都道府県名（北海道）と市区町村名（札幌市）が合体した形（01100_北海道 札幌市）で収められていることが分かります。

**図5.4：**人口データのダウンロード画面（表ダウンロード）

**出典** 政府統計の総合窓口（e-Stat）

**URL** https://www.e-stat.go.jp/regional-statistics/ssdsview/municipality

## 郵便局の郵便番号データをダウンロードする

2つ目は、郵便番号データです。以下のURLにアクセスしてください。

URL https://www.post.japanpost.jp/zipcode/dl/utf-zip.html

こちらは、総務省統計局のサイトと比べるとシンプルな構成です。1か月ごとにデータを更新しているようなので、「最新データのダウンロード」から最新のものをダウンロードします（図5.5①～③）。本書では、2024年9月30日時点のデータを利用しています。

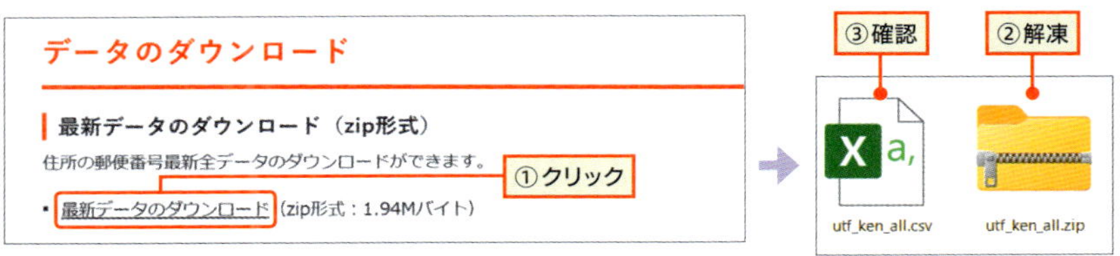


図5.5：郵便番号データのダウンロード画面

出典 郵便局
URL https://www.post.japanpost.jp/zipcode/dl/utf-zip.html

データの内容は、図5.6のようになっています。3列目に郵便番号（0640941）、7列目に都道府県名（北海道）、8列目に自治体名（札幌市中央区）のデータがあります。全部で12.4万件のデータが並んでいます。

なお、ダウンロードしたデータをExcelで確認するには少し手間が必要です。文字のエンコードをメモ帳等のエディタでShift-JIS（メモ帳ではANSIと表現されている）に変換した上で、Excelのメニューから「データ」→「テキストまたはCSVから」という手順でCSVファイルをインポートします。ファイルをそのまま開くと、郵便番号が数値と認識されてしまい先頭がゼロの場合に1桁目が消えてしまうので、郵便番号を「文字列」として指定する必要があります。

| | | | | | | | | | | | | | | |
|---|---|---|---|---|---|---|---|---|---|---|---|---|---|---|
| 01101 | 060 | 0600000 | ホッカイドウ | サッポロシチュウオウク | イカニケイサイガナイバアイ | 北海道 | 札幌市中央区 | 以下に掲載がない場合 | 0 | 0 | 0 | 0 | 0 | 0 |
| 01101 | 064 | 0640941 | ホッカイドウ | サッポロシチュウオウク | アサヒガオカ | 北海道 | 札幌市中央区 | 旭ケ丘 | 0 | 0 | 1 | 0 | 0 | 0 |
| 01101 | 060 | 0600041 | ホッカイドウ | サッポロシチュウオウク | オオドオリヒガシ | 北海道 | 札幌市中央区 | 大通東 | 0 | 0 | 1 | 0 | 0 | 0 |
| 01101 | 060 | 0600042 | ホッカイドウ | サッポロシチュウオウク | オオドオリニシ（1?19チョウメ） | 北海道 | 札幌市中央区 | 大通西（1?19丁目） | 1 | 0 | 1 | 0 | 0 | 0 |
| 01101 | 064 | 0640820 | ホッカイドウ | サッポロシチュウオウク | オオドオリニシ（20?28チョウメ） | 北海道 | 札幌市中央区 | 大通西（20?28丁目） | 1 | 0 | 1 | 0 | 0 | 0 |
| 01101 | 060 | 0600031 | ホッカイドウ | サッポロシチュウオウク | キタ1ジョウヒガシ | 北海道 | 札幌市中央区 | 北一条東 | 0 | 0 | 1 | 0 | 0 | 0 |
| 01101 | 060 | 0600001 | ホッカイドウ | サッポロシチュウオウク | キタ1ジョウニシ（1?19チョウメ） | 北海道 | 札幌市中央区 | 北一条西（1?19丁目） | 1 | 0 | 1 | 0 | 0 | 0 |
| 01101 | 064 | 0640821 | ホッカイドウ | サッポロシチュウオウク | キタ1ジョウニシ（20?28チョウメ） | 北海道 | 札幌市中央区 | 北一条西（20?28丁目） | 1 | 0 | 1 | 0 | 0 | 0 |
| 01101 | 060 | 0600032 | ホッカイドウ | サッポロシチュウオウク | キタ2ジョウヒガシ | 北海道 | 札幌市中央区 | 北二条東 | 0 | 0 | 1 | 0 | 0 | 0 |
| 01101 | 060 | 0600002 | ホッカイドウ | サッポロシチュウオウク | キタ2ジョウニシ（1?19チョウメ） | 北海道 | 札幌市中央区 | 北二条西（1?19丁目） | 1 | 0 | 1 | 0 | 0 | 0 |
| 01101 | 064 | 0640822 | ホッカイドウ | サッポロシチュウオウク | キタ2ジョウニシ（20?28チョウメ） | 北海道 | 札幌市中央区 | 北二条西（20?28丁目） | 1 | 0 | 1 | 0 | 0 | 0 |
| 01101 | 060 | 0600033 | ホッカイドウ | サッポロシチュウオウク | キタ3ジョウヒガシ | 北海道 | 札幌市中央区 | 北三条東 | 0 | 0 | 1 | 0 | 0 | 0 |
| 01101 | 060 | 0600003 | ホッカイドウ | サッポロシチュウオウク | キタ3ジョウニシ（1?19チョウメ） | 北海道 | 札幌市中央区 | 北三条西（1?19丁目） | 1 | 0 | 1 | 0 | 0 | 0 |
| 01101 | 064 | 0640823 | ホッカイドウ | サッポロシチュウオウク | キタ3ジョウニシ（20?30チョウメ） | 北海道 | 札幌市中央区 | 北三条西（20?30丁目） | 1 | 0 | 1 | 0 | 0 | 0 |

図5.6：郵便番号データの内容（抜粋）※セルの緑色の着色は筆者によるもの

1
2
3
4
5
6
7
8
9
10

複数データの合成を学ぶ（郵便番号と人口データの分析）

03

# 失敗するパターンを理解する

2つのデータが用意できたので、これをChatGPTに読み込ませて簡単な指示を出せばデータの合成ができると感じるかもしれません。しかし、この作業には大きな落とし穴があります。ChatGPT自体は処理を正確に行っているのですが、それがこちらの意図通りとは限らないからです。まずは失敗するパターンから見ていきましょう。

## データを読み込ませる

これまでと同様に、ファイルをアップロードした上で概要を出力させます。今回は念のため、上位ランキングも出力させてみました。正しく読み込めていることが確認できます。

プロンプト

FEI_CITY_241206120035.csv
スプレッドシート

このファイルは、市町村別の人口データです。このデータの内容を読み込んで、概要を教えてください。

結果

このファイルには市町村別の人口データが含まれており、主な項目は以下の通りです：（以下、略）

プロンプト

上位ランキング10位までを表示してください。

結果

市町村別の人口ランキング上位10位は以下の通りです：

1. 神奈川県 横浜市 - 3,777,491人
2. 大阪府 大阪市 - 2,752,412人
3. 愛知県 名古屋市 - 2,332,176人

4. 北海道 札幌市 - 1,973,395人
5. 福岡県 福岡市 - 1,612,392人
6. 神奈川県 川崎市 - 1,538,262人
7. 兵庫県 神戸市 - 1,525,152人
8. 京都府 京都市 - 1,463,723人
9. 埼玉県 さいたま市 - 1,324,025人
10. 広島県 広島市 - 1,200,754人

これが、人口の多い市町村のトップ10です。

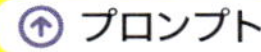

このファイルは、日本の郵便番号の一覧データです。このデータの内容を読み込んで、概要を教えてください。

結果

このファイルには、日本の郵便番号の一覧データが含まれており、以下のような情報が含まれています：（以下、略）

プロンプト

市町村別に郵便番号の数を集計し、上位ランキング10位までを表示してください。

結果

郵便番号の数が多い市町村のランキング上位10位は以下の通りです：

1. 富山市（トヤマシ）- 1,147件
2. 港区（ミナトク）- 1,008件
3. 岐阜市（ギフシ）- 837件
4. 上越市（ジョウエツシ）- 755件
5. 新宿区（シンジュクク）- 696件
6. 京都市伏見区（キョウトシフシミク）- 631件
7. 長岡市（ナガオカシ）- 588件
8. 京都市上京区（キョウトシカミギョウク）- 577件

9. 金沢市（カナザワシ）- 565件
10. 京都市右京区（キョウトシウキョウク）- 556件
これが郵便番号の数が多い市町村のトップ10です。

ここで注意すべきなのは、後者のランキングには「京都市伏見区」、「京都市上京区」といったデータが入っていることです。政令指定都市については区ごとの分類をなくしたいのですが、郵便番号データには区単位の情報が入っているため、このような結果になっています。

今回は失敗例の説明なので、この違いには気付かなかったことにして分析手順を進めてみます。

## 人口数と郵便番号数の散布図を作る（失敗例）

単純に考えると、人口の多い自治体のほうが郵便番号数も多くなるように思います。ですが、地方で人が住む集落が分散している自治体でも郵便番号数が多くなるかもしれません。まずは、自治体単位での人口数と郵便番号数の関係を調べてみることにします。

このような場合は、散布図を作成するのが有効です。早速、ChatGPTに指示します。

プロンプト

アップロードした2つの情報を用いて、自治体人口（横軸）と郵便番号数（縦軸）の散布図を作成してください。

結果

こちらが、自治体の人口（横軸）と郵便番号の数（縦軸）の散布図です。このグラフにより、人口と郵便番号数の関係を視覚的に確認できます。追加の分析や他の視点からの可視化をご希望の場合は、お知らせください。

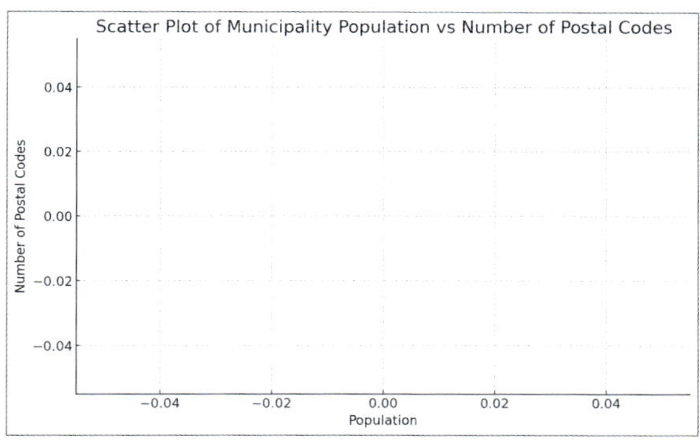


**図5.7：** 出力結果（人口と郵便番号の散布図、失敗例）

最初は大失敗です。グラフの枠組みだけは表示されていますが、散布図のプロット（点）が1つもありません（**図5.7**）。ただ、このようなことは比較的頻繁に発生するので、あせる必要はありません。表示がうまくできなかった原因の分析をChatGPT自体に指示します。

**プロンプト**

グラフ内に1つも点が描画されていないので、原因を調べて修正してください。

**結果**

データの結合が正しく行われておらず、結果として空のデータフレームになっています。この原因として、自治体名の表記の違いやスペースなどが考えられます。データを再確認し、結合条件を調整して修正します。

データの結合が依然として機能していないため、地域およびCity_Kanji列における名称の微妙な違いが原因と考えられます。これを調査し、データの結合条件を改善するため、表記の違いを確認し、より柔軟なマッチング方法を試みます。

データを調査した結果、地域（人口データ）とCity_Kanji（郵便番号データ）の自治体名に多くの微妙な表記の違いがあることが確認されました。この違いが原因で、データが正しく結合されていません。次に、これらの表記の違いを処理し、適切にデータを結合できるように名前を整える方法を試みます。

（中略）

データの結合が正常に行われ、802件の自治体について人口と郵便番号数のデータが結びつきました。これで、自治体の人口と郵便番号数を使った散布図を作成できるようになりましたので、早速作成します。

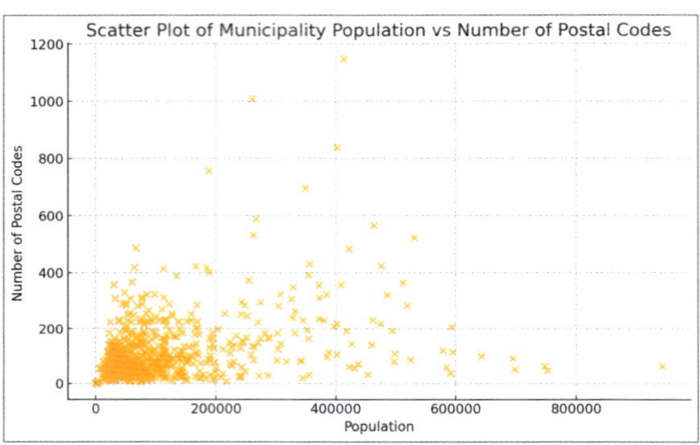


**図5.8：**出力結果（人口と郵便番号の散布図、失敗例）

最初の作図では、「北海道 函館市」というデータ（人口データ）と、「函館市」というデータ（郵便番号データ）を無処理のまま突合したので、両方が異なるデータとみなされて空のデータとなっていたようでした。

ChatGPTはその原因を分析して、表記の違いを確認した上で柔軟にマッチングできるように処理を追加しました。その結果、多数の点をプロットして散布図を作成することができました。なお、グラフ上では単位が明記されていませんが、横軸が「人」、縦軸が「個」となっています（図5.8）。

## 失敗理由を分析する

さて、改めてグラフの内容（図5.8）を見てみましょう。

人口が80万人前後の規模でも郵便番号数が少ないところもありますし、人口が20万人から40万人のゾーンに多数の郵便番号を持つ自治体が存在するようです。

なんとなく分析が完了したと感じて、安心してしまうかもしれません。

でも、待ってください。よく見ると、このグラフにはおかしなところがあります。

本章では、データをダウンロードする時点からデータの前提や内容について注意を払ってきましたが、そのプロセスを丁寧に実施した人は、このグラフのおかしさに気付くことができます。

- データ件数が合わない

人口データのところで見たように、自治体数は1,741となっているはずです。しかし、ChatGPTの出力結果にある通り、このグラフには802件のデータしか表示されていません。半数未満の自治体しか表示されていないのです。

- 横軸の範囲が狭い

人口ランキングで見たように、横浜市（約378万人）、大阪市（約275万人）、名古屋市（約233万人）といった大都市が存在します。しかし、このグラフには人口100万人以下のものしか表示されておらず、これらの大都市が表示されていません。

政令指定都市（およそ人口100万人以上）の全てが、このグラフから除外されていることが推察できます。

失敗理由の1つは、政令指定都市の扱いでしょう。「札幌市」というデータと「札幌市中央区」というデータを異なるデータと認識したため、札幌市に関するデータが無視された形になっているのです。

また、本章冒頭で説明したように、町名には郡名が含まれているケースがあり、これも突合に失敗しているはずです。さらに、他にも突合に失敗する理由があるかもしれません。

しかも、これらの差異を解消する良い方法が思い浮かびません。ということで、行き詰まってしまいました。

これが、ChatGPTを使ってデータ分析やグラフ作成をする時の典型的な失敗例です。

今回の失敗例では、2つのデータをアップロードしたあと、いきなり「散布図を作成して」と指示してゴールを急ぎました。階段を1段ずつ登らずに一気にゴールへ向かってジャンプすると、思い通りの分析結果が得られず、その失敗理由も対策方法も分からないという五里霧中の状態になってしまいます。

ChatGPTを使いこなすコツは、ゆっくりと1つずつ手順を積み重ねていき、それまでの手順が正しく反映されていることを確認した上で次の手順に進むという慎重さを保つことです。今度はその具体的な方法、つまり成功例について見ていきましょう。

04

# 不一致数をモニタリングしながらデータ修正を進める

複数のデータを合成する際には、キーとなる項目を決めてデータをマッチングします。決めたキー項目に対して、実際のデータがどれだけマッチしているのかを把握すれば、ChatGPTの処理内容を確認しやすくなります。そのポイントは、「不一致数」を何度も確認することです。

## 外堀を埋めながら核心に迫る

ちょっと物騒なタイトルを付けてしまいましたが、「データを突合する」という本丸を攻めるには、まず周辺の状況をきっちりと調べて、意図通りの結果にならなかった時にすぐに気付ける環境を作るところから始めます。

例えば、「データの中に含まれる種類数を確認する」というのは、外堀を埋めるための王道の手法です。

具体的な手順を見ていきましょう。先ほどと同様に2つのデータをアップロードした上での手順です。

プロンプト

この2つの情報（人口データ、郵便番号データ）のそれぞれで、自治体名称（都道府県及び市区町村）が何種類あるかを集計してください。

結果

郵便番号データには、都道府県および市区町村の組み合わせが1,892種類、人口データには1,741種類の自治体名称が含まれています。
それぞれのデータにおける自治体の数が異なりますが、さらに詳しい分析が必要であれば教えてください。

人口データに1,741の自治体が含まれていることは、データのダウンロード時に確認していました。

一方で、郵便番号データについては郵便番号の種類が12.4万件あることは確認していましたが、そこに含まれる自治体（市区町村単位）が何種類あるかは確認していませんでした。ChatGPTの集計結果は1,892種類とのことです。比較すると150種類ほど多いという結果になりましたが、これは政令指定都市を区単位で数えていることが主な理由だと推測できます。20個の政令指定都市が平均7.5個程度の区に分けられると考えると、ほぼ計算が合いますね。

もちろん推測だけで分析を進めるのではなく、このあとのプロセスで差異を正確に確認していきます。でも、このようにデータの種類数をそれぞれ確認することで、ターゲット（修正すべき差異）が分かりやすく見えてきます。これが、外堀を埋めるというアプローチです。

## マッチングのための共通項目を作る

2つの異なるデータをマッチングさせるためには、マッチングの判断基準となる共通項目が必要です。例えば、都道府県名＋市区町村名（例：北海道札幌市）という共通項目を作り、その内容が一致するもの同士をマッチングさせるのです。

そして、大事なポイントがマッチングの成否を測定することです。そのために、マッチングに成功したか（TRUE）、失敗したか（FALSE）を、それぞれのデータ単位で判定する列を新たに作成します。

**プロンプト**

郵便番号データに新しいデータ項目を追加し、そこに人口データの自治体名称とマッチングした結果を入れてください。

**結果**

（…表は割愛…）
郵便番号データに「Population_Match」という新しい項目を追加し、自治体名称が人口データにマッチするかどうかを示す結果を反映しました。
Population_Match列には、マッチする場合はTRUE、マッチしない場合はFALSEが表示されています。
マッチング結果や追加のデータ処理が必要な場合はお知らせください。

表データ右上の ↓ のボタンをクリックしてできあがったファイルをダウン

ロードすると、12.4万件の郵便番号のそれぞれに対して2つの新項目が追加されています。図5.9のオレンジ色部分が追加された項目です。

| 1 | New_Postal_Code | Prefecture | City | Town | Population_Match | Full_Municipality |
|---|---|---|---|---|---|---|
| 821 | 0040879 | 北海道 | 札幌市清田区 | 平岡九条 | FALSE | 北海道札幌市清田区 |
| 822 | 0040880 | 北海道 | 札幌市清田区 | 平岡十条 | FALSE | 北海道札幌市清田区 |
| 823 | 0040881 | 北海道 | 札幌市清田区 | 平岡公園 | FALSE | 北海道札幌市清田区 |
| 824 | 0040882 | 北海道 | 札幌市清田区 | 平岡公園東 | FALSE | 北海道札幌市清田区 |
| 825 | 0400000 | 北海道 | 函館市 | 以下に掲載がない場合 | TRUE | 北海道函館市 |
| 826 | 0400044 | 北海道 | 函館市 | 青柳町 | TRUE | 北海道函館市 |
| 827 | 0410805 | 北海道 | 函館市 | 赤川 | TRUE | 北海道函館市 |
| 828 | 0410804 | 北海道 | 函館市 | 赤川町 | TRUE | 北海道函館市 |

図5.9：マッチングの成否が分かれたデータ

この項目が、人口データ側の自治体名称と一致すればTRUE、一致しなければFALSEという判定を行っています。この例では、「北海道函館市」では一致させることができていますが、「北海道札幌市清田区」というデータでは不一致となっています。予想通り、政令指定都市が不一致の理由の1つとなっているようです(郵便番号データでは「北海道札幌市清田区」となっていますが、人口データでは「北海道札幌市」となっているので、同じ文字列とみなされずにマッチングしない状態です)。

## 不一致となっている件数を確認する

では、全体的な傾向を見てみます。不一致となっている件数を確認します。

プロンプト

両データの不一致はどの程度？

結果

郵便番号データと人口データのマッチング結果において、不一致は31.88%となっています。具体的には、全体の124,434行のうち、39,667行がマッチしませんでした。
さらに詳しい不一致の分析や具体的な対処が必要であればお知らせください。

かなり、不一致となるデータが残っていますね。全体の約2/3はマッチングに成功しましたが、1/3が失敗しています。どうやら、政令指定都市以外にも不一致の理由がありそうです。

とはいえ、不一致となる総件数を確認できたのは大きな収穫です。あとは、その原因をChatGPTと一緒に調べながら、この不一致件数をその都度確認し、これをゼロに近づけるという作業を行います。

## 不一致となる理由を分析する

現時点では、39,667件のデータが不一致となっています。

件数は多いですが不一致部分を特定できているので、その理由をChatGPTに分析させることは比較的簡単です。まずは、単純に分析指示を出してみました。

プロンプト

不一致となるものを一致させるように修正します。不一致となる理由を分析してください。

結果（要点のみ抜粋）

例えば以下の対応が考えられます：

1. **合併や名称変更による不一致**がないか調べる。
2. **表記揺れ**（例：漢字やカタカナの違い）を修正する。
3. **特別区や政令指定都市の区**などの特別なケースを検討する。

これらの不一致に対して、どのようなアプローチで進めるかをご指示いただければ、さらに分析を進められます。

改善の手がかりが見えてきました。今後のアクションとして3つの方向性をChatGPTが提示してくれています。まずは、私たちも不一致の理由と考えている3番目（特別区や政令指定都市の区）について分析を進めてもらいましょう。

プロンプト

特別区や政令指定都市の区などの特別なケースを検討してください。

結果

特別区や政令指定都市の区は、不一致の主な原因となる可能性が高い特別なケースです。これを解決するためには、以下のケースに注目してデータを修正・処理していく必要があります。

**特別なケースとして考えられる市区町村**

1. **東京都の特別区**
   - 東京23区は「区」単位で表記されていますが、人口データでは「東京都」として扱われている場合があり、これが不一致の原因となることがあります。
   - 例:「東京都中央区」vs.「東京都」
2. **政令指定都市の区**
   - 政令指定都市（札幌市、横浜市、大阪市、福岡市など）の場合、区単位の情報が含まれていると人口データとのマッチングが難しくなります。これも市単位でのマッチングが必要です。
   - 例:「横浜市西区」vs.「横浜市」

**修正方法**

- **特別区**:「区」の情報を無視し、東京都の場合は「東京都」のみでマッチングを行う。
- **政令指定都市**: 区の部分を削除し、市単位（例:「札幌市」や「横浜市」）でマッチングを行う。

これらの特別なケースに対応するために、データを修正して再度マッチングを行います。
特別区や政令指定都市の区に対応した修正を行った結果、不一致率は**21.31%**まで減少しました。具体的には、全体の124,434行のうち、**26,523行**が依然として不一致のままです。
この修正によって、特別区や政令指定都市の区に関連する多くの不一致が解消されましたが、まだ一部のデータで不一致が残っています。さらに表記の揺れや過去の合併による不一致の可能性が考えられます。
これらの不一致をさらに調査したい場合や、他の対応が必要であればお知らせください。

まずは、不一致件数を39,667件から26,523件へと減らすことができました。

ですが、ここでは一歩進むと同時に、一歩退いています。2番目の政令指定都市については効果的な対応をしてくれたのですが、1番目の東京都特別区については余計なお世話です。両方のデータで「東京都中央区」、「東京都千代田区」といった共通項目でマッチングしたいのに、それを「東京都」というとても大きな単位に丸めてしまっています。これでは、意図した比較になりません。さらに実際の修正データを見ると、「東京都中央区」を「東京都東京都」という形で変換していました。これではマッチングできるはずがありません。こういった内容については、ピンポイントで修正を指示しておきましょう。

プロンプト

「東京都東京都」となっているデータは、「東京都」＋区名という形でマッチさせてください。例えば、東京都千代田区、東京都中央区といった形です。

結果

「東京都」の区名の表記を修正しました。

## 不一致データの修正を繰り返す

基本的には、このような修正作業の繰り返しです。

ChatGPT が実データを見た上で修正方針の候補を出してくれるので、その提案内容や実データを見ながら具体的な修正指示を出します。もし修正の結果で不一致が増えるようなことになってしまえば、「1つ前の処理に戻して」と指示することで元に戻すことができます（複雑な処理を依頼すると、元に戻せない場合もあります）。

修正作業の途中段階を、こまめに保存しておくことをオススメします。修正作業が行き詰まってしまった時に、保存した状態からリスタートできるからです。また、不一致部分だけを抽出させるという指示も便利です。不一致の実データを見ながら、具体的な修正方針を検討できます。

プロンプト

不一致のデータを、Shift-JIS形式のCSVファイルでダウンロードできるようにしてください。

結果

不一致のデータをダウンロードできるようにしました。以下のリンクからダウンロードできます。
不一致データをダウンロードする

さて、実際の不一致データを見ると、不一致の理由は一目瞭然でした。
郡の扱いについて、両データの表記方法が異なっていたのです。

- 人口データ：青森県藤崎町
- 郵便番号データ：青森県南津軽郡藤崎町

理由が判明したので、さらに修正指示を追加します。

プロンプト

郡の表記について不一致があるので、対応方法を分析してください。

結果

郡（ぐん）に関する表記の不一致は、市区町村のマッチングにおいてよく見られる問題です。日本の郡の表記は、人口データと郵便番号データで異なることがあり、不一致の原因となることがあります。郡に関連する不一致を解消するために、以下の点を検討します。

**1. 郡の表記**

- 郡の表記が「○○郡」と「○○町」「○○村」などで異なる可能性があります。例えば、郵便番号データには「○○郡○○町」とフルで書かれているが、人口データでは「○○町」だけしか書かれていない場合があります。
  - **例**:「○○郡△△町」vs.「△△町」
- **対策**: 郡名を削除して、町や村名のみでマッチングを行う。

**2. 郡と市区町村の区別**

- 郡が残っている場合、市区町村名と郡名が混ざっていることで一致しないケースもあります。特に「郡」そのものが市区町村の一部として扱われているかどうかでデータのフォーマットに違いがあります。
  - **例**:「南津軽郡藤崎町」vs.「藤崎町」
- **対策**: 郡の名前を無視し、町・村の名前に集中してマッチングする。

**3. 郡の表記を統一する**

- 郡がある場合、データによっては「郡」を別の列として保持していることもあり、その場合、統一的なフォーマットに合わせる必要があります。

**修正方法**

1. 郵便番号データから「郡」の部分を削除し、市町村名のみでマッチングを行う。

2.「郡」を含む市町村名と対応する町名を抽出し、修正する。
次にこれらの対応を行い、不一致を解消していきます。
郡に関する修正を行った結果、不一致率は0.06%まで大幅に減少しました。
具体的には、全体の124,434行のうち、**69行**が依然として不一致のままです。
郡の表記に関する問題はほぼ解決されましたが、まだ少数の不一致が残っています。これらの不一致の詳細な分析やさらなる修正が必要であれば、お知らせください。

かなりゴールが見えてきましたね。あとは69件しかないので、具体的なデータを見ながら個別に修正を行いました。筆者のケースでは、以下の対応をすることで不一致をゼロにすることができました。

▲郡名の修正もれ対応
　東京都西多摩郡瑞穂町　→　東京都瑞穂町
　東京都西多摩郡日の出町　→　東京都日の出町
▲島名の修正対応
　東京都三宅島三宅村　→　東京都三宅村
　東京都八丈島八丈町　→　東京都八丈町
▲字体の差異の対応（「恵」の字）
　福岡県須惠町　→　福岡県須恵町

これで、人口データと郵便番号データを完全に合成して、「人口1,000人あたりの郵便番号数」といった両領域にまたがる分析を正確に行えるようになりました。

少し大変な作業だったかもしれません。しかし、この作業をExcel等を使って人間が実施すると、さらに多くの労力が必要となります。例えば郡名を削除するにも、文字列の中でどこからどこまでが郡名なのかを特定するには複雑な作業が必要です（FIND関数、LEFT関数、IF関数等の組み合わせになるでしょうし、実データを見ながらの例外処理も必要でしょう）。

ChatGPTは修正方針も提案してくれますし、修正作業も実施してくれます。ChatGPTに任せきりにするのではなく、こちらも実際のデータを見ながら一歩ずつ修正をするという共同作業を通じて、効率的にデータを合成することができるのです。

05

# 揃えたデータを分析する

データの合成が完了すれば、あとは簡単です。散布図のようなグラフを作成したり、上位ランキングを出したりと、手軽に分析や可視化を行えます。失敗例で示した分析結果とは大きく異なる形となるので、実際に分析を進めてみましょう。

## 人口数と郵便番号数の散布図を作る（成功例）

失敗例の時にも同様のグラフを作りましたが、この時にはデータ件数が少な過ぎる、人口100万人未満の自治体しか表示されない（政令指定都市が表示されていない）という大きな問題がありました。

改めて、データの合成作業を確実に行ったデータを使って、このグラフを作図してみます。

プロンプト

横軸を人口数、縦軸を郵便番号数として、散布図を作成してください。

結果

こちらが、横軸に人口数、縦軸に郵便番号数を取った散布図です。この図は、各自治体における人口と郵便番号の関係を示しています。その他の分析や視覚化についても、ご要望があればお知らせください。

失敗例の時とは、かなり異なる見た目となりました（図5.10）。

小規模な自治体については左下部分に集中しているので大きな差はありませんが、政令指定都市のデータが加わったことで人口数（横軸）にも郵便番号数（縦軸）にも目立つデータが追加されました。

特に目立つのは、郵便番号数が4,000を超えて圧倒的な1位となっている自治体の存在です。人口規模は150万人を切る程度です。これがどこの自治体なのか、想像がつくでしょうか？

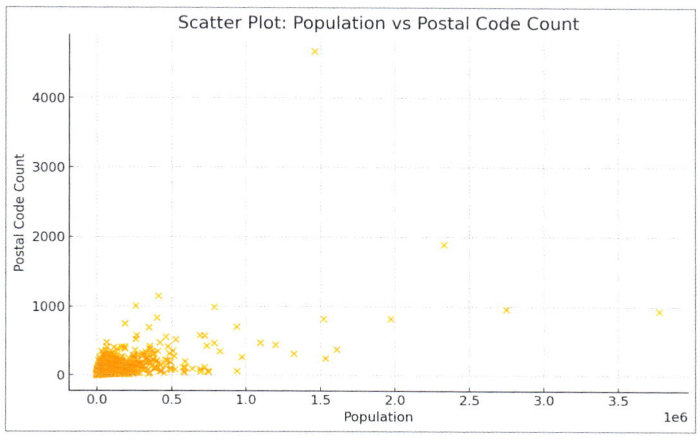


**図5.10：**出力結果（人口と郵便番号の散布図、成功例）

## 上位ランキングを調べる

データの内容を調べる時にも、ChatGPTを活用しましょう。
知りたい内容について、簡単に指示を入れるだけです。

プロンプト

郵便番号数のTop10を表示してください。

結果

郵便番号数が多いトップ10の自治体は以下の通りです：

1. 京都府京都市: 4,674
2. 愛知県名古屋市: 1,894
3. 富山県富山市: 1,147
4. 東京都港区: 1,008
5. 新潟県新潟市: 994
6. 大阪府大阪市: 967
7. 神奈川県横浜市: 939
8. 岐阜県岐阜市: 837
9. 兵庫県神戸市: 825

10. 北海道札幌市: 823
これらの自治体は、郵便番号の数が特に多い地域です。その他の詳細やさらなる分析が必要でしたら、お知らせください。

圧倒的な1位となっていたのは京都市でした。京都市は、住所表記も通りを基準に「上ル、下ル、東入ル、西入ル」などと細かく分かれているので、郵便番号についても細かく区切られていることは想像がつきます。それにしても、2位以下に倍以上の差をつけて圧倒的な1位となるというのは想像以上でした。

ちなみに、郵便番号数が少ないランキングを作成すると、郵便番号が1つしかない自治体が並びました。東京都の御蔵島村、神津島村、青ヶ島村等の離島が多いですが、山梨県鳴沢村、長野県北相木村等の内陸の自治体もあります。

## 手元のデータで裏を取る

ただ、念のためにこのデータが正しいかどうかを確認します。

Excelのピボットテーブルを使えば、もともとの郵便番号データの中に京都市のデータが何件あったかを把握することができます。以下の結果となりました。

| | |
|---|---|
| 京都市伏見区 | 631件 |
| 京都市上京区 | 577件 |
| 京都市右京区 | 556件 |
| 京都市下京区 | 516件 |
| 京都市左京区 | 511件 |
| 京都市中京区 | 500件 |
| 京都市北区 | 361件 |
| 京都市山科区 | 290件 |
| 京都市南区 | 266件 |
| 京都市西京区 | 256件 |
| 京都市東山区 | 210件 |
| 総計 | 4,674件 |

京都市の郵便番号数の総計は4,674件ということで、ChatGPTの出力結果とピタリと一致しました。

このように、ChatGPTが出力したデータに対して、サンプル的でも構わないので裏取りをすることはとても重要です。ChatGPTを使ったデータ分析での重要ポイントとして、再確認をする習慣をつけてください。

今度は、人口単位を揃えた上で比較をしましょう。

プロンプト

人口1,000人あたりの郵便番号数を計算し、上位と下位のTop10を示してください。

結果

人口1,000人あたりの郵便番号数の上位と下位のトップ10は以下の通りです。

**上位トップ10（郵便番号数が多い）**

1. 福島県双葉町: 郵便番号数が**無限大**（人口データがゼロのため）
2. 宮城県七ヶ宿町: 84.79
3. 高知県大川村: 49.18
4. 奈良県野迫川村: 42.02
5. 山梨県丹波山村: 28.30
6. 奈良県川上村: 24.22
7. 福島県檜枝岐村: 21.83
8. 奈良県黒滝村: 20.87
9. 奈良県天川村: 20.41
10. 山梨県早川町: 20.04

**下位トップ10（郵便番号数が少ない）**

1. 東京都荒川区: 0.04
2. 東京都中野区: 0.06
3. 東京都三鷹市: 0.06
4. 東京都練馬区: 0.06
5. 東京都杉並区: 0.06
6. 長野県南箕輪村: 0.06
7. 東京都世田谷区: 0.07
8. 東京都葛飾区: 0.07
9. 東京都江戸川区: 0.07
10. 埼玉県蕨市: 0.08

1位となっている福島県双葉町は、原発事故に伴って人口がゼロとなっていたため、ここは分析対象から外しましょう。その他の上位ランキングを見ると、地方部の中でも都市から比較的離れた場所にある自治体が多いようです。過疎化が進み人口が少なくなる一方で、集落が散在しているので郵便番号は昔から多数存在するという状況が推測できます。

逆に下位ランキングを見ると、都心部の自治体が並びます。人口が狭いエリアに集中しているので、これは予想通りの結果です。

散布図やランキングを見て、どのようなことが考察できるでしょうか。

まず、都心部と地方部では状況がまるで違うということです。人口単位を揃えて比較することで、その違いは如実に現れました。都市部は人口の割に郵便番号数は少なく、地方部はその逆です。

一方で、人口総数と郵便番号数を比較すると、有意な傾向は見られませんでした。都市部は人口単位あたりの郵便番号数は少ないのですが、人口数が圧倒的に多いので、郵便番号数もそれなりの規模となります。ただ、有意な傾向が見られないというのは分析に失敗したわけではなく、これも1つの成果です。人口数と郵便番号数を比較した時に、有意な相関がないという事実を把握したことが1つの進歩なのです。

むしろ人口以外の要素として、個々の自治体の事情によって郵便番号数が変動しているようです。京都市のように歴史の古い町では郵便番号が多くなっていますし、富山市のように多くの自治体を合併した自治体も過去の経緯から郵便番号が多くなるようです。

本章では、2種類のデータを合成するために、突合作業を精緻に行う方法を説明しました。

ChatGPTは、データ分析作業を非常に正確に行います。ただ、こちらの指示が厳密でないため、こちらの意図通りの分析を行っていないことがありえます。短い指示だけでChatGPTが出力した結果をうのみにするのは、とても危険なのです。

私たちは、ChatGPTに指示しながら一歩ずつデータの加工や抽出を進め、時には手元のデータを再確認しながら、ChatGPTと共同作業をする形でデータ分析をすることを心掛けましょう。

Chapter

# 6

# データ加工を学ぶ（住所からの自治体名抽出）

本章では、さらに難しい作業に挑みます。
前章で扱った２種類のデータは、
最初の時点で都道府県名や市区町村名が区切られていました。
本章で扱うデータは、そのような区切りが全くない住所の文字列です。
「市」という文字を探して切り分けようとしても、
「市川市」、「四日市市」といった例外パターンが無数に存在します。
かなり難易度が高い内容となりますが、チャレンジしましょう。

01

# データ加工が行えるようになれば百人力

私たちは住所表記を見て、瞬時に県や市の自治体名を識別することができます。数十件程度のデータであれば、私たちが手作業で自治体名を抽出するほうが圧倒的に早いでしょう。
しかし、対象が5万件のデータなら手作業は現実的ではありません。そしてExcelで自動化しようにも、変換ロジックが難し過ぎて現実的に実装できません。そんな処理も、ChatGPTを使えば高精度のプログラミングで解決してくれるのです。

## 住所正規化の難しさを知る

住所の文字列から、都道府県名、市区町村名などを識別して、体系的に整理する作業を正規化と呼びます。この作業は一見簡単なように見えますし、8割から9割の精度で正規化をするのは比較的簡単です。

しかし、精度を上げて100%に近づけようとすると、どんどん難易度が上がるのです。日本の住所表記は非常に複雑であり、さらに正規化に使うための単語（県、市、町など）が地名自体にも使われているので、様々な例外処理を入れる必要が発生するからです。

例外処理が必要な地名を、少しだけ紹介しましょう（**図6.1**）。この他にも、様々な「紛らわしい名前」の自治体名称があります。

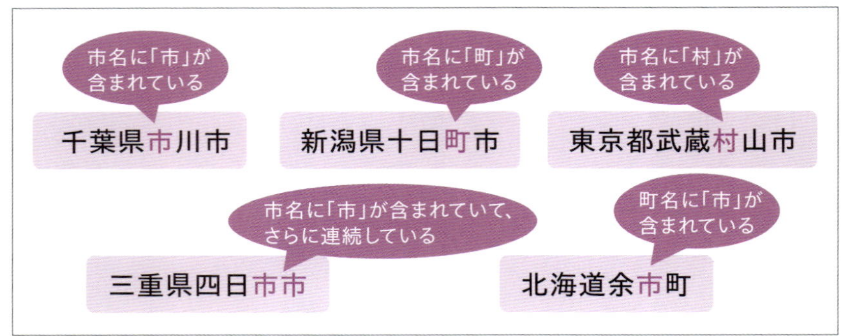


**図6.1**：住所正規化の難しさ

さらに、日本全体で約1,700の自治体がありますが、同一名称の市もあります。府中市（東京都、広島県)、伊達市（北海道、福島県）です。町や村についても、同一名称のものがいくつかあります。幸いなことに、1つの都道府県内に同一名称の市区町村（独立した行政組織）が入る例はないようなので、「都道府県名」と「市区町村名」のセットで考えると、自治体を一意に識別することができます。

このように、とにもかくにも住所の正規化は難しいのです。Excelを使って簡易的な処理はできると思いますが、データ数が多いと様々な例外ケースが発生するので、手作業で修正する範囲がかなり大きくなってしまうでしょう。また、意図しないところで誤変換が紛れ込んでいる可能性もあるので、100%の精度に近づけることはかなりの難題です。

## 題材とするデータ

住所正規化の難しさを理解したところで、まずは実際のデータを使って試行錯誤してみましょう。

今回は、文部科学省が公開している学校のデータを使います。以下のURLにアクセスしてください。

URL https://www.mext.go.jp/b_menu/toukei/mext_01087.html

このデータには、全国に存在する学校（小学校、中学校等）の一覧がまとめられており、各学校の所在地についても掲載されています（図6.2)。東日本と西日本の2ファイルに分かれていますので、Excel形式でこの2ファイルをダウンロードしておきます（図6.2①～⑥)。

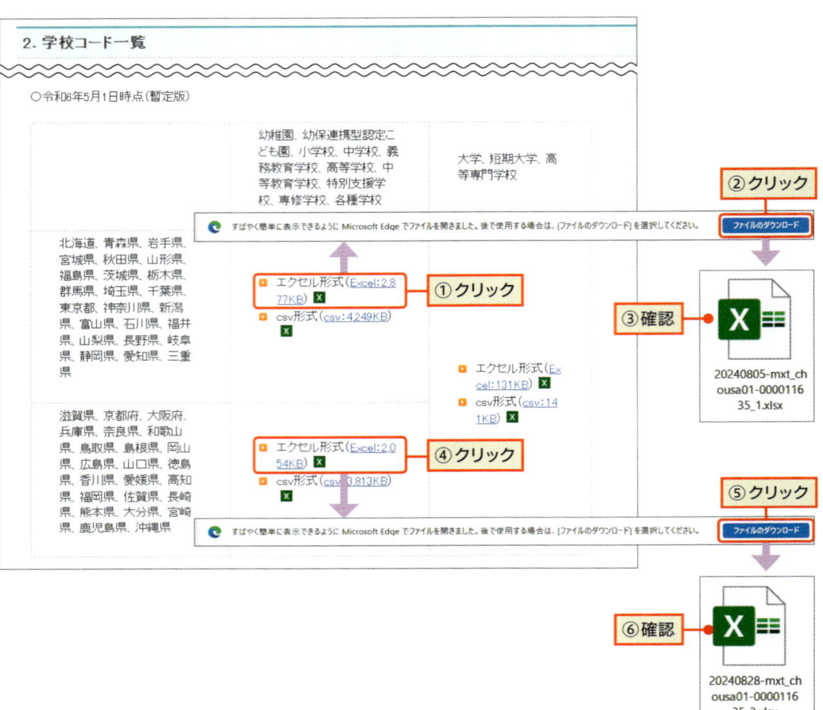


図6.2：学校コード一覧のダウンロード画面

出典 文部科学省

URL https://www.mext.go.jp/b_menu/toukei/mext_01087.html

データの内容は、図6.3のようになっています。

学校単位で、「学校所在地」として住所が書かれています。「北海道函館市美原３丁目４８番６号」のような形で、都道府県、市区町村、町域などが分離されておらず、全てが1つの文字列としてまとまっています。

本章では、この住所から都道府県名と市区町村名を100%の精度で正しく抽出することにチャレンジします。なお、実はこのデータでは「郵便番号」の列があるので、前章で作成した郵便番号と自治体名のデータを使ってマッチングさせることも可能です。今回はこの郵便番号のデータは使わずに、住所データと正面から向き合って自治体名を特定します。

また、このデータ内には灰色で網掛けとなっているデータがあります。「本分校」列が「9(廃)」となっているものであり、既に廃止された学校を表しています。最終的に集計する際にはこの廃止部分を除外することになるので、あらかじめ説明しておきます。

| | A | B | C | D | E | F | G | H |
|---|---|---|---|---|---|---|---|---|
| 1 | 文部科学省　学校コード一覧 | | | | | | | |
| 2 | 学校コード | 学校種 | 都道府県番号 | 設置区分 | 本分校 | 学校名 | 学校所在地 | 郵便番号 |
| 3 | A101110000012 | A1(幼稚園) | 01(北海道) | 1(国) | 1(本) | 北海道教育大学附属函館幼稚園 | 北海道函館市美原3丁目48番6号 | 0410806 |
| 4 | A101110000021 | A1(幼稚園) | 01(北海道) | 1(国) | 1(本) | 北海道教育大学附属旭川幼稚園 | 北海道旭川市春光5条2丁目1番1号 | 0700875 |
| 5 | A101210000010 | A1(幼稚園) | 01(北海道) | 2(公) | 1(本) | 札幌市立手稲中央幼稚園 | 北海道札幌市手稲区手稲本町2条5丁目13番1号 | 0060022 |
| 6 | A101210110017 | A1(幼稚園) | 01(北海道) | 2(公) | 1(本) | 札幌市立中央幼稚園 | 北海道札幌市中央区北2条西11丁目 | 0600002 |
| 14 | A101220200017 | A1(幼稚園) | 01(北海道) | 2(公) | 1(本) | 函館市立戸井幼稚園 | 北海道函館市小安町523番地7 | 0410251 |
| 15 | A101220600193 | A1(幼稚園) | 01(北海道) | 2(公) | 1(本) | 釧路市立阿寒幼稚園 | 北海道釧路市阿寒町富士見2丁目10番1号 | 0850214 |
| 16 | A101220600200 | A1(幼稚園) | 01(北海道) | 2(公) | 1(本) | 釧路市立マリモ幼稚園 | 北海道釧路市阿寒町阿寒湖温泉5－5－7 | 0850467 |
| 17 | A101220900010 | A1(幼稚園) | 01(北海道) | 2(公) | 9(廃) | 夕張市立ユーパロ幼稚園 | 北海道夕張市南清水沢4丁目70番地2 | 0680536 |
| 18 | A101221800019 | A1(幼稚園) | 01(北海道) | 2(公) | 1(本) | 赤平市立赤平幼稚園 | 北海道赤平市幌岡町113番地 | 0791102 |
| 19 | A101233300019 | A1(幼稚園) | 01(北海道) | 2(公) | 9(廃) | 知内町立知内幼稚園 | 北海道上磯郡知内町字重内26 | 0491103 |
| 20 | A101234300017 | A1(幼稚園) | 01(北海道) | 2(公) | 1(本) | 鹿部町立しかべ幼稚園 | 北海道茅部郡鹿部町宮浜311 | 0411403 |

図6.3：学校コード一覧ファイルの内容（抜粋）

## データをChatGPTに読み込ませる

ダウンロードしたExcelファイルは東日本と西日本の2つに分かれています。事前にExcel等を使って1ファイルに統合しておく形でも構いませんが、今回は2つのファイルをそのままChatGPTに読み込ませて統合処理を指示しました。

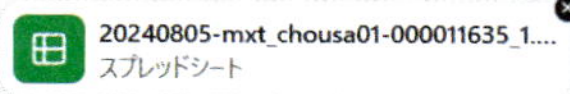


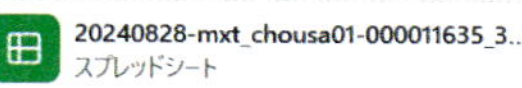


このファイルは全国の学校データです。東日本、西日本の2ファイルに分かれています。このファイルを読み込んで、1つのファイルに統合してダウンロードできるようにしてください。
データの概要を教えてください。

結果

東日本と西日本の学校データを1つのファイルに統合しました。こちらからダウンロードできます：
統合されたデータセットには合計57,958行が含まれています。各行は日本全国の学校に関する情報を含んでいます。以下はデータの概要です：

- **総エントリー数**: 57,958
- **主なカラム**:
  - 学校コード（固有ID）
  - 学校種（例：幼稚園、小学校）
  - 都道府県番号

- 設置区分（国、公、私など）
- 本校/分校/廃校の区分
- 学校名
- 学校所在地
- 郵便番号
- 属性情報設定年月日
- 属性情報廃止年月日（存在する場合のみ）

●**データの特徴:**

- 文部科学省　学校コード一覧にはユニークな学校コードが含まれており、一部のデータが重複しています（重複行はわずかです)。
- 学校所在地や郵便番号は各学校ごとに記載されています。
- 一部のデータは、廃止された学校に関する情報（属性情報廃止年月日）が含まれています。

もしさらに具体的な分析や詳細なデータの確認が必要でしたらお知らせください。

02

# 正規表現を使って文字列を変換する（失敗した方法）

データの複雑な変換にはプログラミングが不可欠です。特に文字列データを変換する際には、「正規表現」という手法を使って変換ルールを詳細に定めます。まずは、この王道の方法をChatGPTで実装していきます。
結論的にはこの方法で約99%の正規化は成功しましたが、残り数百件のデータの正規化は実施できませんでした。とはいえ、一般的な文字列変換にはとても有効な方法です。

## 正規表現の基礎を理解する

正規表現とは文字列の変換（検索、置換、抽出等）を行うための特殊な表現形式です。
例えば、こんな形です。

(.+?[都道府県])(.+?[市区町村])

プログラミングに馴染みのない方には、意味不明の文字列に見えると思います。いえ、プログラミングをある程度経験している人にとっても難解ですよね。正規表現を見るだけで具体的な処理をイメージできる人は、かなり少ないように思います。
ドット、プラス、クエスチョンマークといった特殊記号のそれぞれに、「任意の1文字を表す」等の役割が決められています。この特殊記号を組み合わせることで、文字列の変換方法を非常に詳細に定めることができるのです。

本書では正規表現の詳細には深入りしませんが、もう少し内容を知りたい方に向けてChatGPTの解説を載せておきます。なかなか分かりやすい解説となっています。

プロンプト

正規表現について初心者向けの解説を行ってください。
住所から市区町村名を抽出する事例を題材として、例示を入れてください。

結果（抜粋）

正規表現（Regular Expression、略して「正規表現」または「regex」）は、文字列のパターンを指定して、そのパターンに一致する文字列を検索、置換、抽出するための強力なツールです。プログラミング言語やテキストエディタで使用され、データの操作や検索を効率化できます。

**基本的な概念**

正規表現は、特殊な文字や記号を使って、文字列のパターンを表現します。以下はいくつかの基本的な要素です。

- **.（ドット）**：任意の1文字に一致します（改行を除く）。
- ***（アスタリスク）**：直前の文字が0回以上繰り返される部分に一致します。
- **+（プラス）**：直前の文字が1回以上繰り返される部分に一致します。
- **?**：直前の文字が0回または1回だけ現れる部分に一致します。
- **[]（角括弧）**：角括弧内の任意の文字に一致します。例：[abc]は「a」「b」「c」のいずれかに一致します。
- **|**：または（OR）を意味し、複数のパターンのどちらかに一致します。
- **()（丸括弧）**：グループ化を意味し、特定のパターンを1つの単位として扱います。

**住所から市区町村名を抽出する例**

住所から市区町村名を抽出する例を使って、正規表現を説明します。例えば、日本の住所が次のようになっているとします。
〒123-4567 東京都渋谷区道玄坂1丁目2-3
市区町村名（都道府県と市区町村）を抽出するための正規表現を組み合わせると、次のようになり
(.+?[都道府県])(.+?[市区町村])
これにより、住所の「東京都渋谷区」部分を抽出することができます。

**(.+?[都道府県])**

- ()：丸括弧は、キャプチャグループを作成します。このグループの中でマッチした部分があとで取得できます。

- .：任意の1文字にマッチします。改行以外の全ての文字にマッチする特別な文字です。
- +?：「最短一致（非貪欲）」の繰り返しです。直前の「.」に該当する文字を1文字以上繰り返しマッチさせますが、可能な限り少ない文字でマッチします。これにより、次に指定される「[都道府県]」までの最短の部分にマッチします。
- [都道府県]：角括弧内の文字のいずれか1文字にマッチします。この場合、「都」、「道」、「府」、「県」のいずれかにマッチします。これにより、日本の都道府県（例：東京都、北海道、大阪府、愛知県など）を検出します。

まとめると、この部分は「任意の文字列」に続く「都・道・府・県」のいずれかの文字までをマッチさせます。
（以下省略）

プログラミング初心者の方は、あまり詳細に読んでいただく必要はありません。
ざっとしたイメージで、正規表現がどのように使われているかを理解いただければ十分です。

正規表現を扱うことは、これまでのプログラマーにとって避けては通れない登竜門でした。しかし、今ではChatGPTに簡単に指示を出すだけで、いとも簡単に意図通りの正規表現を作ってもらうことができます。逆に、正規表現の内容を分かりやすく解説させることもできます。もはや、プログラマーであっても正規表現の詳細を理解せずに、プログラミングを進められるようになっているのです。いえ、その正規表現も一例に過ぎず、プログラミング作業そのものについてChatGPTを活用することで生産性が大きく向上できるようになっています。

## 学校データから、正規表現で自治体情報を抜き出す

では、実作業に入りましょう。
今回紹介する手順は、結果的には「失敗例」となっていますが、一般的なデータ変換や文字列操作には非常に有効な方法です。ですので、手順を丁寧に説明します。
指示を出す人間側は、正規表現について全く意識する必要はありません。これまでと同じように、ただ対象となるデータをアップロードした上で、期待する動

作を日本語で指示するだけです。

今回の作業では住所を正規化した上で、前章でも利用した総務省統計局の人口データとマッチングすることを想定しています。

まずは、いきなり結論を出すような指示をしてみましょう。都道府県と市区町村を抜き出すという指示です。なお、前章で得た知識を使って、郡名は表記しないこと等についてあらかじめ条件を示しておきました。

プロンプト

学校所在地の住所情報から、自治体情報を抜き出して新しい列にしてください。
自治体情報は、以下のルールで設定してください。
- 「都道府県名」+「市町村名」 という形式にする（例：北海道札幌市、青森県青森市）
- 東京23区については、「東京都」+「区名」 という形式にする（例：東京都中央区、東京都千代田区）
- 郡名については表記しない（例：北海道ニセコ町、北海道鶴居村）

結果

新しい「自治体情報」を追加したデータをこちらからダウンロードできます：
ダウンロード：school_data_with_municipality.xlsx

なんの確認もなく、すぐにデータが作成できてしまいました。

逆に、ちょっと不安になります。案の定、ダウンロードしたデータを見ると、郡名がそのまま残っているなど処理が不完全な状態でした。こちらの指示を、ちゃんと理解できていないようです。

## やみくもに指示を重ねるのではなく、ソースコードを見てみる

明確に指示したにもかかわらず反映されていないと、ChatGPTに対してイライラする感情が湧いてきます。

このような時にあまり効果的でないのが、やみくもに指示を重ねるといった方法です。

- 指示通りのデータとなっていません。最初から指示を見直して、適切に処理を行ってください。
- やはり指示通りに反映されていません。再度実行してください。
- 何度言っても反映されていません。今度こそちゃんと反映してください。

このように強い言葉を使って指示をしても、ほとんど効果がありません。こういう点は、人間に対して依頼をする時と似ているかもしれませんね。指示内容を理解できていないのに、その指示を何度繰り返しても改善できるはずがありません。

しかし、人間と違い、ChatGPTについてはその「頭の中身をのぞく」ことができます。最初の指示をChatGPTがどのように解釈したのか、なぜこちらの意図と違うアウトプットになったのか、その思考過程を説明するように依頼すれば、正確にそのプロセスを教えてくれます。特にプログラミングによって処理を行っている場合は、利用したソースコードこそが処理の中心部分なので、その内容を表示させることで次の一手への手がかりを得ることができます。

プロンプト

ソースコードを示してください。

結果

以下が自治体情報を抽出するためのソースコードです：

```
import re

# 郡名を除く自治体情報を抽出する関数
def extract_municipality_no_county(address):
    # 郡名を除いた市町村情報を抽出する正規表現
    pattern = r"^(北海道|(?:京都|大阪)府|(?:東京都|(?:\S{2,3}県))➡
\s*(\S+?(?:市|町|村|区))"
    match = re.search(pattern, address)

    if match:
        # 都道府県名と市町村名を結合して返す
        return f"{match.group(1)}{match.group(2)}"
    else:
```

```
        return None

# 関数を'学校所在地'列に適用して'自治体情報'列を作成
df_combined['自治体情報'] = df_combined['学校所在地'].apply➡
(extract_municipality_no_county)

# 更新されたデータフレームをExcelファイルとして保存
updated_municipality_output_path = ➡
'/mnt/data/updated_school_data_with_municipality.xlsx'
df_combined.to_excel(updated_municipality_output_path, index=False)
```

そこまで長いソースコードではありませんが、慣れない方にとっては意味不明な文字に見えると思います。でも、ChatGPTが生成するソースコードにはコメントも付けられているので、根気強くソースコードの中身を見ていくと重要な箇所を絞り込むことができます。

今回の例では、正規表現を作っている部分が、最も重要な部分です（リスト6.1）。

リスト6.1：市町村情報を抽出する正規表現（不十分な例）

```
pattern = r"^(北海道|(?:京都|大阪)府|(?:東京都|(?:\S{2,3}県))➡
\s*(\S+?(?:市|町|村|区))"
```

ダブルクォテーションで囲まれた部分が正規表現ですが、かなり複雑になっています。

でも、ぱっと気付くことがあります。ここに「郡」という文字が全く出てこないのです。正規表現の中にこの文字がなければ、郡名を外すという処理を行えるはずがありません。

## ソースコードを見た上で具体的な修正指示を出す

このように問題点を特定できれば、改善するための方法を具体的に指示できます。ChatGPTに対しても人間に対しても、感情論で改善を迫るのではなく、具体論で改善を指摘するのが重要ということですね。
正規表現の中で郡名の処理を見直すようにと、明示的な指示を入れました。

プロンプト

まだ郡名が残っています。正規表現の内容を見直してください。
処理後の結果が、以下のように郡名が削除されていることを確認した上で、全データをダウンロードできるようにしてください。
・北海道上磯郡知内町　→ 北海道知内町

結果

郡名を正しく削除したデータを作成しました。こちらからダウンロードできます：
ダウンロード: final_school_data_with_municipality.xlsx
これで「郡名」を除いた自治体情報が正しく表示されています。

今回の結果は、かなり「成功」です。
期待したように、郡に関する名称が全て削除されて、「北海道知内町」のように必要な部分だけが抽出されています。
念のため、今回はどのようなソースコードを使ったのかも確かめてみます。
正規表現の部分のみ抜粋します（リスト6.2）。

リスト6.2：市町村情報を抽出する正規表現（改善後の例）

```
pattern = r"^(北海道|(?:京都|大阪)府|(?:東京都|(?:\S{2,3}県)))➡
\s*(?:\S+郡)?\s*(\S+?(?:市|町|村|区))"
```

処理の詳細は理解しづらいですが、今回の処理では「郡」という文字が入り、郡に関する周辺部分について文字列処理を行っていることが分かります。
なお、この処理の内容を知りたい方に向けて、章末コラム「正規表現の内容（上級者向け）」に簡単な解説を載せています。

## 途中段階でマッチング精度を確認する

先ほどまでの処理で、郡名については期待通りの処理が行われました。ソースコードの正規表現部分だけでなく実際に出力されたデータも見てみましたが、郡名表記の部分が全て削除されていることを確認できました。

ただ、他にも問題が残っているはずです。

ChatGPTを使ったデータ分析では、進捗状況を確認しながらゆっくりと一歩ずつ作業を進めることが大事です。まずは、この時点でのマッチング精度を確認してみましょう。

マッチング精度を確認するために使うのは、第5章の「02 データを準備する」で利用した総務省統計局の人口データです。ここには、1,741の自治体名が「都道府県名」+「市区町村名」という形できれいに整理されています。この人口データの自治体名（正解データ）と突合させることで、正規化作業の精度を確認できます。

今回の指示では、自治体名を基にして人口の数値を引っ張ってこれるかどうかを確認します。人口欄に数値を埋めることができなければ、マッチングに失敗しているということになります。

プロンプト

FEI_CITY_241206120035.csv
スプレッドシート

この人口データを読み込んでください。
学校データに新たな項目として「人口」を加えてください。
学校データ内の「自治体情報」を基に、アップロードした人口データとマッチングを行い、「人口」の情報を入れてください。なお、人口データの自治体情報には半角スペースが含まれているので、それを削除した上でマッチングしてください。

結果

学校データに人口情報を追加したファイルを作成しました。こちらからダウンロードできます：
ダウンロード: school_data_with_population.xlsx

この処理によって、約99%の自治体については人口情報が作成されていました。求める精度にもよりますが、これだけマッチングすることができれば十分という考え方もできるかもしれません。

しかし、全体の1.2%（全体57,958件のうちの697件）についてはマッチングに失敗して人口データを取得できていません。比率としては小さいですが、件数としてはそれなりにボリュームのあるデータが残されています。

## マッチングの失敗理由を分析する

どのような自治体についてマッチングが失敗しているのか、ChatGPTに調べてもらいます。

プロンプト

マッチングに失敗した自治体名称を列挙してください。

結果

マッチングに失敗した自治体名称は以下の通りです：

- 北海道余市
- 福島県田村
- 福島県字細町
- 群馬県玉村
- 東京都東村
- 東京都武蔵村
- 東京都羽村
- 東京都三宅島三宅村
- 東京都八丈島八丈町
- 東京都大島支庁利島村
- 新潟県十日町

(以下、略)

ここでは、マッチングできなかった自治体名称（つまり、変換が不完全だったもの）が並んでいます。「北海道余市」は、本来は「北海道余市町」となるべきでした。失敗理由が、ある程度推測できますね。自治体名自体に「市」、「町」、「村」

などを含んでいるものが目立ちます。
　また、マッチング失敗データの中には愛知県のものが多く含まれていました。調べてみると、蒲郡市（がまごおりし）には市名の真ん中に「郡」という文字があるため、その部分までが郡名と認識され、「蒲郡」、「市海陽町」という意図しない形で認識されてしまったのです。

（例）愛知県蒲郡市海陽町
　　期待する結果：愛知県蒲郡市
　　実際の変換結果：愛知県市海陽町

　郡名を除去する際には、蒲郡市のような例外についても考慮する必要があることが分かりました。ただ、この文字列を「郡」とみなすか「市」とみなすかは、もはや形式的なルールだけでは規定できません。「蒲郡市」自体を固有名詞として例外ルールに含める必要があります。

　このようにマッチングに失敗した事例は、件数としては697件ですが、自治体数（種類数）とすれば60の自治体が該当しました。個々の自治体で修正方法が異なります。これらを1つずつ対応するのは、ChatGPTに依頼する形でも、手作業で修正する形でも、不可能ではありませんがちょっと大変な作業量です。
　という形で、いったんここで作業を止めることにしました。
　もっと、精度を上げたマッチング方法を検討しましょう。

# 正解文字列リストを使って文字列を変換する（成功した方法）

市名や郡名を正規表現で変換するという方法は、例外が多数発生するために断念しました。このような場合には、逆転の発想が有効です。先に正解となる文字列（市名、郡名）のリストを作成して、そのリストに合致するように文字を変換していくのです。
具体的な方法を見ていきましょう。

## 先に正解文字列リストと突合するというアプローチ

先ほど失敗例に挙げた愛知県蒲郡市の例を考えてみましょう。

マッチング先の人口データ（総務省統計局）には、都道府県が愛知県、市区町村名が蒲郡市という正解データが入っています。

例えば、変換前の文字列が「愛知県蒲郡市海陽町」だったとします。このデータの先頭文字から愛知県であることが分かるので、愛知県下の自治体（74個）の名前を順番に突合させていきます。ぴったり一致するものがあれば、それを自治体名（市区町村名）として抽出するのです（図6.4）。

なお、本章の冒頭で説明したように、府中市（東京都、広島県）のように全国レベルでは重複する自治体名があるため、都道府県を特定した上で自治体名を突合するようにしています。

また、この方法で一致する文字列が1つしかない場合は自治体名を特定できるのですが、一致する文字列が複数になることもありえます。そのような例外については、個別対応（マッチングできなかった「マッチング状況＝複数該当」のデータを個別に修正する方法）を取ります。

正解文字列リスト(愛知県部分)

| 都道府県名 | 市区町村名 | |
|---|---|---|
| 愛知県 | 名古屋市 | × |
| 愛知県 | 豊橋市 | × |
| 愛知県 | 岡崎市 | × |
| 愛知県 | 一宮市 | × |
| 愛知県 | ・・・ | × |
| 愛知県 | 蒲郡市 | ○ |
| 愛知県 | ・・・ | |

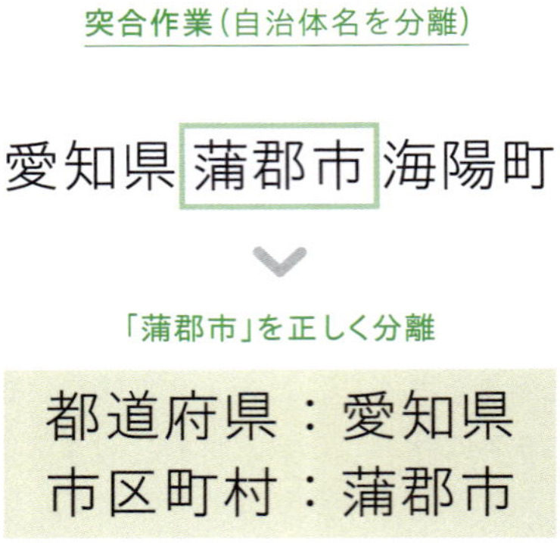

突合作業(自治体名を分離)

愛知県蒲郡市海陽町

「蒲郡市」を正しく分離

都道府県：愛知県
市区町村：蒲郡市

図6.4：正解文字列リストと突合する作業のイメージ

## 正解文字列リストを準備する

総務省統計局の人口データ自体が正解の文字列を集めたリストとなっているので、このデータをそのまま突合対象としても構いません。

ただ、このデータは「地域」という1項目の中に、半角スペースで区切られた形で都道府県名と市区町村名（例：北海道 札幌市）が入っているので、少し複雑な形になっています。ChatGPTに着実に処理を行ってもらうためにも、きれいに整理して都道府県名と市区町村名の正解文字列リストを作成します。

ここでは、管理する項目（IDと名称）を指定する形で、正解文字列リストを作成しました。リストの名前は、データベース、テーブル、リスト、一覧表など、使いやすいもので構いません。ここでは、データベースとしました。

プロンプト

人口データの「地域」から、以下のデータベースを作成してください。

- 都道府県データベース　都道府県ID（シリアル値で新規作成）、都道府県名
- 市区町村データベース　市区町村ID（シリアル値で新規作成）、都道府県ID、市区町村名、総人口

結果

I have created and displayed the following databases:
1. **都道府県データベース** (Prefecture Database): Contains the unique prefecture names with their corresponding IDs.
2. **市区町村データベース** (City/Town Database): Includes the city/town names, their respective prefecture IDs, and total population.
Let me know if you need any further modifications or data!
You can download database file
from the following link:
(筆者訳：以下の2つのデータベースを作成しました)
Download prefecture database
Download city database

都道府県データベース

| | 都道府県ID | 都道府県名 |
|---|---|---|
| 1 | 1 | 北海道 |
| 2 | 2 | 青森県 |
| 3 | 3 | 岩手県 |
| 4 | 4 | 宮城県 |
| 5 | 5 | 秋田県 |
| 6 | 6 | 山形県 |

市区町村データベース

| | 市区町村ID | 都道府県ID | 市区町村名 |
|---|---|---|---|
| 1 | 1 | 1 | 札幌市 |
| 2 | 2 | 1 | 函館市 |
| 3 | 3 | 1 | 小樽市 |
| 4 | 4 | 1 | 旭川市 |
| 5 | 5 | 1 | 室蘭市 |
| 6 | 6 | 1 | 釧路市 |

図6.5：都道府県データベースと市区町村データベースの内容

回答が勝手に英語に切り変わってしまいましたが、データベースは期待通りに作成されています（図6.5）。

このデータを正解文字列リストとして、操作を進めていきます。

## 学校データに対して正解文字列リストをマッチングさせる

この処理が、核心部分です。

指示が少し長くなっていますが、マッチングの手順を示すとともに、マッチング結果によって場合分けすること（成功、複数該当、非該当）を指示しています。

プロンプト

まず、学校データに「都道府県名」、「市区町村名」、「マッチング状況」、「マッチング備考」の4列を追加してください。
次に、学校データの全データに対して以下の順番で処理を行ってください。

- 学校所在地の文字列から都道府県を特定し、「都道府県名」に記載する
- 市区町村データベースから、当該都道府県における全ての「市区町村名」をリスト化する。
- 学校所在地の文字列の都道府県以降の部分に対して、「市区町村名」リストとのマッチングを行う。
- マッチング結果が1件のみの場合は、学校データの「市区町村名」に市区町村名を記載し、「マッチング状況」欄に「成功」を記載する
- マッチング結果が2件以上となった場合は、学校データの「マッチング状況」欄に「複数該当」というデータを記載し、「マッチング備考」欄に該当した市区町村名の全てを記載する
- マッチング結果が0件となった場合は、学校データの「マッチング状況」欄に「非該当」というデータを記載する

結果

The school data has been updated with the following new columns:
1. **都道府県名** (Prefecture Name) — Extracted from the school address.
2. **市区町村名** (City/Town Name) — Matched with the corresponding city/town.
3. **マッチング状況** (Matching Status) — Indicates whether the match was successful, multiple matches were found, or no match was found.
4. **マッチング備考** (Matching Remarks) — Lists all matching city/town names in case of multiple matches.

Feel free to let me know if you need any further adjustments!
(筆者訳：以下の4列を追加しました)

| 旧学校調査番号 | 移行後の学校コード | 都道府県名 | 市区町村名 | マッチング状況 | マッチング備考 |
|---|---|---|---|---|---|
| | | 北海道 | 函館市 | 成功 | |
| | | 北海道 | 旭川市 | 成功 | |
| | | 北海道 | 札幌市 | 成功 | |
| | | 北海道 | 札幌市 | 成功 | |
| | | 北海道 | 札幌市 | 成功 | |
| | | 北海道 | 札幌市 | 成功 | |
| | | 北海道 | 札幌市 | 成功 | |

図6.6：マッチング状況を追加したファイルの内容

図6.6のような形で、学校データの右側に4つの新しい列が追加されました。

函館市、旭川市、札幌市等についてはいずれもマッチングが「成功」となっています。

でも、一部に成功していないデータもあるようです。その状況を調べてみます。

プロンプト

成功、複数該当、非該当のそれぞれの件数を示してください。

結果

Here are the counts for each matching status:

成功: 57,248 cases
複数該当: 567 cases
非該当: 143 cases

These represent the results of the matching process on the school data. Let me know if you need further details!
(筆者訳：学校データのマッチング結果を示しています)

この処理だけで、約99%の自治体についてマッチングが成功しています。期待以上の成果です。

とはいえ、成功しなかったものが合計710件存在します。このような例外が出ること自体は想定通りですので、あとは内容を見ながら個別対応します。

## マッチングできなかったデータ（複数該当）を個別に修正する

まずは、「複数該当」というマッチング結果になったものを見ていきましょう。

567件ありますが、目立っていたのが自治体名自体の重複です。秋田市と北秋田市、魚沼市と南魚沼市というように、同一県下で他自治体の名称全体を含む自治体名があると重複カウントされます。

例えば、住所が秋田市の場合は問題ありませんが、住所が北秋田市の場合には「秋田市」と「北秋田市」の2つの名前に該当します。このパターンで重複を検知した場合は、文字列が長いほうに合わせれば良いということになります。

早速、修正指示を入れます。あとで集計できるように、処理が完了したものは「複数該当（選択済）」というステータスを入れることにします。

プロンプト

該当候補が2つしかなく、一方の文字列が他方の文字列に完全に含まれる場合（例：秋田市、北秋田市）は、文字列の長いほうを市区町村名とし、マッチング状況を「複数該当（選択済）」としてください。

結果

The updated data, where the logic for selecting the longer city name in case of two matching candidates has been applied, is now available.
You can download the Excel file from the following link:
Download the updated Excel file
Let me know if you need further assistance!
（筆者訳：長いほうの名前を選択するという処理を完了し、ダウンロードできるようにしました）

- ☐ **複数該当**: 69 cases
- ☐ **複数該当（選択済）**: 498 cases

これで、498件ものデータを修正することができました。中能登町、南越前町、南木曽町、北名古屋市、東大阪市、東広島市、中土佐町、南島原市、北中城村など、このパターンの重複が多かったようです。

残りは、69件です。

次は、市名と町名の両方がマッチしたというケースです。

例えば、「北海道千歳市清水町」という住所です。この場合は「千歳市」に分類したいのですが、北海道内には「清水町」（上川郡清水町）という町もあるので、複数が該当したのです。

このようなケースでは、市名を優先するようにします。

プロンプト

該当候補が2つしかなく、一方の文字列の最後が「市」、一方の文字列の最後が「町」の場合は、最後が「市」となるものを市区町村名とし、マッチング状況を「複数該当（選択済）」としてください。

結果

The updated data, including the logic for selecting city names ending with "市" when the other option ends with "町," is now available. You can download the Excel file from the following link:

Download the updated Excel file

Let me know if you need further assistance!

（筆者訳：市名を選択する処理も行い、ダウンロードできるようにしました）

☐ **複数該当**: 8 cases

☐ **複数該当（選択済）**: 559 cases

これで、残りは8件だけになりました。

あとはかなり個別のケースになりますが、例えば「福島県南相馬市原町区国見町」のように、3つの自治体名（相馬市、南相馬市、国見町）に該当するというケースがありました。

8ケース全てを眺めた上で、該当文字列が先頭に近いものを優先するというルールで全て対応できると推測しました（このルールは常に有効なわけではありません。今回の8ケースについては対応できますが、別種類の例外には対応しきれない可能性があります）。

プロンプト

これまでの処理でも「複数該当」として残ったものについては、学校所在地の中でそれらの文字列が最初に現れる位置を特定し、その位置が文字列の先頭に近いものを市区町村名とし、マッチング状況を「複数該当（選択済）」としてください。

結果

The remaining "複数該当" cases have been resolved by selecting the city or town name that appears closest to the beginning of the school address. You can download the updated Excel file from the following link:
Download the final Excel file
Let me know if you need further assistance!

☐ **複数該当**: 0 cases
☐ **複数該当（選択済）**: 567 cases

この3つの処理で、複数該当となっていたデータの全てに対処することができました。

## マッチングできなかったデータ（非該当）を個別に修正する

非該当のものについても同様です。件数としては143件のデータがありますが、種類で分けると限定的なので、対応は比較的簡単です。

まずは、その内容を一覧で見てみます。

プロンプト

非該当のもののみを抽出して、Excel形式でダウンロードできるようにしてください。

結果

You can download the extracted data for cases with "非該当" (no match) from the link below:
(筆者訳：非該当で抽出したデータをダウンロードできます)
Download non-applicable data

ダウンロードしたデータを見ると、対応方法は以下の４パターンに過ぎないことが分かりました。

- 都道府県名をうまく抽出できていない（東京都府中市） ※「府」の文字が市名先頭にある
- 町域の中に都道府県名がある（愛知県丹羽郡扶桑町大字高雄字北海道） ※町域に「北海道」の文字がある
- 字形の違い①（兵庫県宝塚市） ※「塚」と「塚」
- 字形の違い②（高知県高岡郡梼原町） ※「梼」と「檮」 ちなみに、町名は「ゆすはら」と読みます

これで、全てのデータを変換することができるはずです。

プロンプト

非該当となっているデータのうち、以下に該当するものを修正してください。修正したものについては、マッチング状況を「非該当（選択済)」としてください。
「東京都府中市」から始まるもの → 都道府県「東京都」、市区町村「府中市」
「兵庫県宝塚市」から始まるもの → 都道府県「兵庫県」、市区町村「宝塚市」
「高知県高岡郡梼原町」から始まるもの → 都道府県「高知県」、市区町村「檮原町」
「愛知県丹羽郡扶桑町」から始まるもの → 都道府県「愛知県」、市区町村「扶桑町」

結果

The specific corrections have been made, and the remaining "非該当" cases have been updated. You can download the updated Excel file from the following link:
（筆者訳：指定の修正を完了しました。データをダウンロードできます）
Download corrected non-applicable data

これで、全てのデータの変換が完了しました。

厳密には、1件だけ元データが不完全なもの（都道府県名や市区町村名が記載されていない）があったので、そのデータも個別修正しています。

これで、57,958件の住所データの100%全てを、正しく変換することができました。

若干の個別対応が必要になりましたが、これ以上の手作業は不要です。そう考えると、かなり簡単にデータ変換作業を実施できました。

失敗例として紹介したものの、正規表現を使った文字列変換もとても有効な手段です。でも、その正規表現でも対応しきれないほど多数の例外が発生する場合は、正解文字列リストを先に作ってしまうという方法もあるということです。

実際のデータ分析にあたっては、扱うデータの状況を確認して、より効率的な方法を選んでください。

04

# 完成したデータを使って分析を行う

これまでの作業によって、5万件以上の学校データの全てが、市区町村単位の自治体に紐づきました。また、各自治体の人口データとも紐づいています。この状態になれば、あとは自由自在に好きな角度での分析を行うことができます。せっかくデータを作ったので、簡単に分析してみましょう。

## 分析の土台を揃えて、トレーサビリティを確保する

既にChatGPTには2つのデータ（学校データ、人口データ）をアップロードしており、データを紐づけるための調整も終えています。

この時点で、いきなり「人口1,000人あたりの学校数について、上位10自治体を示してください」と指示することも可能ですし、それなりの高確率で期待通りのアウトプットが表示されるでしょう。

ですが、本書では一歩ずつ着実にというスタンスを重視しているので、作成されたランキングやグラフをうのみにするのではなく、本当に正しいかどうか元データと突合させて確認もしたいところです。

そのために、集計処理を事前にやっておきましょう。これから自治体単位での学校数という分析を行うので、その基礎データを固めておくのです。

プロンプト

都道府県と市区町村をまとめた単位で、学校数を集計してください。

結果

I have displayed the school count aggregated by prefecture and municipality.
(筆者訳：自治体ごとの学校数を集計したものを表示しました)

学校数集計

| | 都道府県名 | 市区町村名 | 学校数 |
|---|---|---|---|
| 1 | 三重県 | いなべ市 | 19 |
| 2 | 三重県 | 亀山市 | 24 |
| 3 | 三重県 | 伊勢市 | 75 |
| 4 | 三重県 | 伊賀市 | 45 |
| 5 | 三重県 | 南伊勢町 | 7 |
| 6 | 三重県 | 名張市 | 43 |
| 7 | 三重県 | 四日市市 | 155 |

図6.7：自治体単位の学校数の集計結果（抜粋）

大まかな傾向として、四日市市のような規模の大きな自治体では学校数が多くなっている一方で、町レベルの自治体では学校数が少なくなっています（図6.7）。まずは、大きな間違いは発生してなさそうです。

今後の分析の中でおかしな結果が見つかれば、この集計データとの差異について確認しますし、この集計データ自体に疑義がある時には元の学校データに遡って集計することができます。データ分析にあたっては、このようにトレーサビリティ（追跡可能性）を確保しておくことが重要です。

なお、本章の冒頭でも説明しましたが、この学校データには既に廃止されたものも含まれています。今後の集計作業においては、そのデータを除いて集計することにします。

## 人口1,000人あたりの学校数を算出する

分析の土台が整ったので、満を持してデータ分析を依頼します。
まずは、上位と下位のランキングを確認してみましょう。

プロンプト

人口1,000人あたりの学校数を算出してください。
学校データの中で、「本分校」が9（廃）となっているものは、集計対象から除外してください。
人口1,000人あたりの学校数の、上位10と下位10を表示してください。

結果

以下が「本分校」が「9(廃)」でない学校を対象とした、人口1,000人あたりの学校数のランキング上位10位と下位10位です：

**上位10位：**

1. **双葉町（福島県）**: 6校（人口: 0）— 無限大（人口データなし）
2. **青ヶ島村（東京都）**: 2校（人口: 169）— 11.83校/1,000人
3. **座間味村（沖縄県）**: 9校（人口: 892）— 10.09校/1,000人
4. **三島村（鹿児島県）**: 4校（人口: 405）— 9.88校/1,000人
5. **十島村（鹿児島県）**: 7校（人口: 740）— 9.46校/1,000人
6. **渡名喜村（沖縄県）**: 3校（人口: 346）— 8.67校/1,000人
7. **葛尾村（福島県）**: 3校（人口: 420）— 7.14校/1,000人
8. **御蔵島村（東京都）**: 2校（人口: 323）— 6.19校/1,000人
9. **粟島浦村（新潟県）**: 2校（人口: 353）— 5.67校/1,000人
10. **音威子府村（北海道）**: 4校（人口: 706）— 5.67校/1,000人

**下位10位：**

1. **山形村（長野県）**: 1校（人口: 8,400）— 0.12校/1,000人
2. **信濃町（長野県）**: 1校（人口: 7,739）— 0.13校/1,000人
3. **狛江市（東京都）**: 15校（人口: 84,772）— 0.18校/1,000人
4. **吉岡町（群馬県）**: 4校（人口: 21,792）— 0.18校/1,000人
5. **武豊町（愛知県）**: 8校（人口: 43,535）— 0.18校/1,000人
6. **朝霞市（埼玉県）**: 26校（人口: 141,083）— 0.18校/1,000人
7. **川崎市（神奈川県）**: 300校（人口: 1,538,262）— 0.20校/1,000人
8. **香春町（福岡県）**: 2校（人口: 10,191）— 0.20校/1,000人
9. **国分寺市（東京都）**: 26校（人口: 129,242）— 0.20校/1,000人
10. **尾張旭市（愛知県）**: 17校（人口: 83,144）— 0.20校/1,000人

ご確認ください。他に質問があれば教えてください！

なかなか、面白い結果となりました。まずは、上位ランキングから見ていきましょう。

前章でも登場しましたが、1位の双葉町だけは例外です。この人口データは2020年度時点のものであり、原発事故によって全住民が非難した双葉町の当時の人口はゼロとなっていました。

2位の青ヶ島村は、日本一人口が少ない村です。ここに青ヶ島小学校と青ヶ島中学校の2校が存在します。とはいっても同じ場所に存在する「小中学校」なの

で、住所で数えれば1つの学校ということになります。ちなみに、学校の住所が「無番地」となっていたので確認したのですが、青ヶ島村の住所は全域が「東京都青ヶ島村無番地」となっています。色々と歴史があるようですが、島の住居地が狭く人口が少ないので住所を細かく決めなくても日常生活に困ることはないのでしょうね。

3位以降も基本的に離島が続きます。7位の葛尾村（かつらおむら）は福島県の内陸ですが、原発避難の関係で人口が少なくなっています。10位の音威子府村（おといねっぷむら）は北海道北部の内陸にあり北海道で最も人口の少ない村ですが、幼稚園、小学校、中学校に加えて美術工芸高等学校も存在します。

下位ランキングのほうは、事情の異なる自治体が集まっています。都心に近く人口規模が大きなところ（川崎市、朝霞市、国分寺市、狛江市）がある一方で、人口規模が少ない町・村もあります。

1位の山形村には小学校がありますが、中学校は近隣自治体3地域にまたがる形になっていて、山形村には存在しません。

2位の信濃町は小中一貫教育という特徴があり、2012年から町で1つの学校に9学年の生徒が学ぶ形となっています。

一方で、川崎市等の大規模自治体については、もともと人口が集中しているので学校を効率的に作れるという事情がありそうです。

データ分析にあたっての大切な注意事項ですが、上位ランキングも下位ランキングも、自治体ごとの異なる背景事情を考慮せずに、人口数と学校数という数値だけを単純に計算した結果に過ぎません。ここで得られた情報はあくまで事実把握の入口に過ぎないので、それぞれの事情を詳細に調べることが大事ですね。

## 都道府県単位で集計データを束ねて分析する

ランキングデータでは極端な部分しか見えないので、全体的な傾向を把握することができません。

日本全国の自治体の状況を把握するために、都道府県単位で集約して可視化してみましょう。先ほど作成した市区町村単位の「人口1,000人あたりの学校数」を、都道府県単位で再集計するのです。可視化手法としては、全体のばらつきを表現できる箱ひげ図を使います。

プロンプト

NotoSansJP-Medium.ttf
ファイル

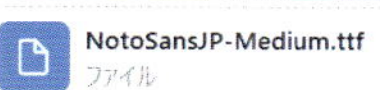

人口1,000人あたりの学校数について、都道府県単位でのばらつきを箱ひげ図を使って可視化してください。日本語は、このフォントを使ってください。

結果

こちらが、「本分校」が「9(廃)」となっている学校を除外した場合の、人口1,000人あたりの学校数のばらつきを示した箱ひげ図です。ご確認ください。その他にご要望があればお知らせください！

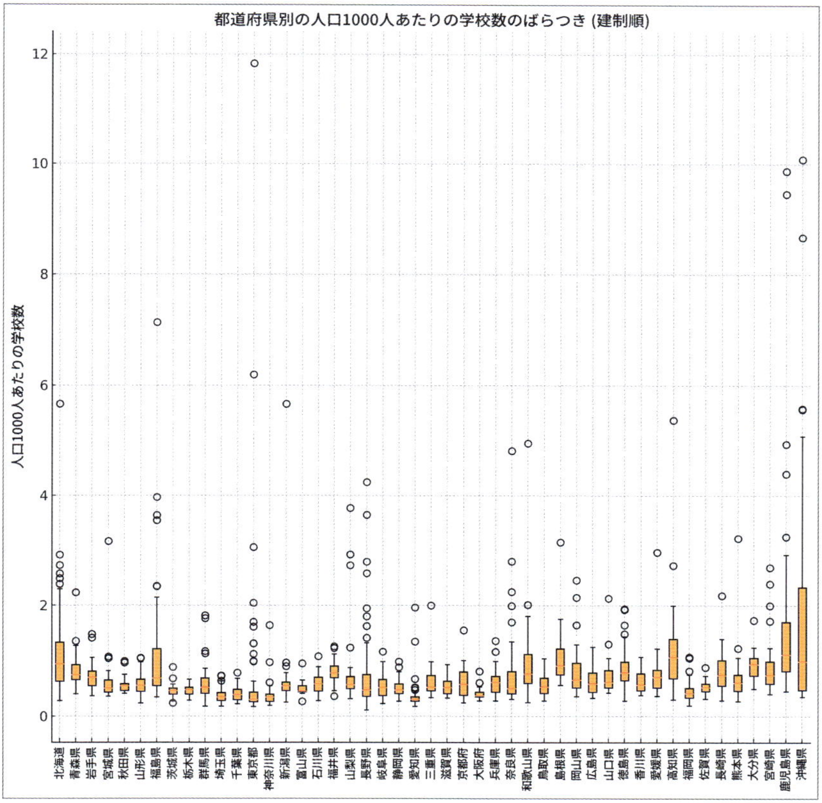

図6.8：出力結果（都道府県の人口あたり学校数の箱ひげ図）

箱ひげ図で可視化することによって、自治体単位で中央値、四分位範囲（全体の25%から75%）の分布や、外れ値について読み取ることができます（図6.8）。

人口あたりの学校数が多くなっているのは、沖縄県、鹿児島県、高知県、北海道、福島県といった地域です。

離島が多いこと、もともとの人口が少ないこと、原発事故で避難が進んでいることなど、いくつかの事情が合わさっていると考えられます。また、自治体の合併が進んでいるところは極端な数値が見えにくくなりますが、合併をせずに小規模な町や村が残っているところは数値が可視化されやすいという事情もありそうです。

学校データという1つのデータだけでは見えなかったことが、人口データという新たなデータを加えることで複合的な視点から見えてくるようになります。色々なデータを掛け合わせることで新しい気付きを得られるというのが、データ分析の奥深く面白い世界です。

ただ、繰り返しになりますが、ここで得られた情報はあくまで「入口」に過ぎません。表面的な数字の掛け合わせで見えた指標だけで判断するのではなく、それぞれの事情を深く知ることが本当に大事なことです。

Column

## 正規表現の内容（上級者向け）

正規表現の内容を深く知りたい方に向けて、郡名を含めた正規化処理について ChatGPT自身による解説結果を掲載します。
相当難しいケースなので完全に理解する必要はありませんが、処理の大まかなイメージをつかむことができるでしょう。

プロンプト

ソースコード中の、以下の正規表現部分について、実際の変換事例も含めて詳細に処理内容を説明してください。
pattern = r"^(北海道|(?:京都|大阪)府|(?:東京都|(?:\S{2,3}県)))\s*(?:\S+郡)?\s*(\S+?(?:市|町|村|区))"

結果（抜粋）

**正規表現全体の意味**

この正規表現は、以下のステップで住所から「都道府県名」と「市町村名」を抽出し、郡名を除外する目的で設計されています。

**1. ^(北海道|(?:京都|大阪)府|(?:東京都|(?:\S{2,3}県)))**

- ^: 文字列の先頭から検索を開始します。これにより、最初に都道府県を検索します。
- (北海道|(?:京都|大阪)府|(?:東京都|(?:\S{2,3}県))): 都道府県名をキャプチャする部分です。この部分は都道府県名に対応し、具体的には以下の意味を持ちます。
  - 北海道: そのまま「北海道」をマッチさせます。
  - (?:京都|大阪)府:「京都府」や「大阪府」にマッチさせます。(?:...) は非キャプチャグループで、キャプチャせずにグループとしてマッチさせます。
  - (?:東京都|(?:\S{2,3}県)):「東京都」や、「○○県」にマッチさせます。(?:\S{2,3}県) は「○○県」に対応し、任意の2〜3文字の文字列に「県」が続くパターンです。\Sは空白以外の任意の文字を意味します。

**2. \s***

- \s*: 都道府県名と市町村名の間にある任意の数の空白を無視します。

**3. (?:\S+郡)?**

- (?:\S+郡)?:「郡」を含む地名（例：○○郡）をマッチさせますが、これは非キャプチャグループ (?:...) に包まれており、結果には含まれません。また、? によって「郡」が存在しても存在しなくても良いことを示しています。
  - \S+:「郡」の前にある空白以外の任意の文字列にマッチさせます。
  - 郡:「郡」という文字列にマッチさせます。

**4. \s***

- 再び空白を無視します。

**5. (\S+?(?:市|町|村|区))**

- (\S+?(?:市|町|村|区)): 市町村名をキャプチャします。これは正規表現のキャプチャグループ (...) です。
  - \S+?: 最短一致モードで、空白以外の文字列にマッチさせます。これにより、市町村名を取得します。
  - (?:市|町|村|区):「市」「町」「村」「区」のいずれかにマッチさせます。(?:...) は非キャプチャグループです。

**実際の変換事例**

**1. 北海道上磯郡知内町**

- 北海道: 北海道にマッチします。
- 上磯郡:「郡」を含む部分は (?:\S+郡)? にマッチしますが、キャプチャされないため、結果には含まれません。
- 知内町:「知内町」にマッチし、キャプチャされます。
- 結果: 北海道知内町

**2. (以降、省略)**

Chapter

7

# データ間の相関分析方法を学ぶ

ChatGPTは、統計の専門的領域にも活用することができ、
特にPythonを使った統計処理を得意としています。
実際にPythonの統計処理をやったことがある人は、
そのアウトプットをイメージしながら
日本語で指示をするだけで高度な分析を行えます。
Pythonを使った統計分析の典型例として、
ペアプロット分析を行ってみましょう。

# 01

# 相関分析の基礎

2つのデータの間にどれほど関係があるかを分析するのが相関分析です。ペアプロット図（散布図行列）を作成する上での大前提となる考え方なので、ごく簡単に解説します。統計や数学に関心がない方は、軽く読み飛ばしてもらう程度で大丈夫です。

## 相関係数とは

例えば、身長と体重には、ある程度の関係性がありそうです。身長が高い人ほど、体重が増加するという傾向です。一方で、身長と通勤時間にはほとんど関係がないでしょう。

このような関係の強さを数値化したものが相関係数です（図7.1）。相関係数が1に近づくと強い相関がある、0に近づくとほとんど相関がないということになります。

なお、負の相関というものもあります。一方の数値が増えれば、一方の数値が減るという関係です。例えば、平均気温が高い場所ほど、積雪回数は少なくなるでしょう。このような反比例の関係が強いほど、相関係数は-1に近づきます。

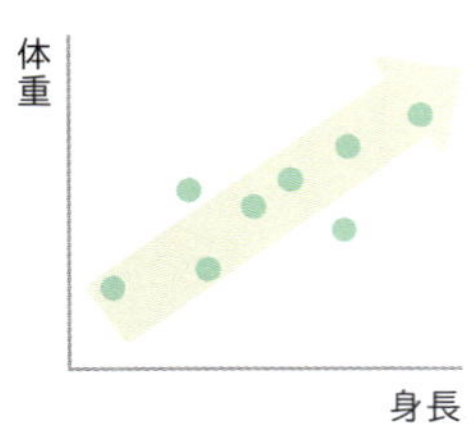


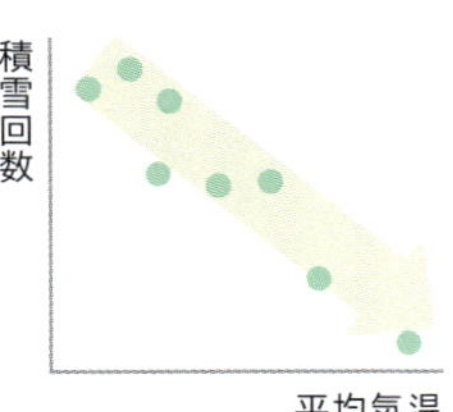


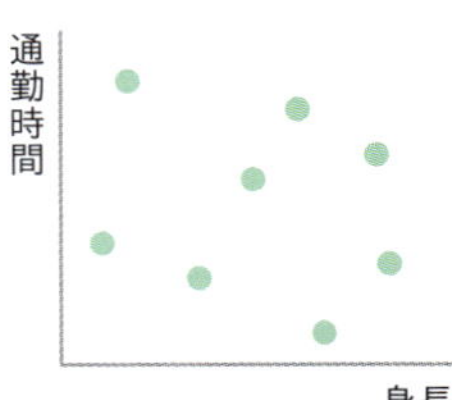


図7.1：相関係数のイメージ

## ペアプロット図とは

相関係数を視覚的に理解するには、図7.1のような散布図が便利です。散布図の点のばらつき具合を見れば、直感的に相関の強さを理解することができます。

でも、多くの種類のデータがある時に、それらのデータを2つずつ選び出して個々に散布図を作成するのは面倒ですね。ペアプロット図は、データ内の全ての組み合わせに対して相関分析を行い、その結果をまとめて表示してくれる便利な手法です。

## ペアプロット図を活用する場面

ペアプロット図は、多数のデータ項目の中から相関関係の強いものを発見する際にとても効果的なツールです。

例えば、次の問題を考えてみてください。

昼夜人口比率が高い（昼間に多くの人口が流入する）自治体は、人口増減率がどのような状態のものが多いでしょうか？

- 人口が増えている自治体が多い
- 人口が減っている自治体が多い
- 両者には、ほとんど関係がない

このような問題への答えを示唆するのが、散布図です。人口増減率と昼夜人口比率についての散布図を作れば、その結果が判明します（後ほど、分析による答えも示します）。

ですが、もっと幅広い視点で、「人口増減率」に関係する指標を知りたいという場面があります。このような場面こそ、ペアプロット図の本領発揮です。

まずは、これから作成するペアプロット図のアウトプットを先に紹介しましょう（図7.2）。作成方法や読み取り方法は、以降の解説で詳述します。

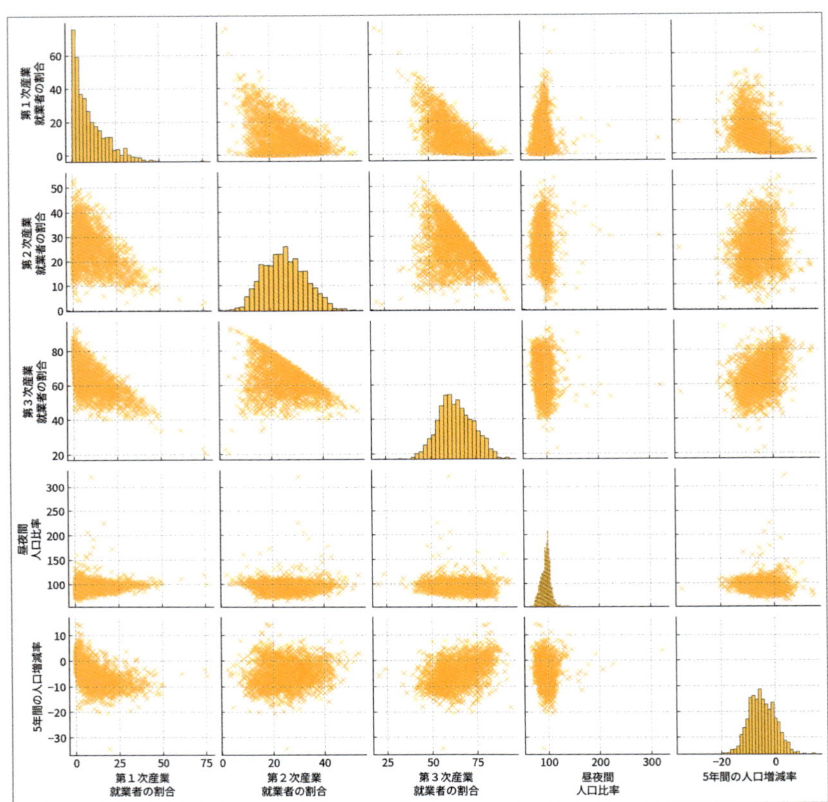


図7.2：出力結果（人口増減率、産業別就業者の割合を分析したペアプロット図）

# 02

# データを準備する

今回は国勢調査のデータを使います。Excel形式でデータがダウンロードできますが、分析目的としては不規則な形をしているので簡単なデータ加工が必要です。ChatGPTを使って加工することもできるのですが、今回のケースではExcel上で加工したほうが手早いと判断しました。ケースバイケースで、効率的な方法を使っていきましょう。

## 利用するデータ

国勢調査は5年に1度行われる大がかりな調査です。昔から紙の調査票で回答するという方式ですが、最近ではインターネット回答という形でPCやスマホから回答することもできるようになっています。回答した記憶のある方もいらっしゃるでしょう。

直近では令和2年度の調査結果が公開されているので、このデータを活用します（図7.3）。

図7.3：令和2年国勢調査（トップページ）

出典 総務省統計局

URL https://www.stat.go.jp/data/kokusei/2020/index.html

調査結果を報告書形式でまとめたものだけでなく、その元データについても公開されています。元データはe-Stat（政府統計の総合窓口）にあるので、こちらからダウンロードします（図7.4①②）。「令和2年 都道府県・市区町村別の主な結果」とあるExcelファイルです。ダウンロードしたファイルは「major_results_2020.xlsx」となりました。

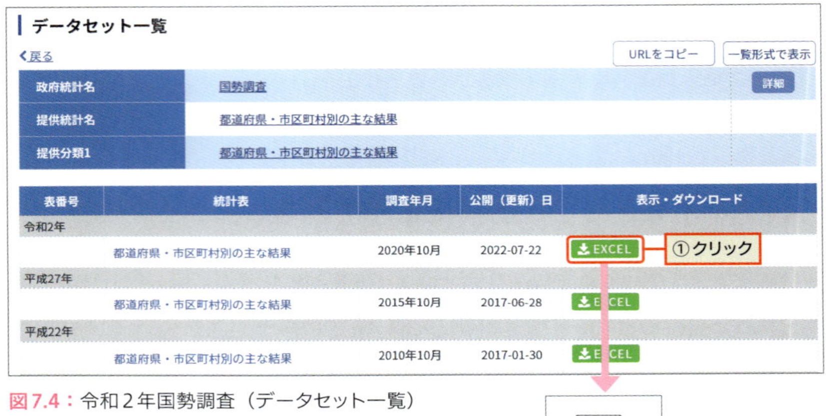


図7.4：令和2年国勢調査（データセット一覧）

出典 政府統計の総合窓口（e-Stat）

URL https://www.e-stat.go.jp/stat-search/files?tclass=000001037709&cycle=0

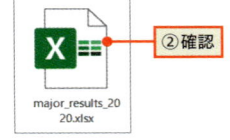

## データを加工する

ダウンロードしたExcelファイルを開いてみます（図7.5）。

ヘッダ情報などが細かく記述されていて、人間にとっては読みやすいのですが、データ分析をするには使いにくい形式となっています。マシンリーダブルではない（機械可読性が低い）構造ですね。

### ＜Excelファイルの構造上の問題点＞

- ヘッダが複数行にまたがっている（5行目から9行目）
- 項目名称が9行目にあったり7行目にあったり、バラバラである
- データ内に都道府県レベル（例：北海道）と市区町村レベル（例：函館市）が混在するなど、階層の異なるものが同列に並べられている（データの合計を計算すると重複してしまう）

- Excelのコメント機能（黄色い四角の部分）が使われている
- データが2つのシートにまたがっている（第1面事項、第2面事項）

| | A | B | C | D | E | F | G | H |
|---|---|---|---|---|---|---|---|---|
| 1 | 令和２年国勢調査（総務省統計局）　都道府県・市区町村別の主な結果 | | | | | | | |
| 2 | 注）※マークの項目については、「参考表：令和２年国勢調査に関する不詳補完結果」の結果数値を掲載している。 | | | | | | | |
| 5 | 地域 | | | | 総人口（男女別） | | | |
| 6 | | | | | | | | |
| 7 | | | | | 総数 | 男 | 女 | 2015年（平成27年）の人口（組替） |
| 8 | | | | | | | | |
| 9 | 都道府県名 | 都道府県・市区町村名 | 都道府県・市区町村名（英語） | 市などの別（地域識別コード） | （人） | （人） | （人） | （人） |
| 10 | 00_全国 | 00000_全国 | Japan | a | 126,146,099 | 61,349,581 | 64,796,518 | 127,094,745 |
| 11 | 01_北海道 | 01000_北海道 | Hokkaido | a | 5,224,614 | 2,465,088 | 2,759,526 | 5,381,733 |
| 12 | 01_北海道 | 01100_札幌市 | Sapporo-shi | 1 | 1,973,395 | 918,682 | 1,054,713 | 1,952,356 |
| 13 | 01_北海道 | 01101_札幌市中央区 | Sapporo-shi Chuo-ku | 0 | 248,680 | 112,853 | 135,827 | 237,627 |
| 14 | 01_北海道 | 01102_札幌市北区 | Sapporo-shi Kita-ku | 0 | 289,323 | 136,596 | 152,727 | 285,321 |
| 15 | 01_北海道 | 01103_札幌市東区 | Sapporo-shi Higashi-ku | 0 | 265,379 | 126,023 | 139,356 | 261,912 |
| 16 | 01_北海道 | 01104_札幌市白石区 | Sapporo-shi Shiroishi-ku | 0 | 211,835 | 100,062 | 111,773 | 209,584 |
| 17 | 01_北海道 | 01105_札幌市豊平区 | Sapporo-shi Toyohira-ku | 0 | 225,298 | 104,154 | 121,144 | 218,652 |
| 18 | 01_北海道 | 01106_札幌市南区 | Sapporo-shi Minami-ku | 0 | 135,777 | 62,347 | 73,430 | 141,190 |
| 19 | 01_北海道 | 01107_札幌市西区 | Sapporo-shi Nishi-ku | 0 | 217,040 | 100,027 | 117,013 | 213,578 |
| 20 | 01_北海道 | 01108_札幌市厚別区 | Sapporo-shi Atsubetsu-ku | 0 | 125,083 | 56,755 | 68,328 | 127,767 |
| 21 | 01_北海道 | 01109_札幌市手稲区 | Sapporo-shi Teine-ku | 0 | 142,625 | 66,913 | 75,712 | 140,999 |
| 22 | 01_北海道 | 01110_札幌市清田区 | Sapporo-shi Kiyota-ku | 0 | 112,355 | 52,952 | 59,403 | 115,726 |
| 23 | 01_北海道 | 01202_函館市 | Hakodate-shi | 2 | 251,084 | 113,965 | 137,119 | 265,979 |
| 24 | 01_北海道 | 01203_小樽市 | Otaru-shi | 2 | 111,299 | 50,136 | 61,163 | 121,924 |
| 25 | 01_北海道 | 01204_旭川市 | Asahikawa-shi | 2 | 329,306 | 152,108 | 177,198 | 339,605 |
| 26 | 01_北海道 | 01205_室蘭市 | Muroran-shi | 2 | 82,383 | 40,390 | 41,993 | 88,564 |
| 27 | 01_北海道 | 01206_釧路市 | Kushiro-shi | 2 | 165,077 | 77,506 | 87,571 | 174,742 |
| 28 | 01_北海道 | 01207_帯広市 | Obihiro-shi | 2 | 166,536 | 79,623 | 86,913 | 169,327 |

「a」:全国, 都道府県
「0」:区
「1」:政令市(特別区部を含む)
「2」:市
「3」:町, 村

図7.5：令和2年国勢調査のファイル内容（抜粋）

出典 政府統計の総合窓口（e-Stat）

URL https://www.e-stat.go.jp/stat-search/files?tclass=000001037709&cycle=0

## データを整形する

データの整形方針が明確なので、ChatGPTに指示して1つずつ修正をすることもできます。

ただ、今回のケースでは、Excelを使って手作業で簡単に修正できるものばかりなので、Excelで修正したほうが早いと判断しました。幸い、「地域識別コード」が振られているので、都道府県と市区町村の混在についても、Excelのフィルタ機能で効率的に修正できます。

このように、データの事前処理についてはChatGPTを使わないほうが手早く行える場合もあります。ケースバイケースで、効率的な手段を選んでください。

Excelでの簡単な修正を行った結果、図7.6のようなデータ構造としました（ファイル名は「major_results_2020_tyusyutsu.xlsx」とします）。

| | A | B | C | D | E | F | G |
|---|---|---|---|---|---|---|---|
| 1 | 都道府県名 | 都道府県・市区町村名 | 第１次産業就業者の割合 | 第２次産業就業者の割合 | 第３次産業就業者の割合 | 昼夜間人口比率 | 5年間の人口増減率 |
| 2 | 01_北海道 | 01100_札幌市 | 0.5 | 14.1 | 85.4 | 99.7 | 1.1 |
| 3 | 01_北海道 | 01202_函館市 | 3.0 | 16.7 | 80.3 | 102.2 | -5.6 |
| 4 | 01_北海道 | 01203_小樽市 | 1.4 | 17.2 | 81.4 | 103.8 | -8.7 |
| 5 | 01_北海道 | 01204_旭川市 | 2.6 | 17.0 | 80.4 | 100.4 | -3.0 |
| 6 | 01_北海道 | 01205_室蘭市 | 0.9 | 26.9 | 72.2 | 110.3 | -7.0 |
| 7 | 01_北海道 | 01206_釧路市 | 2.2 | 18.7 | 79.1 | 100.4 | -5.5 |
| 8 | 01_北海道 | 01207_帯広市 | 5.1 | 18.0 | 76.9 | 103.4 | -1.6 |
| 9 | 01_北海道 | 01208_北見市 | 6.6 | 17.1 | 76.3 | 99.5 | -4.7 |
| 10 | 01_北海道 | 01209_夕張市 | 16.8 | 22.1 | 61.2 | 105.8 | -17.1 |
| 11 | 01_北海道 | 01210_岩見沢市 | 8.0 | 18.3 | 73.7 | 97.4 | -6.1 |
| 12 | 01_北海道 | 01211_網走市 | 13.4 | 15.7 | 70.9 | 101.9 | -8.5 |
| 13 | 01_北海道 | 01212_留萌市 | 3.3 | 19.9 | 76.9 | 101.9 | -9.5 |
| 14 | 01_北海道 | 01213_苫小牧市 | 2.0 | 26.4 | 71.6 | 99.5 | -1.5 |

図7.6：修正後のファイル内容

### <主な修正点>

- ヘッダを1行にまとめる
- 都道府県レベルのもの（例：北海道）や、政令指定都市の区レベル（例：札幌市中央区）のデータを削除し、重複を排除する
- 2シートの中から、分析に必要な項目のみを抽出する（第1～第3次作業就業者の割合、昼夜間人口比率、5年間の人口増減率）

なお、人口増減率については福島県下の数自治体が数百倍から数千倍という巨大な数値となっていたのですが、これは原発事故による避難後に人口が戻ったことによる特殊事例であるため、分析対象からは除外することとしました。

# 03

# ペアプロット分析を行う

データさえ揃えば、ペアプロット分析を行うのは非常に簡単です。なんとファイルをアップロードして、「ペアプロット分析を行ってください」と指示するだけです。
実際の作業手順とアウトプットを見ていきましょう。

## 指示はとても簡単

Pythonによる統計分析を実施したことがある人は、「ペアプロット分析」という言葉を知っています。このように「適切な言葉を知っている」ということが、ChatGPTを使う上での大きなアドバンテージとなります。

もしこの言葉を知らなければ、「5種類の数値データ項目から2種類を選び出し、散布図を作成し、それを全ての組み合わせに対して実施する…」という長々とした説明が必要になります。それに、説明が冗長になるほどChatGPTが意図しない結果を返す可能性が高まります。

ですので、いくらChatGPTが万能といえども、それを使う人間側にも知識が必要なのです。特に、ChatGPTは基本的にPythonを使うので、Pythonを使った統計分析について一定の心得がある人はとても有利だといえます。

では、早速指示を入れていきます。指示にあたっては、加工した国勢調査データのExcelファイル（major_results_2020_tyusyutsu.xlsx）と、日本語フォントファイル（GoogleFonts：NotoSansJP-Medium.ttf）の2ファイルをアップロードしています。

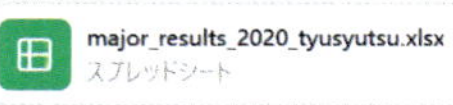

このExcelファイルのデータに対してペアプロット分析を行ってください。
添付のフォントファイルを使ってください。

結果

以下は、提供されたデータセットの数値列に基づくペアプロットです。これには、第1次産業、第2次産業、第3次産業の就業者の割合、昼夜間人口比率、そして5年間の人口増減動率の関係が示されています。
読みやすさを向上させるために、日本語のカスタムフォントがプロットに適用されています。さらにカスタマイズや分析が必要な場合は、ぜひお知らせください！

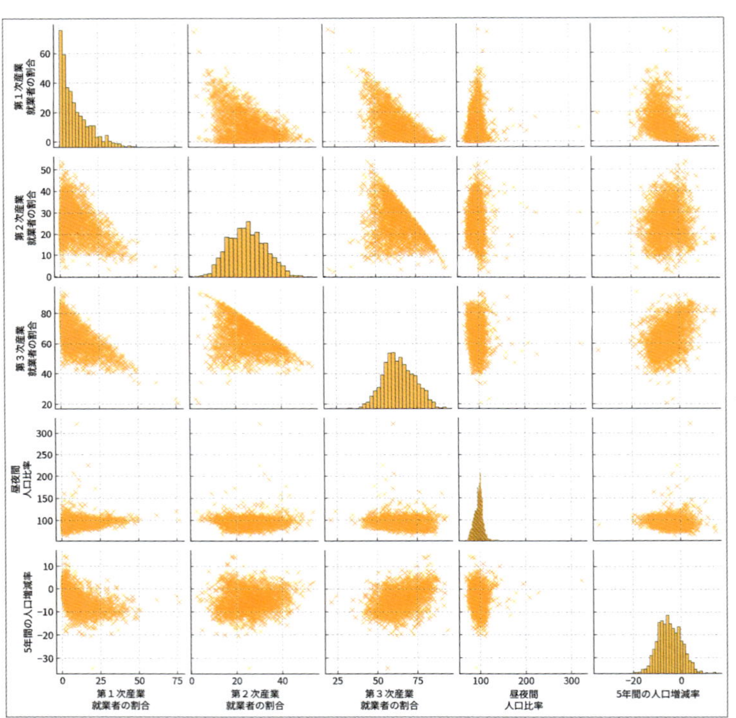


図7.7：出力結果（5年間の人口増減率、昼夜間人口率、産業別就業者の割合を分析したペアプロット図）（再掲）

これだけで、本章冒頭で紹介したグラフが出力されました（図7.7）。

本当に、一瞬で作成してくれるという印象です。なんとも、便利な世の中になったものです。

少しだけ工夫を足しましょう。

それぞれの散布図が、正の相関を持つのか、負の相関を持つのか、それを視覚的に表すために全体傾向を表す直線を1本引きます。これも、名前を知っていれば圧倒的に有利で、「回帰直線」と呼びます。

早速、ChatGPTに指示します。

プロンプト

回帰直線を加えてください。
回帰直線は、黒色で目立つようにしてください。

結果

こちらが、回帰直線を黒色にして目立たせたペアプロットです。回帰直線が他の要素よりも目立つように調整されています。その他のカスタマイズが必要でしたらお知らせください！

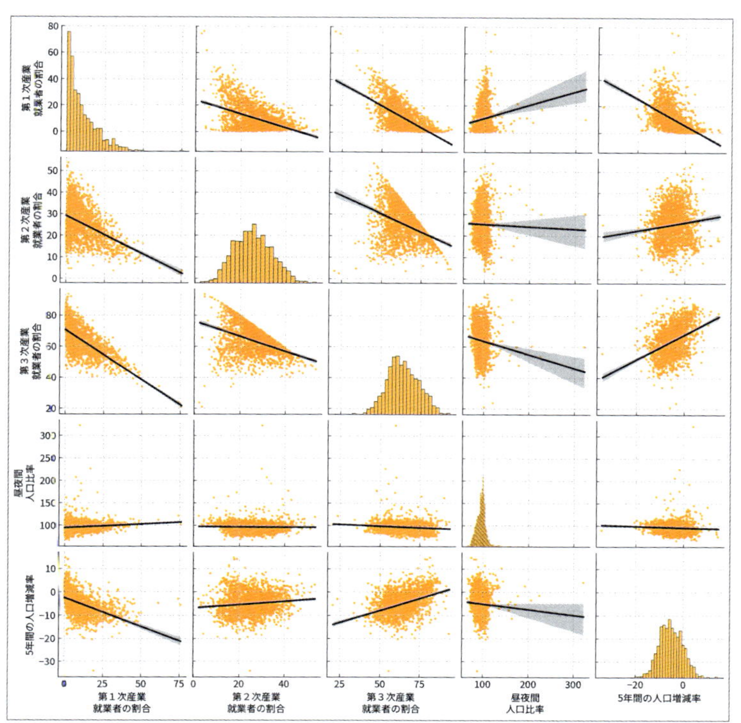


図7.8：出力結果（回帰直線を加えたペアプロット図）

これで、データ項目間の関係がいっそう読み解きやすくなりました（図7.8）。

04

# ペアプロットの分析結果を考察する

ペアプロットを使えば、多くのデータ項目の中から特定項目と関係が強いものを探すといったことが効率的に行えます。今回の題材は、「人口増減率」と関係が強いものを探すということでした。その結果を分析していきましょう。

## ペアプロットの読み取り方

この大きな図の中には、合計25個（5×5）のグラフが作成されています。5つの変数に対して、総当たり戦の試合のような形で2つの変数を選び、2つの変数の相関を示しているのです。

ほとんどのグラフは散布図となっていますが、部分的にヒストグラム（度数を表す棒グラフ）になっています。

分かりやすいように、図7.9として一番下の行だけ抜き出してみました。

この5つのグラフの縦軸は全て「5年間の人口増減率」を示しています。

そして、横軸はそれぞれ異なります。それぞれのデータの組み合わせに対して、対応するグラフを表示しているのです。

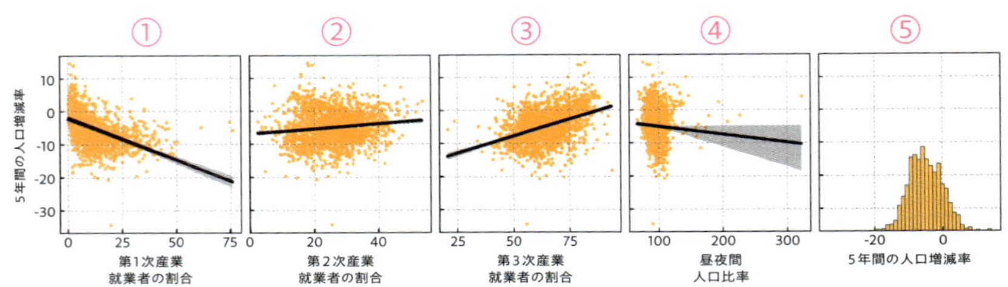


図7.9：「5年間の人口増減率」に関連した5つのグラフ

## 分析結果を考察する

ペアプロットの個々のグラフの中では、基本的に2つのデータ間の関係を調べています。正の相関や負の相関が見られるか、ほとんど見られないかという観点です。回帰直線を見るのが一番分かりやすいですが、点のばらつき具合にも注目します。回帰直線に沿う形で点が並んでいるのであれば相関が強いことが推測できますし、回帰直線から外れた点が多数あるならば相関が強くないということです。

図7.9の具体的なケースで見てみましょう。

図7.9①のグラフでは、横軸が「第1次産業就業者の割合」になっています。

大まかな傾向として、第1次産業（農業、林業、漁業）の就業者が多い自治体ほど、人口が減少している自治体が多いということが読み取れます。点のばらつきはあるので強い相関があるとまではいえませんが、これは価値のある発見です。

ただ、この分析結果は、あくまで相関の方向や強さを示しただけであり、因果関係を示すものではないことに注意が必要です。第1次産業就業者の割合を減らせば人口が増えるのかと考えると、そんなことが起こるはずはありません。あくまで現時点の結果として、第1次産業就業者が多い自治体には、人口が減っている自治体が多いということを表しています。

因果関係がないとはいえ、この結果は理解できるものではあります。第1次産業を主力としているのは都市から離れた地方の自治体が多く、過疎等の問題に悩む自治体も多く含まれていると考えられます。

図7.9②のグラフでは、横軸が「第2次産業就業者の割合」になっています。

第2次産業（鉱業、建設業、製造業）の就業者が増えても減っても、人口増減率にはほとんど影響がないことが読み取れます。

これはこれで、価値のある気付きです。

第2次産業については、人件費が安い国に工場を移転する企業が増えたため、全体としては就労人口が減っている状況です。ですので、第2次産業の比率が高い自治体は、第1次産業と同様に人口が減っている傾向にあるのではないかと予想していました。

そのような自治体も存在するのでしょうが、実際には様々な要因が複合的に絡み合っているようです。例えば、最近では高付加価値を持つ半導体工場等が内陸部の自治体に作られることも増え、工場ができることで雇用促進、人口増加という効果が生まれています。このように人口減の自治体と人口増の自治体が入り混じることで、第2次産業の比率と人口増減の関係は今回の数値だけでは見えなくなっています。

第2次産業という大きな括りではなく、ここに現れた自治体ごとの特色や基幹産業を見ていくと、もっとリアルな状況を分析できるでしょう。

図7.9③のグラフでは、横軸が「第3次産業就業者の割合」になっています。

大まかな傾向として、第3次産業（商業、金融業、外食産業・情報通信産業、各種サービス業等）の就業者が増えるほど、人口増減率は増える（人口が多くなる）ということが読み取れます。①とは逆ですね。

この結果も、因果関係を示すものではありませんが、感覚的には理解できるものとなっています。生活するための様々なサービス業が集積している都市部に人口が集中することは自然ですし、人口が多いからこそさらに多様なビジネスを呼び込めるという正の循環が回っていることが想像できます。

図7.9④のグラフでは、横軸が「昼夜間人口比率」になっています。

散布図の横軸のばらつきを見ると、100%の線よりも左側、つまり昼に人口が流出している自治体が比較的多いことが分かります。ただ、これは自治体の「数」で集計していることに起因しており、少数の大規模自治体に昼間人口が集まり、多数の周辺自治体から人口が流出しているという構造となっています。

人口増減率との関係が読み取れるのではないかと期待した指標ではありましたが、ほとんど有意な結果は得られませんでした。回帰直線自体に灰色のブレ幅が表現されている通り、この少ないデータだけで傾向を読み取ることは困難というのが実際のところでしょう。

図7.9⑤のグラフは、特殊です。

ここは、「5年間の人口増減率」という指標自体についての度数分布を表すヒストグラムとなっています。縦軸は、度数（ある範囲に該当する自治体の数）を示しています。

人口増減率が-10%から0%のあたりが中心になっているので、多くの自治体において人口増減率がマイナスであることが読み取れます。少数の人口増加自治体が存在する一方で、多数の人口減少自治体が存在するという構造を読み取ることができます。

## ソースコードを見て、算出結果の正しさを確認する

本書では、ChatGPTの出力結果をうのみにせず、自分でも再確認することを強く推奨しています。ペアプロットについても、意図通りの出力となっているか念のため確認しておきましょう。

ChatGPTが利用したソースコードを確認します（リスト7.1）。ペアプロットは外見的にはとても複雑な図に見えますが、Pythonでの命令方法はとてもシンプルです。分析対象データを変数に格納した上で、seaborn（略称sns）というデータ可視化ライブラリの、pairplotという関数（機能）を使うだけです。

ソースコードの中でも、最後のほうにsns.pairplotから始まる命令を確認できます。そのあとに続く括弧内は、回帰直線（reg）の描画や、プロットする点の大きさなど、描画にあたってのオプションを指定しています。

リスト7.1：ソースコード

```
import seaborn as sns
import matplotlib.pyplot as plt

# Selecting the relevant numeric columns for pairplot analysis
columns_for_pairplot = ['第１次産業\n就業者の割合', ➡
'第２次産業\n就業者の割合', '第３次産業\n就業者の割合', ➡
'昼夜間\n人口比率', '5年間の人口増減率']

# Set the font properties globally
plt.rcParams['font.family'] = 'Noto Sans JP'

# Create the pairplot with regression lines added
sns.pairplot(data[columns_for_pairplot], kind="reg", ➡
plot_kws={'scatter_kws': {'s': 10}})

# Display the plot
plt.show()
```

このソースコードを見ることで、余計な処理が入り込まずに意図通りの描画となっていることが確認できるのです。ソースコードを見ることはとても重要です。もしソースコードの中で分からない部分があれば、その部分の説明をChatGPTに依頼すれば詳細に解説してくれます。

例えばソースコードの下側にあるグラフ描画処理について、解説を依頼してみます。

プロンプト

sns.pairplot(data[columns_for_pairplot], kind="reg", plot_kws={'scatter_kws': {'s': 10}})
このコードを解説してください。

結果

このコードは、Seabornライブラリのpairplot関数を使用して、指定されたデータフレームの複数の列間の相関関係を可視化するためのペアプロットを作成しています。各変数の散布図や回帰線を作成することで、変数同士の関係性を理解しやすくします。以下にコードの詳細を解説します。

**1. sns.pairplot**

- sns はSeabornライブラリをインポートした際のエイリアスであり、pairplotはペアプロットを作成する関数です。ペアプロットは、指定された複数の列のペア間の相関関係を可視化するために使います。

**2. data[columns_for_pairplot]**

- data はデータフレームで、columns_for_pairplotはペアプロットを作成するために使用する列名のリストです。この部分では、データフレームから特定の列を選択しています。

**3. kind="reg"**

- kind は、ペアプロット内の各サブプロットで表示するプロットの種類を指定します。この場合、"reg" は回帰プロット（regression plot）を意味し、散布図の上に線形回帰線が描かれます。これは、変数間の線形関係を視覚的に確認するために使われます。

**4. plot_kws={'scatter_kws': {'s': 10}}**

- plot_kwsは、プロット全体の設定を行うためのオプションです。この部分では、scatter_kwsというキーワード引数を使って散布図のプロパティを指定しています。具体的には、{'s': 10} で散布図のプロット点（ドット）

のサイズを10に設定しています。

**5. scatter_kws={'s': 10}**

- scatter_kwsは、散布図の見た目をカスタマイズするために使います。ここで設定されている's': 10は、散布図の各点の大きさを小さめにするオプションです。's' は、マーカーサイズ（marker size）のパラメータです。

**結果**

このコードを実行すると、指定された列のペア間で、散布図と線形回帰線を含むペアプロットが作成されます。各ペアごとに散布図がプロットされ、データの相関関係や傾向を視覚的に確認できるようになります。

データ分析にあたっては、このようにソースコードも確認する癖を付けておきましょう。

05

# ペアプロットだけでなく、相関係数も可視化する

ペアプロットによって5つの変数間の関係を詳細に分析することができました。しかし、このグラフには、比較した2つの変数の関係の強さ（相関係数）が視覚化されていません。ペアプロットと合わせて、相関係数についても可視化することで、さらにデータへの理解を深めます。

## 相関係数マトリックスを作成する

相関係数について復習しておきましょう。このような特性を持った係数でした。

- 相関係数が1に近い：正の相関がある
- 相関係数が0に近い：ほとんど相関がない
- 相関係数が-1に近い：負の相関がある（一方の数値が増えれば、一方の数値が減る）

つまり、相関係数の絶対値が1に近いほど強い関係、0に近いほど弱い関係ということです。

この相関係数に基づいてヒートマップ形式で色を付けることで、関係が強い組み合わせを一目で分かるように可視化することができます（図7.10）。

指示をする方法は簡単です。今回は専門用語を使わずに指示しましたが、「相関マトリックス」という用語を使っても大丈夫です。

プロンプト

それぞれの相関係数をまとめる形で表を作成し、ヒートマップとして示してください。

結果

こちらが、選択された数値データ間の相関係数の表です。それぞれの変数の間の相関をまとめています。高い相関値は変数間の強い関係を示し、負の相関は逆の関係を示します。

●**第1次産業と第3次産業**: -0.65の強い負の相関
●**第3次産業と5年間の人口増減率**: 0.41の正の相関
このようにして各変数間の関係を確認できます。何か追加の分析やリクエストがあればお知らせください。

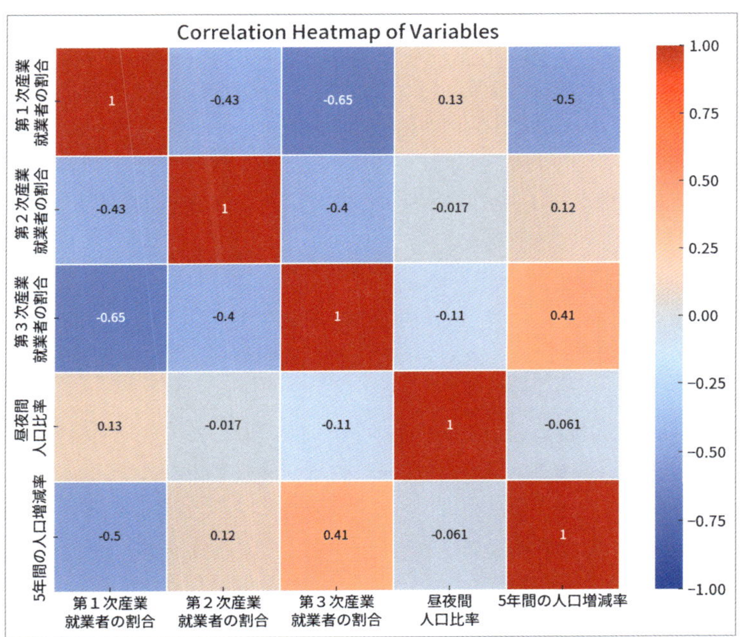

図7.10：出力結果（相関マトリックス）

## 相関マトリックスを読み解く

図7.10で一番目立つのは相関係数が1となっている赤色の部分ですが、これはマトリックスの構造上当たり前の現象です。2変数の相関を調べるにあたって、両方の変数に同じデータを入れているので、相関係数が1という結果になるのです。ここは意味がないので、無視してください。

その上で、色が濃い部分を探します。ChatGPTが分析してくれたように、2つの部分が目立ちます。

- **第１次産業と第３次産業**：-0.65の強い負の相関
- **第３次産業と５年間の人口増減率**：0.41の正の相関

前者は、考えてみれば当たり前の話です。世の中の全ての産業を３つに分類しているわけですから、一方が増えれば一方が減るという負の相関が強くなるはずです。それに、人口増減率に関係する指標でもないので、ここは読み飛ばしましょう。

大事なのは後者のほうです。今回分析対象とした中で、人口増減率と最も関係があると分析されたのは第３次産業ということです。正の相関（0.41）なので、第３次産業の比率が高い自治体は、人口が増加している自治体が多いということになります。

ペアプロットと相関マトリックスを使って、各データ間の関係の強さについて様々な考察を行うことができました。

今回はターゲットとするデータ（人口増減率）を含めて５つのデータのみで分析を行いましたが、データ種類をもっと増やして数十個のデータを分析することもできます。

例えば、「不動産取引価格」というターゲットデータに対して、「土地面積」、「建物面積」、「築年数」、「駅距離」、「部屋数」、・・・といった多数のデータとの関連を調べることもできるでしょう。

社内データであれば、部門単位の「利益率」というターゲットデータに対して、「商品種類数」、「平均在庫回転率」、「部門内社員数」、「社員平均経験年数」、「平均残業時間」、「問い合わせ発生数」、「クレーム発生数」等の様々なデータを対象に分析することで、利益率向上のための思わぬヒントが見えることがあるかもしれません。

このようにペアプロットと相関マトリックスを組み合わせることで、ビッグデータに対して分析の糸口を探し、深掘りをしていくための入口を見付け出すことができるのです。繰り返しますが、あくまで分析の糸口に過ぎません。「利益率」と「クレーム発生数」に強い負の相関が発見されたとしても、クレーム対策をすれば利益率が向上するという単純な話にはなりません。しかし、クレーム数が増える原因を細かく探ることで、利益率向上のための有効な打ち手を探し出せる可能性は高くなります。

ぜひ、手元にある様々なデータに対して、これらの分析手法を適用することを検討してみてください。

Chapter

8

# Web情報の自動取得による可視化を学ぶ

ChatGPTを使えば、手元にある情報だけでなく、
Webで公開されている情報を
APIやスクレイピングによって自動取得してデータに加えることもできます。
例えば、手元データの1つ1つに対して
Wikipediaの検索によって緯度と経度を取得し、
その位置を地図に可視化することもできるのです。
火山の一覧を題材にして、その手順を見ていきましょう。

01

# Web情報を取得する

ChatGPTは、公開初期の頃はWeb情報を使うことができなかったのですが、最近ではWeb情報を自動的に調べられるようになっています。まずは、基本的な動作について確認しておきましょう。

## 指示内容に応じて、自動的にWeb情報を調べてくれる

ChatGPTが知識として持っていないことを尋ねた場合は、Webの情報を自動的に検索してくれます。このような形です。

プロンプト

日本の火山でランクAとなっている山を挙げてください。

結果

日本では、火山の活動度に基づき、活火山をランクA、B、Cに分類しています。ランクAは、過去100年間に頻繁に噴火活動を繰り返している火山に指定されます。具体的なランクAの火山は以下の13山です：

- **十勝岳**（北海道）
- **樽前山**（北海道）
- **有珠山**（北海道）
- **北海道駒ヶ岳**（北海道）
- **浅間山**（群馬県・長野県）
- **伊豆大島**（東京都）
- **三宅島**（東京都）
- **伊豆鳥島**（東京都）
- **阿蘇山**（熊本県）
- **雲仙岳**（長崎県）
- **桜島**（鹿児島県）
- **硫黄島**（鹿児島県）
- **諏訪之瀬島**（鹿児島県）

ウィキペディア

情報源 W

この例では、「日本の火山でランクAとなっている山」という事前知識をChatGPTは持っていなかったので、Wikipediaの記事を調べた上で結果を回答してくれました。Webを検索していますが、回答にかかる時間は数秒程度です。

Webの情報を検索した際には、回答の末尾に情報源が示されます。その情報源をクリックすることで、図8.1のように引用元のWebサイトへのリンクや概要が示されますし、関連する情報として他の検索結果も示されます。もちろん、調査するWebサイトはWikipediaに限られるわけではなく、テーマに応じて最適なWebサイトが選択されます。複数のWebサイトを調べて、その結果をまとめるということもあります。

図8.1：ChatGPTの画面（回答作成時に引用した情報へのリンク）

## Web情報を調べないこともある

逆に、ChatGPTがもともと知識として持っていることを尋ねた場合は、Webを検索することなく即座に回答が示されます。同じ火山の話でも、もう少し簡単な内容にするとChatGPTの知識範囲内になるようです。

プロンプト

世界の火山の中で、最も標高が高い山を教えてください。

結果

世界で最も標高が高い火山は、**オホス・デル・サラード山**（Ojos del Salado）です。標高は約 **6,893 メートル** で、チリとアルゼンチンの国境に位置しています。この火山は、南アメリカのアンデス山脈にあり、活火山としても知られていますが、最後の噴火は記録されておらず、現在は休止状態です。オホス・デル・サラードは、標高において世界の活火山の中で最も高いとされています。

## 特定のWebサイトを指定して検索させることもできる

Web情報を調べるかどうかはChatGPTが自動的に判断しているのですが、こちらから明示的に指定することもできます。「Wikipediaを調べて」と指示するだけです。

プロンプト

世界の火山の中で、最も標高が高い山を教えてください。Wikipediaを調べて、回答してください。

結果

世界の火山の中で最も標高が高いのは、アルゼンチンとチリの国境に位置するオホス・デル・サラード（Ojos del Salado）で、標高は6,893メートルです。（ウィキペディア）

この山はアンデス山脈に属する成層火山で、南米で2番目に高い山でもあります。（ウィキペディア）

この回答例では、Wikipediaの2つの記事を調べて回答を作成しています（図8.2）。

前者は「オホス・デル・サラード」、後者は「火山七大陸最高峰」の記事から抽出されています。前者のWikipedia記事には「西半球および南半球で二番目に高い」という情報しかないのですが、後者のWikipedia記事に「南米で2番目に高い山」という情報があるのでそちらを引用したようです。直接的な検索結果だけでなく間接的な検索結果も示してくれるので、なかなか高精度な調査を行ってくれるという印象です。

オホス・デル・サラード

文A 68の言語版

ページ　ノート　　閲覧　編集　履歴表示　ツール

座標: 南緯27度06分35秒 西経68度32分29秒

出典: フリー百科事典『ウィキペディア（Wikipedia）』

**オホス・デル・サラード**（スペイン語: Ojos del Salado）は、アルゼンチンとチリの国境に位置するチリ最高峰で、西半球および南半球で二番目に高い。アンデス山脈の成層火山で、標高6893mは世界で最も高い活火山となる。西半球最高峰である6962mのアルゼンチンのアコンカグアの約600km北にある。

アタカマ砂漠に近いため非常に乾燥しており、冠雪はふつう冬の山頂部にしかみられないが、激しい嵐が起こると夏でも数十センチの雪が積もることがある。一般的に乾いた気象条件であるにもかかわらず、東部の6390m地点には直径100m近くの一年を通して涸れない火山湖がある[3]。世界で最も高所にある湖とみられる。

登頂は、ロープを必要とするような難しいスクランブリング地点のある山頂部を除けば、ほぼハイキングの要領で行ける。1937年、ポーランドのアンデス探検隊のヤン・アルフレッド・シュチェパニスキとユスティン・ヴォイシュニスが初登頂に成功した。

山名は、氷河にある巨大な塩坑に由来する[4]。

火山活動 [編集]

オホス・デル・サラードが近年活発な火山であることは疑いないが、現在も（あるいは歴史的に）活発かどうかという問題は議論の余地がある。スミソニアン博物館の世界火

オホス・デル・サラード

最高地点

| | |
|---|---|
| 標高 | 6,893 m (22,615 ft) [1] |
| プロミネンス | 3,688 m (12,100 ft) [1]<br>43位 |
| 総称 | 火山七大陸最高峰<br>セブン・セカンド・サミット<br>国内最高峰<br>ウルトラ・プロミネント峰 |
| 座標 | 南緯27度06分35秒<br>西経68度32分29秒 |

図8.2：「オホス・デル・サラード」の説明

出典 Wikipedia

URL https://ja.wikipedia.org/wiki/オホス・デル・サラード

02

# 単一の火山の情報をスクレイピングで取得する（Python）

ChatGPTは、人間と同じようにWebを検索して回答を返すという動作をしますが、その裏ではプログラムが自動実行されています。単純な質問であればWeb検索の結果からChatGPTが回答を直接作りますが、複雑な質問に対してはスクレイピングやAPIという手法を使って目的とする情報を取り出します。
火山の情報をWikipediaから取得する例で、その裏側の動作を確認しましょう。

## スクレイピングによる情報取得

スクレイピングという言葉をご存じでしょうか。scraping（こする、削る）という英語が語源であり、Webサイトの情報から余計なものを除去し、欲しい情報だけを自動的に取得する技術のことです。

例えば、商品販売サイトの情報をスクレイピングして、全商品の価格情報を1時間単位で一覧表にまとめるということができます。人手を使うと、それぞれのWebページを開いて必要箇所をコピーしてExcelに貼り付けるという動作を何百回、何千回と繰り返す必要があるのですが、スクレイピング処理であれば一度作ったプログラムを自動で連続実行できるので、ほとんど手間がかからなくなります。

ただし、スクレイピングには問題点もあります。短時間に多数の情報へアクセスすることで発信元のWebサーバに負荷をかけてしまい、最悪の場合にはシステム障害を誘発することもあります。また、発信元が広告収入を期待して公開しているデータを、広告を見ずにデータだけを抜き取ることになるので、ビジネスモデルが成り立たなくなるという問題もあります。このような理由から、最近ではスクレイピングを禁止しているWebサイトも多くなっています。

今回の題材にはWikipediaを使います。Wikipediaはスクレイピングそのものを全面禁止しているわけではありませんが、「記事を大量にダウンロードするためにクローラを使わないでください」（※）としています。クローラとは、時間を指定してダウンロード処理を繰り返すためのプログラムのことです。

今回の処理では、まずWikipediaの1つの記事についてだけ情報取得を行います（ChatGPTが裏でスクレイピングを使っていますが、クローラには該当しません）。その上で、スクレイピングのような負荷をかける処理ではなく、別の方法（API）へと変更していきます。
※https://ja.wikipedia.org/wiki/Wikipedia:データベースダウンロード

## スクレイピング処理を実行する

スクレイピングを実行しているといっても、利用者がそれを意識することはほとんどありません。ChatGPTが自動的にWebの情報を検索し、その中から目的に合った情報だけを取り出しているのです。
「十勝岳」を調べる処理を題材として、詳細に見てみましょう。

プロンプト

このURLから、十勝岳について以下の情報を調べてください。
- 山名
- 概要
- 標高
- 北緯
- 東経

https://ja.wikipedia.org/wiki/十勝岳

結果

ご依頼の情報を以下にまとめました。
**山名**: 十勝岳（とかちだけ）
**概要**: 十勝岳は北海道の中央部、上川総合振興局の美瑛町と上富良野町、十勝総合振興局の新得町にまたがる活火山です。大雪山国立公園内の十勝岳連峰の主峰であり、日本百名山にも選定されています。
**標高**: 2,077メートル
**北緯**: 43度25分05秒
**東経**: 142度41分11秒
山頂付近では噴煙が上がり、火山灰に覆われていることがあります。登山道や周辺の施設については、最新の情報を確認してから訪れることをオススメします。

このように、日本語で的確に回答が返ってきました。

実はこの処理の裏側で、Pythonによるスクレイピング処理が使われています。その内容を見るには、ChatGPTに対して「ソースコードを表示してください。」と指示します。

ソースコードの全体は、章末の「リスト8.9：ソースコード1（スクレイピングで火山情報を取得）」に記載しています。

要点のみ、ここで見ていきます（リスト8.1）。

リスト8.1：ソースコード解説①

```
from bs4 import BeautifulSoup
```

PythonでスクレイピングをI行う際に多用されるのが、このBeautifulSoupというライブラリです。コードの先頭で、このライブラリを読み込んでいます（リスト8.2）。

リスト8.2：ソースコード解説②

```
# 北緯・東経 (infoboxから緯度経度を取得)
lat = soup.find('span', {'class': 'latitude'})
lon = soup.find('span', {'class': 'longitude'})
```

ここで、Wikipediaの「十勝岳」に関する膨大な情報の中から、北緯と東経にあたる情報を抽出しています。2行目を日本語で説明すると、「spanタグを探して、そのタグで囲まれている中でclassがlatitudeになっている部分の情報を、latという変数に入れる」という意味になります。

実際に、Wikipediaのページの中では、右側に主要情報をまと

| 標高 | 2,077[1] m |
|---|---|
| 所在地 | 日本 北海道<br>上川総合振興局美瑛町・上富良野町、<br>十勝総合振興局新得町 |
| 位置 | 北緯43度25分05秒<br>東経142度41分11秒[2] |
| 山系 | 石狩山地（十勝岳連峰） |
| 種類 | 成層火山・活火山（ランクA）・火山群 |

図8.3：「十勝岳」の主要情報

出典 Wikipedia
URL https://ja.wikipedia.org/wiki/十勝岳

めた表（図8.3）があり、ここに北緯と東経の情報があります。

Wikipediaのhtmlファイルの中で、この表示に該当する部分はこうなっています（リスト8.3）。

リスト8.3：ソースコード解説③

```
<span class="latitude">北緯43度25分05秒</span>
<span class="longitude">東経142度41分11秒</span>
```

つまり、class="latitude" となっている部分を探せば、そこに北緯の情報が載っているということです。ChatGPTはこのことを自動的に分析した上で、先ほどのスクレイピングのプログラミングを行っていたのです。本当に素晴らしい能力だと感じます。

まずは「十勝岳」のWikipediaページを分析しましたが、「樽前山」、「有珠山」等の他の火山でも北緯や東経の情報が全く同じ構造で整理されていることが期待できます。そのため、一度作ったスクレイピング処理を連続実行することで、他の火山についても情報抽出を行うことができるのです。

ここまで分かれば、早速ChatGPTに指示を出したくなります。おそらく、「十勝岳だけでなく他の火山も対象にして、取得した情報を一覧表にする」ということをChatGPTに指示すれば、指示通りに作成してくれるでしょう。

ただ、スクレイピングは比較的重たい処理です。対象となるWebページの全てをダウンロードした上で、必要な部分だけを抽出します。身近な例でたとえると、3粒のドングリを集めるために山から1本の木を丸ごと引っこ抜いてきて、3粒のドングリ以外は捨て去るようなイメージです。データ処理にはコストがほぼかからないので無視されがちなポイントですが、かなり非効率な処理ですね。また、この処理を繰り返すと、Wikipediaに短時間で集中アクセスをすることになるため、推奨できる手順ではありません。

一方で、WikipediaにはAPIによるデータ連携という手法も用意されています。先ほどの例にならうと、山に生えている木はそのままに、必要となるドングリだけを選んで持ってくるという方法です。データ送信側と受信側の双方にとって軽い処理ですし、連続的にデータ取得を行う場合に推奨される方法です。

このAPIによる方法を見ていきましょう。

03

# 複数の火山の情報をAPI経由で取得する（JavaScript）

Web上で公開されている情報は、基本的に見た目の分かりやすさを重視したHTMLファイルとして用意されていますが、用途に応じて様々なファイル形式やデータ連携方法が用意されています。特に、APIを使った方法はデータ連携をとても効率的に実施できる方法です。
ChatGPTを使って、APIでのデータ連携を実装します。

## 1つの火山情報をAPIで取得する

API（Application Programming Interface）とは、データをやり取りするための仕組みを提供するものです。まず、データ受信側が、欲しいデータの種類を細かく指定して送信します。そのリクエストを受けると、データ送信側が必要な情報を階層的に整理した形（JSON形式等）にして送信します。このように、APIは必要な情報だけをシンプルに送受信できる仕組みとなっています。

実例で見るほうが分かりやすいので、早速手を動かしてみましょう。

プロンプトは先ほどからの続きです。既にスクレイピングのプログラムを作っていることを前提に、APIを使ってデータ連携するように改修します。また、PythonのままAPIを使うことも技術的には可能なのですが、ChatGPTのPython環境ではWebの情報に直接アクセスすることができないため、Python動作環境を別に用意する手間がかかります。そのため、JavaScriptを含めたHTMLファイルとしてプログラム一式を作成してもらい、そのプログラムを自分のPCのブラウザ上で動作させることにします。

プロンプト

Wikipedia のAPIから情報を取得するようにしてください。
Pythonを使わず、JavaScriptを含めた単一のHTMLファイルとして作成してください。
そのHTMLファイルをダウンロードできるようにしてください。

⬇ 結果

単一のHTMLファイルを作成しました。このファイルは、WikipediaのAPIから「十勝岳」の情報を取得するためのJavaScriptを含んでいます。
以下のリンクからダウンロードできます：
TokachiDakeInfo.htmlをダウンロード

指示はとても簡単ですね。プログラムの内容（山名、概要などを取得する）部分は指示済なので、実装方法の変更点だけを指示しました。

APIについてのソースコードを解説する前に、まずは実行結果を確認しましょう。

ダウンロードしたHTMLファイルをダブルクリックして開くと、ブラウザ上で画面が表示されます。

最初の画面（図8.4）はとてもシンプルです。ここで、「情報を取得する」というボタンを押すことでデータ連携のJavaScriptが動作するようになっています。

図8.4：生成されたHTMLファイル（初期画面）

ボタンを押してみます。すると、1秒もかからないほどで情報取得が完了し画面が更新されます（図8.5）。元のWikipediaの情報と比較しても、正確に記載内容が反映されています。

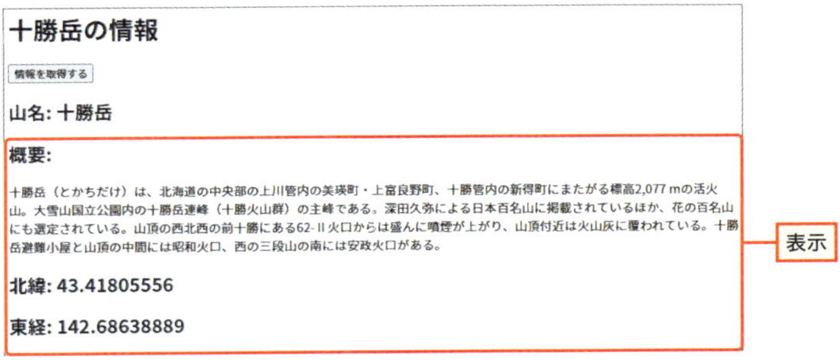

図8.5：生成されたHTMLファイル（情報取得後）

なお、北緯と東経については小数点以下の数値が異なっているのですが、これは60進数を10進数に変換したことによるものです。緯度や経度情報については、「度」の部分は整数として共通ですが、「分」と「秒」については2つの記法があります。Wikipediaのように「43度25分05秒」と分や秒を明記している場合は60進数になっていますが、ChatGPTの回答のように「43.418・・・」と小数値として書く場合は10進数となっています。分かりにくい点ですが、ここはChatGPTの誤りではありません。

また、よく見るとここで「標高」の情報が失われています。筆者が試行錯誤した過程でのソースコードを調べると、「# 標高は通常、概要に含まれているため、後ほど検索可能」というコメントによって標高の情報取得処理が消えていました。確かに概要欄には標高の情報もあるのですが、余計なお世話をしてくれたものです。ただ、今後の処理に影響しないので、このまま進めることにします。

今度は、動作の裏側を見てみましょう。本当にスクレイピングからAPIに変更されているでしょうか。

ChatGPTに指示してソースコードを表示します。全体のソースコードは章末に記載していますが、要点のみを解説します。

ソースコードの全体は、章末の「**リスト8.9**：ソースコード2（火山情報のAPI取得）」に掲載しています。

**リスト8.4**：ソースコード解説①

```
const url = "https://ja.wikipedia.org/w/api.php";
const params = {
    action: "query",
    prop: "extracts|coordinates|pageprops",
    titles: "十勝岳",
    format: "json",
    exintro: true,
    explaintext: true,
    origin: "*"
};
```

ここでは、APIリクエスト（API経由で取得したいデータの内容）を定義しています（リスト8.4）。

urlという定数にWikipediaのAPIのURLを指定し、paramsという定数（パラメータ）に取得したい情報内容を設定しています。主要な内容はprop（プロパティ）欄にある情報です。Wikipedia記事の中の要約（extracts）、座標（coordinates）、ページプロパティ（pageprops）を指しています。座標の中に、北緯や東経の情報が含まれています。

リスト8.5：ソースコード解説②

```
fetch(url + "?" + new URLSearchParams(params))
```

JavaScriptのfetch関数を使って、先ほど設定したパラメータ（params）の情報を取得しています（リスト8.5）。

このように事前に欲しい情報を細かく設定しておくことで、必要最小限の情報だけをAPIで取得することができるのです。また、データ送信側であらかじめデータ構造を体系化しているので、データ受信側は要約（extracts）、座標（coordinates）等の簡単な指示だけで、目的とするデータを指し示すことができます。このような点が、APIを使う大きなメリットです。

## 複数の火山情報をAPIで取得する

API経由での連携であれば、複数のデータを連続取得しても問題が発生することは少ないでしょう。

もちろんAPIの提供元によって条件は様々なので、一定時間内のAPIアクセス数が限定されていたり、APIアクセスに対して課金されることもありますので、注意が必要です。WikipediaのAPIについては、そのような制約は特に設けられていませんが、大きな負荷をかけないように常識の範囲内で注意しましょう。

ChatGPTへの指示は今回も簡単です。1つの火山だけでなく、ランクAとなっている13の火山名を列挙する形で情報を取得し、一覧表形式にすることを指示します。

プロンプト

以下の火山全てについて、同様の情報取得を行えるようにプログラムを改修してください。
全ての火山の情報を、一覧表形式で一括して取得できるようにしてください。

- **十勝岳**（北海道）
- **樽前山**（北海道）
- **有珠山**（北海道）
- **北海道駒ヶ岳**（北海道）
- **浅間山**（群馬県・長野県）
- **伊豆大島**（東京都）
- **三宅島**（東京都）
- **伊豆鳥島**（東京都）
- **阿蘇山**（熊本県）
- **雲仙岳**（長崎県）
- **桜島**（鹿児島県）
- **硫黄島**（鹿児島県）
- **諏訪之瀬島**（鹿児島県）

結果

全ての火山の情報を一覧表形式で一括して取得できるようにプログラムを改修しました。このファイルを使用すると、ボタンをクリックすることで、全ての火山の情報を一括して表に表示します。
以下のリンクからダウンロードできます：
火山情報一覧HTMLファイルをダウンロード

ダウンロードしたHTMLファイル（本書では「wikipedia_all_volcanoes.html」となりました）を、先ほどと同様にブラウザで開きます。

初期画面（図8.6）はボタンが1つ配置されていることなど前回と似たような画面ですが、ボタンを押したあとの画面（図8.7）では13の火山全てについて情報が取得されています。全ての情報が、1秒かからないほど瞬時に表示されました。情報取得のレスポンスが速いというのも、APIのメリットの1つです。

# 火山情報一覧

全ての火山情報を取得する　クリック

| 山名 | 概要 | 北緯 | 東経 |
|---|---|---|---|

図8.6：一覧を取得できるHTMLファイル（初期画面）

# 火山情報一覧

全ての火山情報を取得する

表示

| 山名 | 概要 | 北緯 | 東経 |
|---|---|---|---|
| 雲仙岳 | 雲仙岳（うんぜんだけ）は、長崎県の島原半島中央部にそびえる火山。半島中央部にある20以上の山々の総称であり、山体の中心部は半島の中央を東西に横断する雲仙地溝内にある。火山学上は「雲仙火山」といい、広義では東の眉山から西の猿葉山までの山々を含む。山容は複雑で、三岳五峰、八葉、二十四峰、三十六峰など数字を用いた様々な呼称があった。1934年（昭和9年）に日本で最初の国立公園として雲仙国立公園（のちの雲仙天草国立公園）が指定された。行政区分では島原市、南島原市、雲仙市にまたがる。 現代でも火山活動が続いており、1991年（平成3年）5月から1996年（平成8年）5月に9432回の火砕流が観測された。特に1991年6月に発生した大規模火砕流では43人、1993年（平成5年）6月の火砕流でも1人が死亡し、慰霊活動が行われている。被災家屋は251棟、経済被害は約2300億円に達した。 | 32.76138889 | 130.29888889 |
| 桜島 | 桜島（さくらじま）は、日本の九州南部、鹿児島県の鹿児島湾（錦江湾）北部に位置する東西約12km、南北約10 km、周囲約55 km、面積約77 km2の火山。鹿児島県指定名勝。 かつては、名前の通り島だったが、1914年（大正3年）の大正大噴火により、鹿児島湾東岸の大隅半島と陸続きになった。 | 31.58861111 | 130.65472222 |
| 阿蘇山 | 阿蘇山（あそさん、あそざん）は、日本の九州中央部、熊本県阿蘇地方に位置する火山。カルデラを伴う大型の複成火山であり、活火山である。 阿蘇火山は、カルデラと中央火口丘で構成され、高岳、中岳、根子岳、烏帽子岳、杵島岳が阿蘇五岳と呼ばれている。 最高点は高岳の標高1592m。カルデラは南北25km、東西18kmに及び（屈斜路湖に次いで日本では第2位）面積380km2と広大である。 2007年、日本の地質百選に「阿蘇」として選定された。2009年（平成21年）10月には、カルデラ内外の地域で、巨大噴火の歴史と生きた火口を体感できる「阿蘇ジオパーク」として日本ジオパーク、世界ジオパークに認定されている。「日本百名山」の一座としても取り上げられている。また、阿蘇くじゅう国立公園にも含まれる。 | 32.38416667 | 131.10388889 |

図8.7：一覧を取得できるHTMLファイル（情報取得後）

これで、Web情報の自動取得についての解説は一通り完了しました。

取得したデータの中には、一部に情報が取得できなかったものがありましたが、Wikipedia上での名前が違う（「伊豆鳥島」という表記と、「鳥島（八丈支庁)」という表記のずれ）等の個別理由によるものなので仕方がありません。以降の可視化作業については、これらのデータを除いた形で処理を続けます。なおデータは「VolcanoinfoList.xlsx」としてExcelファイルで保存しました。

04

# 火山の情報を地図で可視化する

北緯と東経の情報を取得したのは、地図上での可視化を行うためでした。この情報さえあれば、驚くほど簡単に各拠点をプロットした地図を作成することができます。また、地図上のマーカーをクリックした時に、山名や概要等の説明を表示させることもできます。
実際の手順を見てみましょう。

## JavaScriptの実行結果を、ChatGPTに読み込ませる

先ほどのWikipediaから火山の情報を抽出する処理は、JavaScriptで書かれています。この情報を使って地図を描くのですが、ChatGPTはJavaScriptを直接実行できないので、人間による間接的な作業を挟む必要があります。具体的には、いったん自身のPC（ブラウザ）で処理を実行して火山情報を抽出した上で、結果をExcelに貼り付けて保存しておきます。そのExcelファイルをChatGPTに読み込ませることで、さらにデータ分析を進めるのです。

一手間かかる形ではありますが、その労力に十分に見合う、分かりやすく美しい地図を作成することができます。

既に、先ほどまでの手順で火山一覧（山名、概要、北緯、東経）を入手しExcelファイルにしたので、VolcanoinfoList.xlsxをChatGPTにアップロードします。地図を作成する方法はとても簡単で、「日本地図に場所をプロットしたHTMLファイルを作成して」と指示するだけです。

プロンプト

VolcanoInfoList.xlsx
スプレッドシート

Excelファイルは、先ほどのプログラムで取得した火山一覧です。
この北緯と統計の情報を基に、日本地図に場所をプロットしたHTMLファイルをOpenStreetMapを利用して作成してください。

結果

日本の火山を地図にプロットしたHTMLファイルを作成しました。以下のリンクからダウンロードできます。このファイルをブラウザで開くと、各火山の場所が日本地図上にプロットされ、クリックで概要が表示されます。
日本の火山マップ（OpenStreetMap）HTMLファイルをダウンロード

## 作成された地図を確認する

ダウンロードしたHTMLファイル（本書では「volcano_map.html」となりました）を開くと、最初から地図が表示されます（図8.8）。

火山の場所も正確にプロットされています。

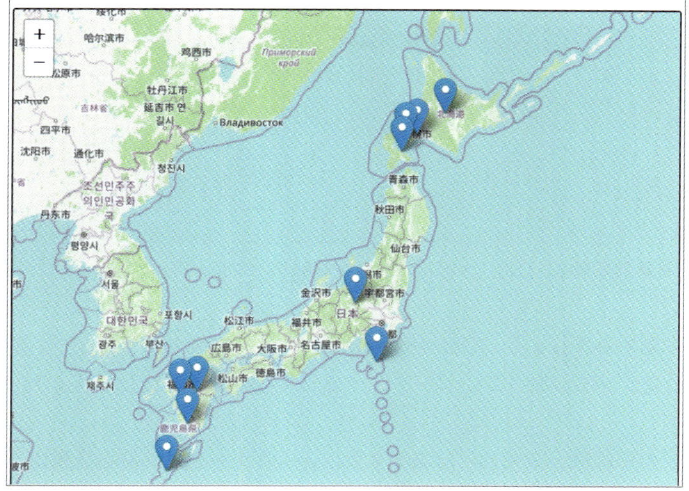


図8.8：生成された地図情報のHTMLファイル（初期画面）

この地図は、OpenStreetMapというサービスを使用しています。

OpenStreetMapはオープンデータの地図で、数千人の個人や各国の地図作成機関等が協力者として参加しており、Open Database Licenseの下で利用可能となっています（URL https://www.openstreetmap.org/copyright）。

もちろん、地図の拡大・縮小や移動もスムーズに行えます。

また、地図上のマーカーをクリックすると、山名や概要等が表示されます（図8.9）。

このようなマーカー表示の詳細な動作はプロンプトで全く指示していないのですが、ChatGPTが自動的に判断して機能を付け加えています。ChatGPTは不要なおせっかいを焼くこともありますが、今回は非常に優秀なプログラマーとして働いてくれました。

図8.9：生成された地図情報のHTMLファイル（マーカーのクリック後）

動作の裏側も見てみましょう。OpenStreetMapのサービスを使うことで、地図を自由自在に動かせる素晴らしいコンテンツを簡潔な命令で実現しています。

ソースコードの全体は、章末の「リスト8.9：ソースコード3（火山情報の地図プロット）」に記載しています。

リスト8.6：ソースコード解説①

```
// 地図を作成
var map = L.map('map').setView([35.0, 137.0], 5);  ➡
```

```
    // 日本全体を表示する位置

    // OSMタイルレイヤーを追加
    L.tileLayer('https://{s}.tile.openstreetmap.org/{z}/{x}/{y}.png', ➡
    {…中略…}).addTo(map);
```

リスト8.6の部分は、地図そのものを作成する処理です。

初期値の場所（北緯35度、東経137度という日本の中心付近）や、ズームレベル5（拡大の度合い）を設定することで、日本全体が見えるような位置に設定しています。

地図の画像は細かな単位（タイル）に分かれています。ソースコード内の{z}、{x}、{y}が、ズームレベル、X座標、Y座標を表していて、ユーザーが地図を動かすとこの数値が変化し、該当するタイル情報に張り替えるという処理を行っています。

リスト8.7：ソースコード解説②

```
var volcanoes = [
    {
        name: "雲仙岳",
        lat: 32.76138889,
        lon: 130.29888889,
        description: "雲仙岳（うんぜんだけ）は、長崎県の島原半島中➡
央部にそびえる火山。・・・"
    },
```

リスト8.7が、1つ1つの火山の情報をインプットしている部分です。Excelファイルでアップロードした内容を、地図に表示できる形式に変換して列挙しています。

ここに山名（name）や概要（description）があることで、地図上のマーカーをクリックした時に説明が表示されるようになります。

## Web情報を活用すると視野が大きく広がる

今回の分析ではWeb情報を駆使しました（リスト8.8、リスト8.9、リスト8.10）。

火山の概要、緯度、経度などを取得するのに、スクレイピングやAPIといった手法を使いました。

また、火山を地図上で可視化するために、OpenStreetMapの仕組みを活用しました。

もともとは火山名称を羅列したデータしか手元になかったのに、これらのWeb情報を使うことでデータ内容を大幅に拡充し、分かりやすい視覚化を行うことができたのです。

活用範囲はWikipediaやOpenStreetMapだけではありません。これはあくまで実装の一例に過ぎず、あなたの発想とアイデア次第で様々な情報を組み合わせることができるはずです。ChatGPTはその作業を強力に支援してくれます。ぜひ、この信頼できる相棒を使いこなしてください。

**リスト8.8：**ソースコード1（スクレイピングで火山情報を取得）

```
import requests
from bs4 import BeautifulSoup

# WikipediaのURL
url = 'https://ja.wikipedia.org/wiki/%E5%8D%81%E5%8B%9D%E5%B2%B3'

# ページを取得
response = requests.get(url)
soup = BeautifulSoup(response.text, 'html.parser')

# 必要な情報を抽出する
def extract_info(soup):
    info = {}
```

```
    # 山名
    info['山名'] = soup.find('h1', {'id': 'firstHeading'}).text

    # 概要（最初の段落を取得）
    info['概要'] = soup.find('div',➡
{'class': 'mw-parser-output'}).find('p').text.strip()

    # 標高（infoboxから標高を取得）
    infobox = soup.find('table', {'class': 'infobox'})
    if infobox:
        rows = infobox.find_all('tr')
        for row in rows:
            th = row.find('th')
            td = row.find('td')
            if th and '標高' in th.text:
                info['標高'] = td.text.strip()

    # 北緯・東経（infoboxから緯度経度を取得）
    lat = soup.find('span', {'class': 'latitude'})
    lon = soup.find('span', {'class': 'longitude'})
    if lat and lon:
        info['北緯'] = lat.text
        info['東経'] = lon.text

    return info

# 情報を取得して表示
mountain_info = extract_info(soup)
for key, value in mountain_info.items():
    print(f"{key}: {value}")
```

リスト8.9：ソースコード2（火山情報のAPI取得）、TokachiDakeInfo.html

```
<!DOCTYPE html>
<html lang="ja">
<head>
    <meta charset="UTF-8">
    <meta name="viewport" content="width=device-width, ➡
initial-scale=1.0">
    <title>Wikipedia API Example</title>
</head>
<body>
    <h1>十勝岳の情報</h1>
    <button id="fetchDataBtn">情報を取得する</button>

    <h2>山名: <span id="mountainName"></span></h2>
    <h2>概要:</h2>
    <p id="summary"></p>
    <h2>北緯: <span id="latitude"></span></h2>
    <h2>東経: <span id="longitude"></span></h2>

    <script>
        document.getElementById('fetchDataBtn').addEventListener➡
('click', function() {
            const url = "https://ja.wikipedia.org/w/api.php";
            const params = {
                action: "query",
                prop: "extracts|coordinates|pageprops",
                titles: "十勝岳",
                format: "json",
                exintro: true,
                explaintext: true,
                origin: "*"
            };

            fetch(url + "?" + new URLSearchParams(params))
```

```
                .then(response => response.json())
                .then(data => {
                    const pages = data.query.pages;
                    for (let pageId in pages) {
                        if (pages.hasOwnProperty(pageId)) {
                            const pageData = pages[pageId];
                            document.getElementById➡
('mountainName').textContent = pageData.title;
                            document.getElementById➡
('summary').textContent = pageData.extract;

                            if (pageData.coordinates && ➡
pageData.coordinates.length > 0) {
                                document.getElementById➡
('latitude').textContent = pageData.coordinates[0].lat;
                                document.getElementById➡
('longitude').textContent = pageData.coordinates[0].lon;
                            } else {
                                document.getElementById➡
('latitude').textContent = "データなし";
                                document.getElementById➡
('longitude').textContent = "データなし";
                            }
                        }
                    }
                })
                .catch(error => console.error➡
("エラーが発生しました:", error));
        });
    </script>
</body>
</html>
```

リスト8.10：ソースコード3（火山情報の地図プロット）、volcano_map.html

```
<!DOCTYPE html>
<html lang="ja">
<head>
    <meta charset="UTF-8">
    <meta name="viewport" content="width=device-width, ➡
initial-scale=1.0">
    <title>日本の火山地図</title>
    <link rel="stylesheet" href="https://unpkg.com/leaflet/dist/➡
leaflet.css" />
    <script src="https://unpkg.com/leaflet/dist/leaflet.js">➡
</script>
    <style>
        #map {
            height: 600px;
            width: 100%;
        }
    </style>
</head>
<body>
    <h1>日本の火山の位置</h1>
    <div id="map"></div>

    <script>
        // 地図を作成
        var map = L.map('map').setView([35.0, 137.0], 5);  ➡
// 日本全体を表示する位置

        // OSMタイルレイヤーを追加
        L.tileLayer('https://{s}.tile.openstreetmap.org/{z}/{x}/➡
{y}.png', {
            attribution: '&copy; <a href="https://www.➡
openstreetmap.org/copyright">OpenStreetMap</a> contributors'
        }).addTo(map);
```

```
        // 火山のデータをマップにプロット
        var volcanoes = [
            {
                name: "雲仙岳",
                lat: 32.76138889,
                lon: 130.29888889,
                description: "雲仙岳（うんぜんだけ）は、長崎県の島➡
原半島中央部にそびえる火山。半島中央部にある20以上の山々の総称であ➡
り、山体の中心部は半島の中央を東西に横断する雲仙地溝内にある。火山➡
学上は「雲仙火山」といい、広義では東の眉山から西の猿葉山までの山々➡
を含む。山容は複雑で、三岳五峰、八葉、二十四峰、三十六峰など数字を➡
用いた様々な呼称があった。1934年（昭和9年）に日本で最初の国立公園と➡
して雲仙国立公園（のちの雲仙天草国立公園）が指定された。行政区分で➡
は島原市、南島原市、雲仙市にまたがる。 現代でも火山活動が続いてお➡
り、1991年（平成3年）5月から1996年（平成8年）5月に9432回の火砕流が➡
観測された。特に1991年6月に発生した大規模火砕流では43人、1993年➡
（平成5年）6月の火砕流でも1人が死亡し、慰霊活動が行われている。➡
被災家屋は251棟、経済被害は約2300億円に達した。"
            },

（…中略：同じように火山情報の繰り返し…）

        ];

        volcanoes.forEach(function(volcano) {
            L.marker([volcano.lat, volcano.lon]).addTo(map)
                .bindPopup("<b>" + volcano.name + "</b><br>" + ➡
volcano.description);
        });
    </script>
</body>
</html>
```

Chapter
9

# 社内データを安全に分析する方法を学ぶ

社内の様々なデータを分析したくても、
社内にはChatGPTを使える環境がないという方も多いでしょう。
そんな悩みを持っている方に、とても素晴らしい解決方法があります。
データと分析処理を分離し、
私用PCで作成した分析処理だけを社内に持ち込むのです。
実データを一切使わないので、セキュリティ的にも問題ありません。
具体的な手順を見ていきましょう。

01

# 眠っている社内データを分析する

仕事をしていると、身の回りにはデータがあふれています。商品の販売データ、顧客からの問い合わせ履歴データ、社員の研修受講履歴データ、財務会計のシミュレーションデータ等、枚挙に暇がありません。
このデータを眠らせておくのはもったいないです。ChatGPTによる高度なデータ分析やグラフ作成の対象として、業務に役立てましょう。

## 実業務で使っている商品販売データを確認する

今回は、アパレルショップの販売データを題材にしましょう。

実際の業務データ（本書では「sales_data_test_shiftjis_updated.csv」をサンプルとして用意しました）は、例えば図9.1のようなデータレイアウトになっています。販売日、店舗、商品名、数量、単価、金額といった項目が並んでいます。Excel形式やCSV形式等で管理していることが一般的でしょう。

| | A | B | C | D | E | F | G |
|---|---|---|---|---|---|---|---|
| 1 | 取引ID | 販売日 | 店舗 | 商品名 | 数量 | 単価 | 金額 |
| 2 | 1 | 2024/6/20 | 渋谷店 | ダウンジャケット | 1 | 5650 | 5650 |
| 3 | 2 | 2024/4/4 | 池袋店 | ロングブーツ | 2 | 3710 | 7420 |
| 4 | 3 | 2024/4/6 | 新宿店 | ロングブーツ | 3 | 3710 | 11130 |
| 5 | 4 | 2024/6/18 | 新宿店 | ロングブーツ | 4 | 3710 | 14840 |
| 6 | 5 | 2024/4/22 | 新宿店 | タートルネックセーター | 4 | 9950 | 39800 |
| 7 | 6 | 2024/5/21 | 銀座店 | スカーフ | 4 | 7330 | 29320 |
| 8 | 7 | 2024/6/16 | 東京店 | レザーグローブ | 1 | 14200 | 14200 |
| 9 | 8 | 2024/4/30 | 新宿店 | カシミアセーター | 5 | 8700 | 43500 |
| 10 | 9 | 2024/4/29 | 東京店 | ダウンジャケット | 5 | 5650 | 28250 |
| 11 | 10 | 2024/4/5 | 渋谷店 | ダウンジャケット | 1 | 5650 | 5650 |
| 12 | 11 | 2024/6/14 | 渋谷店 | タートルネックセーター | 3 | 9950 | 29850 |
| 13 | 12 | 2024/5/21 | 新宿店 | フリースジャケット | 5 | 9100 | 45500 |
| 14 | 13 | 2024/4/13 | 東京店 | ファーコート | 5 | 3870 | 19350 |

図9.1：題材とする業務データ

このデータ自体を外部に持ち出すことはできません。社内限定の機密ファイルなので、セキュリティ制限がかけられているはずです。

この機密データを外部に全く持ち出さずにChatGPTでグラフを作成するという、魔法のような技を紹介します。

## 作業方針

結論から端的に説明しましょう。実業務のデータ内容（2行目以降）は使わずに、ヘッダ情報（1行目の情報）だけを使ってChatGPTでグラフ作成プログラムを作ります。そして、そのプログラムだけを実環境に移送することで、実業務データのグラフを作成します（図9.2）。

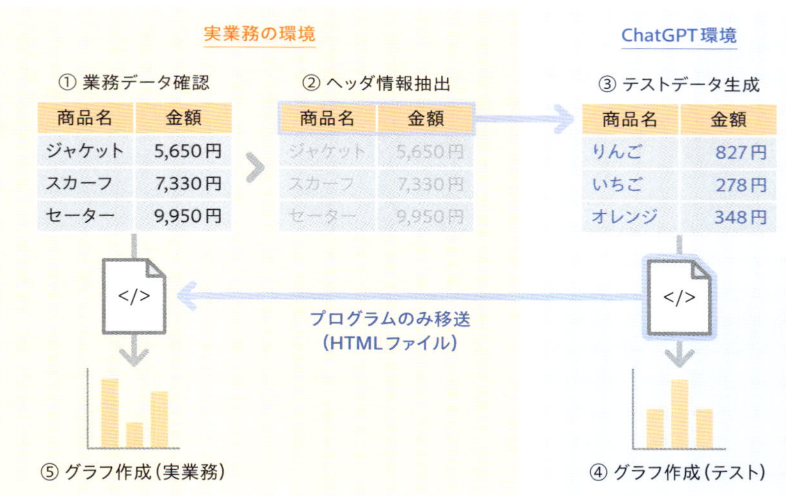


図9.2：社内データを安全に分析するための作業方針

## ① 業務データ確認

業務で使うデータの中から、分析対象とするデータを選びます。CSV形式のファイルとするのが無難です。

この時点で、データ項目を精査する必要はありません。最終的に、このデータファイルをアップロードすればグラフを作成できるような仕組みを構築するので、業務の中で入手しやすい形（基幹システムからエクスポートしたファイルなど）のまま作業を進めたほうが効率的です。

## ② ヘッダ情報抽出

データファイルの中から、ヘッダ情報（1行目の情報）だけを抽出します。そのヘッダ情報だけを、自分のPC（ChatGPTを利用できる環境）にメール等を使って移送します。ヘッダ情報が数個程度と少なければ、手作業でChatGPTに入力するほうが早いかもしれません。

## ③ テストデータ生成

ChatGPTにヘッダ情報を入力した上で、このヘッダ情報に合うようなテストデータを作成してもらいます。グラフ作成結果をテストするだけの目的なので、テストデータの内容を精査する必要はありません。

## ④ グラフ作成（テスト）

テストデータを基に、グラフを作成します。Pythonを使ったグラフだと実業務環境への適用が難しい（多くの場合、実業務の中でPythonを動作させる環境がない）ので、JavaScriptを含めたHTMLファイルとしてプログラムを作成します。

## ⑤ グラフ作成（実業務）

ChatGPTが作成したHTMLファイルのみを、実業務環境へメール等の手段で移送します。そして、HTMLファイルを開き、グラフ作成対象として実業務のデータファイルを選択します。その結果、実業務のデータを使ってグラフを作成することができます。

この手順のうち、①と②はアパレルショップの販売データを確認するだけで完了しました。

③以降の手順を、詳細に見ていきましょう。

02

# テストデータを生成する

ヘッダ情報さえあれば、ChatGPTは現実的なテストデータを生成してくれます。数千件、数万件のテストデータでも一瞬で生成してくれるのです。とはいえ、テストデータに対してある程度の条件を付けたほうが、その後のグラフ作成作業が簡単になります。そのコツを見ていきます。

## 期間を指定し、商品名等の固有名詞は日本語で具体化する

まず、実業務データから抽出したヘッダ情報をChatGPTにしっかりとインプットします。ヘッダ情報だけのCSVファイルを作ってアップロードする形でも構いませんし、プロンプトの中でデータ項目を文章で羅列する形でも構いません。ここでは文章の中で、「取引ID、販売日、店舗、商品名、数量、単価、金額」というヘッダ情報を指定しました。

次に、いくつかの制約条件を付記しますが、特に重要なのが期間の指定です。

このあとの分析では、週単位の販売数の折れ線グラフなど、同じ期間の中で数値を比較するような分析を行います。もしテストデータの中に、10年前のデータが1つ紛れ込んでいると、横軸が約500個の目盛（50週×10年）に細分化されてしまい、直近のデータがほとんど読み取れない状態となります。ですので、テストデータの全体を通して、「2024年4月から2024年6月まで」といった形で制約をかけておくほうが便利です。

また、店舗名や商品名等はこちらで指定する（例：東京店、新宿店、渋谷店、…）こともできるのですが、それも面倒です。あくまでテストデータに過ぎないので、命名もChatGPTにおまかせします。何も指定しないとshop1、shop2、shop3、…という形で無味乾燥な名前になることが多いです。テストデータであっても一目で理解しやすい形が良いので、「日本語で具体的な固有名詞を入れてください」と指定します。

さらに、店舗数や商品数については、少な目に設定しておくのが良いでしょう。店舗ごとの売上推移の折れ線グラフを作成するのに、店舗が50店もあるとグラフの線が重なって読み取れなくなります。

今回は、以下のように指示を出しました。

プロンプト

以下の条件を満たす販売データのテストデータを作成してください。
店舗と商品名については日本語で具体的な固有名詞を入れてください。
作成したファイルを、Shift-JISのCSVファイルでダウンロードできるようにしてください。

- データ項目は、取引ID、販売日、店舗、商品名、数量、単価、金額
- 店舗については5店の架空店舗を作成
- 商品名については10種類の架空商品を作成
- 日付は2024年4月から2024年6月まで
- データ件数は1,000件程度

結果

1,000件の販売データを生成しました。データには、5つの架空の店舗と10種類の架空の商品が含まれ、2024年4月から6月までの販売日が設定されています。
以下のリンクからダウンロードしてください。
ダウンロード: sales_test_data.csv

## 生成されたテストデータを確認する

ダウンロードしたファイルを開くと、図9.3の形となっていました。

テストデータとして、十分な品質のデータとなっています。メロンやいちごなど、果物を題材としてくれたようです。

細部を見ていくと、同じ「いちご」でも単価が異なっているとか、リンゴの単価（827円）よりメロンの単価（491円）のほうが安いとか、小さなツッコミどころはあるのですが、今回の作業ではそこまで精査する必要はありません。

| | A | B | C | D | E | F | G |
|---|---|---|---|---|---|---|---|
| 1 | 取引ID | 販売日 | 店舗 | 商品名 | 数量 | 単価 | 金額 |
| 2 | T0001 | 2024/5/1 | 大阪店 | メロン | 7 | 491 | 3437 |
| 3 | T0002 | 2024/6/24 | 名古屋店 | いちご | 1 | 270 | 270 |
| 4 | T0003 | 2024/5/13 | 福岡店 | いちご | 6 | 278 | 1668 |
| 5 | T0004 | 2024/6/2 | 札幌店 | パイナップル | 3 | 301 | 903 |
| 6 | T0005 | 2024/6/13 | 福岡店 | オレンジ | 6 | 348 | 2088 |
| 7 | T0006 | 2024/4/28 | 名古屋店 | ぶどう | 6 | 946 | 5676 |
| 8 | T0007 | 2024/4/7 | 大阪店 | りんご | 9 | 827 | 7443 |
| 9 | T0008 | 2024/4/6 | 大阪店 | ぶどう | 5 | 792 | 3960 |
| 10 | T0009 | 2024/5/29 | 札幌店 | 桃 | 3 | 172 | 516 |
| 11 | T0010 | 2024/4/23 | 大阪店 | ぶどう | 7 | 809 | 5663 |
| 12 | T0011 | 2024/5/16 | 大阪店 | スイカ | 6 | 684 | 4104 |
| 13 | T0012 | 2024/4/5 | 札幌店 | ぶどう | 10 | 886 | 8860 |
| 14 | T0013 | 2024/6/29 | 大阪店 | 桃 | 3 | 737 | 2211 |

図9.3：生成されたテストデータ

なお、筆者が何度か試した中では、単価に小数点以下の数字が含まれてしまったり、金額がランダムな数字となり数量と単価を掛け合わせた金額になっていないというケースもありました。今回題材とする簡単なグラフ作成では影響がないので補正する必要はありませんが、分析結果に影響を与えそうな場合は補正したほうが良いでしょう。以下のような指示を出せば補正してくれます。

プロンプト

同じ商品名の単価は、同じ金額にしてください。
単価は10円単位で四捨五入してください。
単価と数量を掛けた数字を金額としてください。

03

# テストデータでグラフを作成する

十分な品質のテストデータが作成できたので、このデータを前提にグラフを作成します。
グラフの作成方法は、これまでの章で見てきた内容と同じです。ただ、後続の作業を考えると、グラフの作成にあたっては強く留意すべき点があります。その点を詳細に解説します。

## JavaScriptを含むHTMLファイルとして作成する

ChatGPTに単純にグラフ作成を依頼すると、Pythonでプログラミングして実行結果（グラフ描画）を示してくれます。通常の利用であればとても便利なのですが、今回のようにプログラムを移送する場合は注意が必要です。システム構築を本職としている仕事は別として、多くの会社では社員がPythonを実行できる環境を用意していないからです。

ですので、第4章で説明したように、JavaScriptを含むHTMLファイルとしてプログラムを作成します。アウトプットが1つのHTMLファイルなので、このファイルを添付する形でメール送信すれば職場の環境に移送することができます。実行ファイル形式（EXE形式）だとウイルス検知等の仕組みでメール受信に失敗することもありえますが、HTMLファイルであればその可能性は低いでしょう。また、プログラムを実行するのはブラウザとなるので、ほとんどの場合で問題になることはないはずです。

## CSVファイルをアップロードする形の処理フローとする

筆者自身が試行錯誤を続けて最終的にたどり着いた「秘伝の技」が、この方式です。

ブラウザは、セキュリティ上の理由からローカルファイル（自分のPCに保存したファイル）を開く場合に、様々な制約がかかってしまいます。例えば、PC上の同じフォルダにHTMLファイルとCSVファイルを置いて、HTMLファイルからCSVファイルの内容を読み取るようなプログラムにしても、うまく動作しません。これらのファイルをWebサーバに配置した上でブラウザからアクセスすれば動作するのですが、それでは秘密にすべきCSVデータをWebサーバで公開していることになり、本末転倒です。

そこで、HTMLファイルの中にファイルをアップロードするボタンを置き、そのボタンを押してCSVファイルを選択するような処理フローとしました。この工夫を行うことで、ローカルにあるCSVファイルの内容を読み取ってグラフに反映することができます。

具体的な指示内容を見てみましょう。

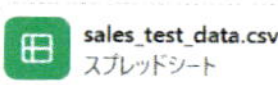


このCSVファイルを読み込んでグラフを作成するJavaScriptのプログラムを作成してください。

- HTMLファイルを開くと、ファイルをアップロードするボタンがある
- ボタンを押してこのCSVファイルをアップロードすると、店舗ごとの金額合計が棒グラフで描画される

結果

以下のHTMLとJavaScriptコードを使用して、指定されたCSVファイルをアップロードして、店舗ごとの金額合計を棒グラフで描画するプログラムを作成しました。HTMLファイルを開くと、CSVファイルをアップロードするボタンが表示され、アップロードしたデータに基づいてグラフが描画されます。

このコードにはChart.jsライブラリを使用していますので、HTMLファイルにはCDNでインポートしています。

説明

1.HTML要素:

<input type="file" id="fileInput" accept=".csv">: CSVファイルをアップロードするボタン。

<canvas id="salesChart">: グラフを描画するキャンバス。

2.JavaScriptの機能：
ファイルがアップロードされると、FileReaderを使ってShift-JISエンコードのCSVデータを読み込み、各店舗の金額合計を計算。
計算結果を基にChart.jsで棒グラフを描画。

こちらがHTMLファイルです。以下のリンクからダウンロードしてください。
店舗別売上合計グラフ（HTMLファイル）

## グラフが作成されることを確認する

ダウンロードしたHTML（本書では「sales_chart.html」となりました）を開くと、最初に図9.4のような画面が表示されます。ChatGPTの動作はランダムなので、レイアウトや文字表現は異なっている可能性が大きいですが、そこは特に問題ありません。

重要なのは、ファイルをアップロードするボタンが機能するかどうかです。

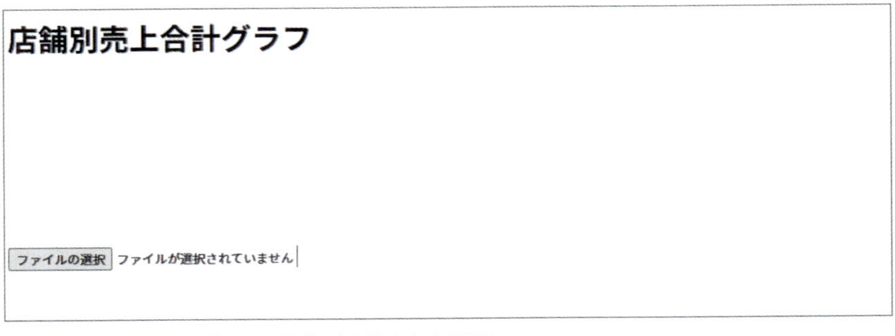

店舗別売上合計グラフ

ファイルの選択 ファイルが選択されていません

図9.4：ファイルアップロード機能が実装された画面

実際に、「ファイルの選択」ボタンを押して、テストデータのCSVファイル（果物が題材となっていたもの）を選択します。

すると、画面が切り替わり、図9.5のようにしっかりとグラフが描画されました。

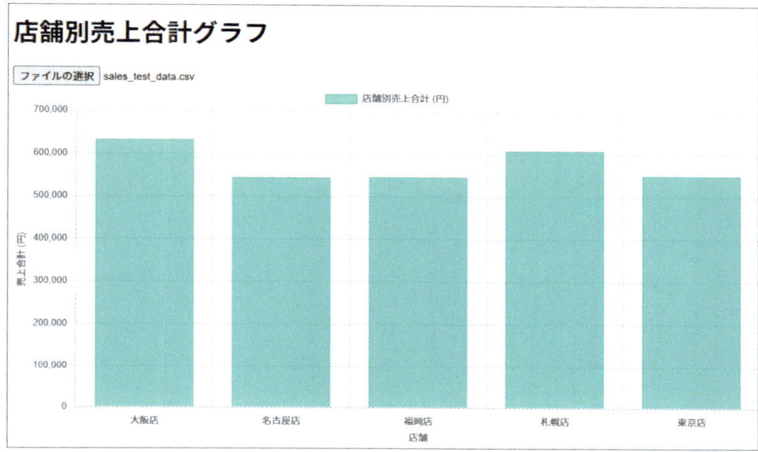


**図9.5：** 出力結果（テストデータに基づいた店舗別棒グラフ）

なお、ここはプログラミングの内容的に、比較的難しい処理となっています。筆者の環境では初回から成功しましたが、ChatGPTがグラフ作成に失敗する可能性もあると考えています。最終的なソースコードは章末（**リスト9.1**）に示していますが、ファイルをアップロードする処理、アップロードされた処理からデータを読み込む処理等を矛盾なく作り込む必要があります。

HTMLファイルがうまく動作しなかった場合は、「ファイルの選択はできますが、選択後も画面に変化がなくグラフが描画されません。」といった形で、具体的に問題点を伝えるとChatGPTが修正案を作成してくれます。もしくは、何度修正をしても改善されない場合は、最初から処理をやり直してみるほうが効果的な場合もあります。

## グラフの種類を追加する

今回の題材では、合計4つのグラフを作成して、ダッシュボード的にグラフを一覧できるようにすることを目指します。

1つ目のグラフに成功すれば難所は過ぎているので、あとは簡単です。追加したいグラフの内容を指定していくだけです。

なおアップロードするHTMLファイルは順番に機能を追加することが分かりやすいように、index（数字）.htmlという名前にします。

プロンプト

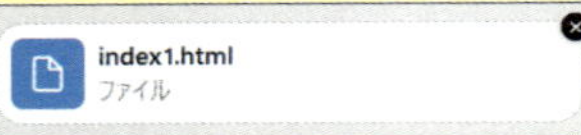


このHTMLファイルに、以下のグラフを追加してください。

- 商品別の合計金額の棒グラフ。販売金額の多い順に左側から並べる

結果

こちらが、店舗別売上合計と商品別売上合計を表示するHTMLファイルです。以下のリンクからダウンロードしてください。
店舗・商品別売上合計グラフ（HTMLファイル）

先ほどと全く同じ手順で、HTMLファイルを開いて、テストデータのCSVファイルをアップロードします。

2つ目に表示された新しいグラフを図9.6に示します。期待通りの結果となっています。ダウンロードしたファイルは「index2.html」としています。

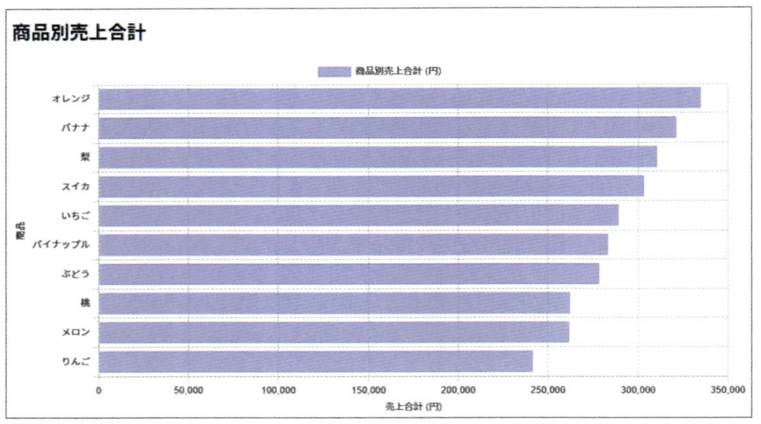


図9.6：出力結果（テストデータに基づいた商品別棒グラフ）

同様に、あと2つのグラフを追加します。

プロンプト

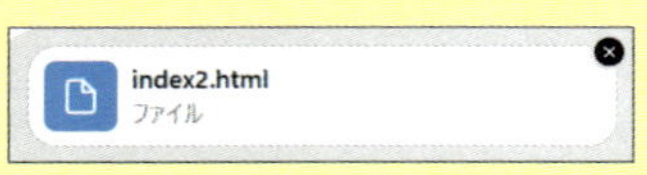


このHTMLファイルに、以下のグラフを追加してください。

- 店舗ごとの週単位の売上推移をグラフにしてください
- 商品別の週単位の売上推移をグラフにしてください

**結果**

こちらが、店舗別および商品別の週単位売上推移グラフを追加したHTMLファイルです。以下のリンクからダウンロードしてください。
店舗・商品別週単位売上推移グラフ（HTMLファイル）

3つ目と4つ目として表示された新しいグラフを図9.7に示します。

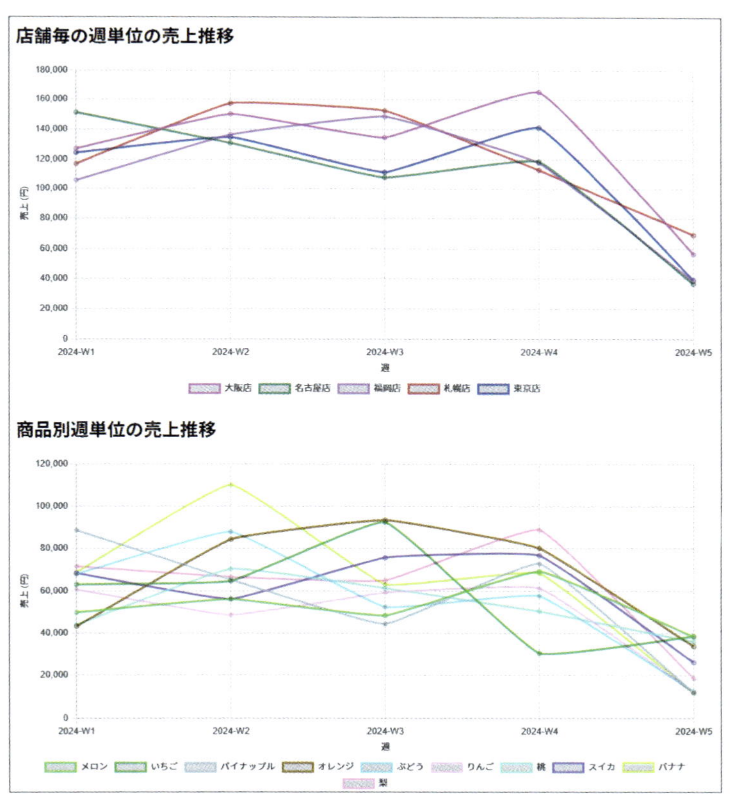


図9.7：出力結果（週単位の折れ線グラフ、修正前）

ただ、よく見ると、このグラフには明らかな誤りが含まれています。どこの箇所が誤っているのか、気付くことができるでしょうか？

ChatGPTは人間の意図をかなり正確に判断して処理を行ってくれますが、時に人間の意図とずれることがあります。ここでは、週が5つしかないことが問題です。4月から6月までの3か月間のデータを入れているので、週数はもっと多くなるはずです。

このように誤りに気付いた場合は、ChatGPTに修正を依頼します。

プロンプト

週単位のグラフの中で、5つの週しか表示されていません。3か月分のデータなので、週の数はもっと多いはずです。原因を分析してください。

結果

3か月分のデータがある場合、少なくとも12〜13週のデータがあるはずですが、5週間分のみ表示されている原因は、週を計算する部分で日付の取得方法に問題がある可能性があります。

具体的に、現在のコードでは次のように週の計算をしています。

```
const week = `${date.getFullYear()}-W${Math.ceil(date.getDate() / 7)}`;
```

ここで date.getDate() に基づいて週番号を算出していますが、これは月初めの週を複数回カウントしてしまい、1か月分の週数が正しく反映されない可能性があります。

解決策

日付を基に週番号を正しく計算するには、ISO週番号を取得する関数を使用するのが効果的です。以下のようにgetISOWeek関数を追加し、Dateオブジェクトから週番号を正しく計算します。

修正後のコードを適用したHTMLファイルを更新します。
こちらが、週番号の計算を修正したHTMLファイルです。
修正後の店舗・商品別週単位売上推移グラフ（HTMLファイル）

このように、修正を実施してくれました。修正後のグラフを図9.8に示します。

どうも最初のグラフでは、4月第1週、5月第1週、6月第1週を全て合算して、第1週（W1）という集計をしていたようです。人間の意図とは全く異なるのですが、プロンプトの中で「週単位の売上推移」という言葉を使ったので、ChatGPTの理解もあながち間違っているとはいえません。

このような行き違いが典型例ですが、ChatGPTは処理方法自体を間違えることは少ないですが、処理の方向性や人間の文章の判断という部分で、こちらの意図通りとならないことがあります。それは、こちらの指示が不十分であることに起因する場合も多いです。

このような誤りが入り込むと実業務で誤った判断をしかねないので、グラフを作る度に元データと突合させたり、ソースコードを確認しながら、一歩一歩進めていくことをオススメしています。

修正後のグラフでは、正しく週単位の売上を可視化することができました。ダウンロードしたファイルは「index3.html」としています。

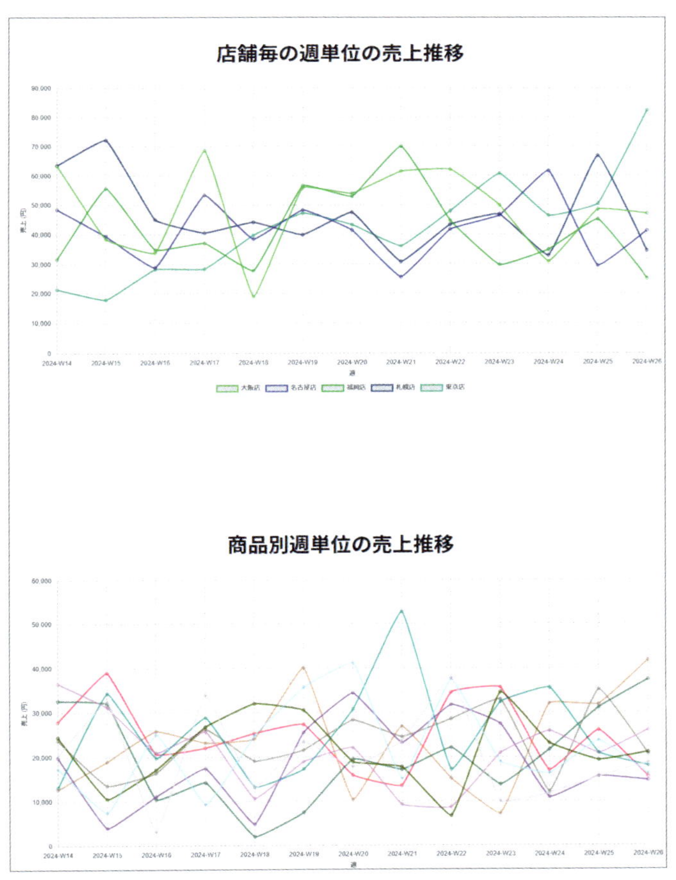

図9.8：出力結果（週単位の折れ線グラフ、修正後）

## グラフのレイアウトを整える

これまで作成したグラフは、それぞれがブラウザの横幅一杯に大きく表示された上で、4つのグラフが縦方向に並んでいます。スクロールバーで移動しないと、下のほうのグラフを見ることができません。

これでは一覧性が悪いので、4つのグラフのレイアウトを変えましょう。

プロンプト

この4つのグラフが1画面に収まるように、以下のレイアウトとしてください。

- 画面を縦方向に2分割、横方向に2分割する
- 左上を、店舗別売上合計
- 左下を、商品別売上合計
- 右上を、店舗ごとの週単位の売上推移
- 右下を、商品別週単位の売上推移

結果

こちらが、4つのグラフを縦2分割・横2分割でレイアウトしたHTMLファイルです。以下のリンクからダウンロードしてください。

修正後の店舗・商品別週単位売上推移グラフ（HTMLファイル）

最初の画面でテストデータのCSVファイルをアップロードすると、グラフが表示されます（図9.9）。

今度は、4つのグラフが見やすく配置され、上側が店舗別、下側が商品別という形で理解しやすい構造となりました。

ダウンロードしたファイルは「index4.html」としています。

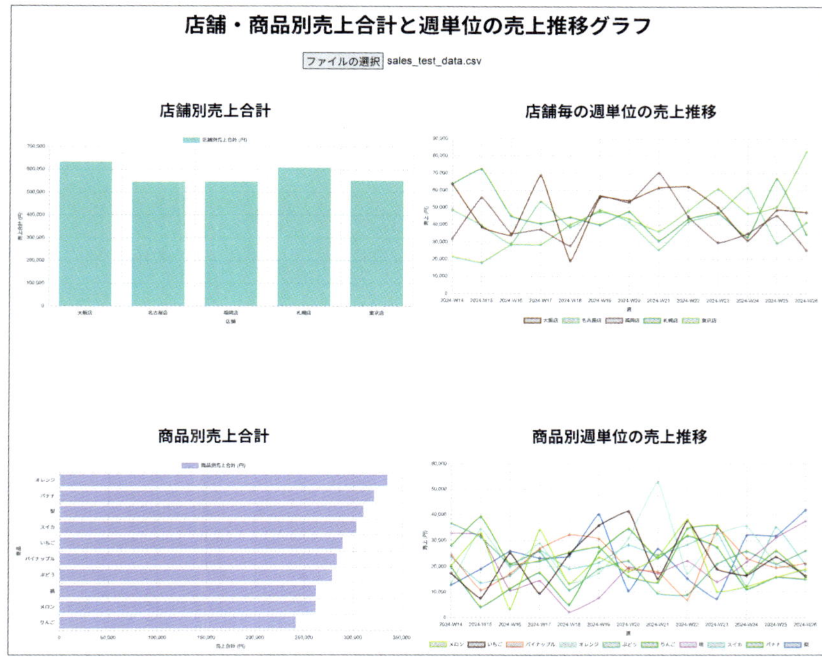


図9.9：出力結果（テストデータに基づいたダッシュボード）

これで、テストデータを使ったグラフ作成は完了です。

ここで作成したプログラム、つまりダウンロードしたHTMLファイルを使えば、テストデータのCSVファイルだけでなく、同じ構造のCSVファイルをグラフ化することができます。つまり、実業務で使っていた販売データ自体も、グラフ化することができるのです。

なお、このHTMLファイルのソースコードを章末（リスト9.1）に示しています。全体は長くなるので部分的に省略していますが、要点を理解できる形としていますので、詳しい方はソースコードの流れを確認してみてください。第4章と同様に、Chart.jsというライブラリを使ってグラフを作成しています。また、ファイルのアップロード処理や読み込み処理も、それぞれJavaScriptで実装されています。

# 04

# 実際の業務データでグラフを作成する

ついに最終段階です。CSVデータからグラフを作成するためのプログラム（HTMLファイル）が完成したので、このHTMLファイルを実業務環境のブラウザで表示させるだけです。
特に難しい点はありませんが、流れを簡単に見ておきましょう。

## HTMLファイルを実業務環境に移送する

自分のPC（ChatGPTが使える環境）から、業務用のPCへとHTMLファイルを移送します。
簡単なのは、メールで送信する方法でしょう。他にも、クラウドのストレージサービスを使って転送する方法や、コミュニケーションツール（Microsoft TeamsやSlack）で添付する方法や、Web会議のチャット欄で添付する方法等、様々な方法がありますので、使いやすい方法を選んでください。
なお、HTMLファイルというのは、大きく捉えるとテキストファイルの一種です。ファイルの拡張子を".txt"に変更すればテキストファイルになりますし、そのテキストファイルの拡張子を".html"に再変更すれば元のHTMLファイルに戻ります。ですので、テキストファイルとした上でメールに添付するという方法も可能です。
会社のネットワークには様々なセキュリティ制約が設けられています。また、その制約を受けない範囲であれば何をしても良いというわけでもなく、会社のセキュリティポリシーに沿って行動の可否を判断しなくてはなりません。今回作成したHTMLファイルが、セキュリティ面でのリスクになることは少ないと考えていますが、それぞれの環境に応じて適否を判断してください。

## 実業務の元データから、グラフを作成する

分析対象とする業務データは、図9.10のアパレルの販売データ（ファイル名は「sales_data_test_shiftjis_updated.csv」）でした。

| | A | B | C | D | E | F | G |
|---|---|---|---|---|---|---|---|
| 1 | 取引ID | 販売日 | 店舗 | 商品名 | 数量 | 単価 | 金額 |
| 2 | 1 | 2024/6/20 | 渋谷店 | ダウンジャケット | 1 | 5650 | 5650 |
| 3 | 2 | 2024/4/4 | 池袋店 | ロングブーツ | 2 | 3710 | 7420 |
| 4 | 3 | 2024/4/6 | 新宿店 | ロングブーツ | 3 | 3710 | 11130 |
| 5 | 4 | 2024/6/18 | 新宿店 | ロングブーツ | 4 | 3710 | 14840 |
| 6 | 5 | 2024/4/22 | 新宿店 | タートルネックセーター | 4 | 9950 | 39800 |
| 7 | 6 | 2024/5/21 | 銀座店 | スカーフ | 4 | 7330 | 29320 |
| 8 | 7 | 2024/6/16 | 東京店 | レザーグローブ | 1 | 14200 | 14200 |
| 9 | 8 | 2024/4/30 | 新宿店 | カシミアセーター | 5 | 8700 | 43500 |
| 10 | 9 | 2024/4/29 | 東京店 | ダウンジャケット | 5 | 5650 | 28250 |
| 11 | 10 | 2024/4/5 | 渋谷店 | ダウンジャケット | 1 | 5650 | 5650 |
| 12 | 11 | 2024/6/14 | 渋谷店 | タートルネックセーター | 3 | 9950 | 29850 |
| 13 | 12 | 2024/5/21 | 新宿店 | フリースジャケット | 5 | 9100 | 45500 |
| 14 | 13 | 2024/4/13 | 東京店 | ファーコート | 5 | 3870 | 19350 |

図9.10：題材とする業務データ（再掲）

業務用のPCに移送したHTMLファイル（index4.html）をブラウザで開き、実業務の販売データのCSVファイルをアップロードすれば、目的のグラフを作成することができます。

アップロードしたあとの画面が図9.11です。図が細かくて分かりづらいかもしれませんが、店舗名が渋谷店、池袋店等となり、商品名がダウンジャケット、ロングブーツ等となっています。また数値についても業務データの内容を正確に反映して、棒グラフや折れ線グラフを描画されています。

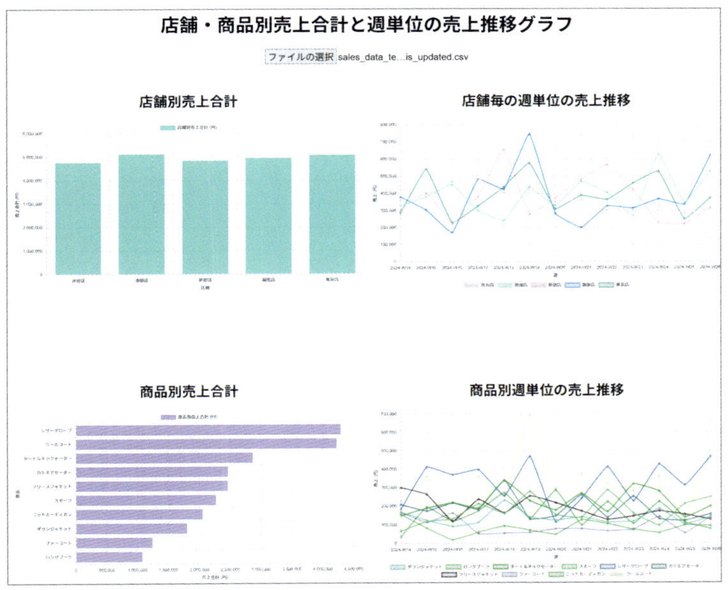


図9.11：出力結果（業務データに基づいたダッシュボード）

今回のデータは2024年4月から6月となっていますが、当然ながら7月以降のデータに対して分析することもできます。一度グラフ作成処理を作ってしまえば、同じ構造のCSVデータに対して何度でも繰り返し適用でき、グラフ作成作業を省力化することができます。

また、今回は単純な棒グラフと折れ線グラフを作成しましたが、第4章等で紹介したようにJavaScriptの素晴らしい可視化ライブラリを使って、様々な種類のグラフを作成できます。コードダイアグラムやコロプレス図のようにExcelでは到底作ることができない高度なグラフを使って、業務データを可視化することもできるのです。

ビジネスパーソンにとっては、この分析手法が素晴らしい道具になることは間違いありません。このような使い方は、まだほとんど知られていないように思います。宝の持ち腐れはもったいないですね。実業務でも、大いにChatGPTを活用してほしいと願っています。

本章で作成されたソースコードを示します。

スタイル等の記載を省略し、処理の中心部分のみを抜粋しています（リスト9.1）。

また、グラフ作成処理については、1つ目の店舗合計のみを抜粋しています。

リスト9.1：（参考）ソースコード、index4.html

```
<!DOCTYPE html>
<html lang="ja">
<head>
    <meta charset="UTF-8">
    <meta name="viewport" content="width=device-width, ➡
initial-scale=1.0">
    <title>店舗・商品別売上合計と週単位の売上推移グラフ</title>
    <script src="https://cdnjs.cloudflare.com/ajax/libs/Chart.js➡
/3.9.1/chart.min.js"></script>
（…略…）
</head>
<body>
    <h1 style="text-align: center;">店舗・商品別売上合計と週単位の➡
売上推移グラフ</h1>
```

```
    <input type="file" id="fileInput" accept=".csv" ➡
style="display: block; margin: 0 auto 20px auto;font-size: 1em;">
    <div class="container">
        <div class="chart-container" style="grid-area: 1 / 1;">
            <h2>店舗別売上合計</h2>
            (…略…)
            <canvas id="storeSalesChart"></canvas>
        </div>
    </div>

    <script>
        document.getElementById('fileInput').addEventListener➡
('change', function(event) {
            const file = event.target.files[0];
            if (file) {
                const reader = new FileReader();
                reader.onload = function(e) {
                    const csvData = e.target.result;
                    processData(csvData);
                };
                reader.readAsText(file, 'Shift-JIS');
            }
        });
        (…略…)
        function processData(csvData) {
            const rows = csvData.split('\n').map(row => row.split➡
(','));
            const headers = rows[0];
            const storeIndex = headers.indexOf('店舗');
            const productIndex = headers.indexOf('商品名');
            const dateIndex = headers.indexOf('販売日');
            const amountIndex = headers.indexOf('金額');

            const storeSales = {};
            const productSales = {};
```

```
            const storeWeeklySales = {};
            const productWeeklySales = {};

            // Parsing each row and aggregating data
            for (let i = 1; i < rows.length; i++) {
                const row = rows[i];
                if (row.length > 1) {
                    const store = row[storeIndex];
                    const product = row[productIndex];
                    const date = new Date(row[dateIndex]);
                    const amount = parseFloat(row[amountIndex]) ➡
|| 0;

                    // Correctly calculate ISO week
                    const week = getISOWeek(date);

                    // Store-wise aggregation
                    if (storeSales[store]) {
                        storeSales[store] += amount;
                    } else {
                        storeSales[store] = amount;
                    }
            (…略…)
            }

            // Sort product sales by amount descending
            const sortedProducts = Object.entries➡
(productSales).sort((a, b) => b[1] - a[1]);
            const productLabels = sortedProducts.map➡
(item => item[0]);
            const productData = sortedProducts.map(item => item[1]);

            // Prepare data for store sales chart
            const storeLabels = Object.keys(storeSales);
            const storeData = Object.values(storeSales);
```

```
            drawStoreChart(storeLabels, storeData);
            drawProductChart(productLabels, productData);
            drawWeeklyTrendChart(storeWeeklySales, ➡
"storeWeeklyTrendChart", "店舗");
            drawWeeklyTrendChart(productWeeklySales, ➡
"productWeeklyTrendChart", "商品");
        }

        function drawStoreChart(labels, data) {
            const ctx = document.getElementById➡
('storeSalesChart').getContext('2d');
            new Chart(ctx, {
                type: 'bar',
                data: {
                    labels: labels,
                    datasets: [{
                        label: '店舗別売上合計（円）',
                        data: data,
                        backgroundColor: 'rgba(75, 192, 192, 0.6)',
                        borderColor: 'rgba(75, 192, 192, 1)',
                        borderWidth: 1
                        （…略…）
                    }]
                },
            });
        }
    （…略…）
    </script>
</body>
</html>
```

Column

## 多用途に使えるテストデータ

本章では、社内データと類似した構造を持つテストデータを生成して、社内情報を直接扱わずにデータ分析を行う方法を解説しました。
指定した形のテストデータを作成することは、これまでは意外に手間がかかる作業でした。しかし、ChatGPTを使えば、データの構造、内容、範囲等を文章で指定するだけで簡単に大量のテストデータを作成できます。例えば、以下のようなケースでも効果的に活用することができるでしょう。

- システム開発のテストデータ
  業務データに類似するデータ（正常系のテストデータ）だけでなく、極端な条件や異常値を含むデータ（異常系のテストデータ）も含めて、様々なバリエーションのテストデータを作成できる

- 教育、研修用の学習データ
  データ分析の学習データ、数学の問題データ、社内研修用の演習データ（顧客データ、財務データ）等、教育目的に応じたデータを作成できる

- プレゼンや提案資料用の架空データ
  既存顧客での実績を新規顧客に提案する場合等、実データを使えない状況で匿名化した架空データを作成できる

実は、本章で題材としたアパレルショップの販売データ（図9.1）自体も、ChatGPTで作成したものでした。
使用したプロンプトを示します。地味ですが、「縁の下の力持ち」となる便利な使い方ですね。

プロンプト

以下の条件を満たす販売データのテストデータを作成してください。
- 店舗と商品名については、日本語で具体的な固有名詞を入れてください
  - データ項目は、取引ID、販売日、店舗、商品名、数量、単価、金額
  - 店舗については新宿店、渋谷店、池袋店、銀座店、東京店
  - 商品名については、女性向けの冬物衣料の10種類の架空商品を作成
  - 日付は2024年4月から2024年6月まで
  - データ件数は1,000件程度
- 同じ商品名の単価は、同じ金額にしてください。
- 単価は10円単位で四捨五入してください。
- 単価と数量を掛けた数字を、金額としてください。

Chapter

10

# PlantUMLで作図を行う

これまで、PythonとJavaScriptの利用を中心として、
グラフ作成やデータ分析等の具体的な方法を説明してきました。
しかし、ChatGPTが扱えるプログラミング言語は他にも多数あります。
というよりも、主要な言語は全て扱うことができるという状態です。
最終章では、データを可視化するという観点から、
特に個性的なPlantUMLの使い方について説明します。

01

# PlantUMLの特徴

PlantUMLは、シンプルな文章（テキスト）で記述することで、様々な図を作成できる言語です。シーケンス図、クラス図、アクティビティ図、ユースケース図、コンポーネント図、状態遷移図など、様々な種類の作図をサポートしています。
基本的な使い方から見ていきましょう。

## UMLとは

まず、UMLについて説明します。UML（Unified Modeling Language）とは統一モデリング言語のことで、主にソフトウェアや情報システムの設計等に用いられています。世界中の企業や人が独自の図を使うと混乱するので、統一的な「描き方」を決めたのです。

具体的な図の内容はこれから説明しますが、クラス図、シーケンス図、アクティビティ図などがあります。

## PlantUMLとは

PlantUMLは、UMLを効率的に描画するためのツールです。シンプルな文章（テキスト）で記述するだけで、様々な図を作成できます。

また、UML以外の図も作成できます。代表的なものとしてマインドマップ、WBS、ネットワーク図、ガント・ダイアグラム（ガントチャート）、ER図があります。また、JSONデータやYAMLデータ等のデータ構造を分かりやすく可視化することもできます。

## PlantUMLの使用例

基本的な記法と動作を確認しておきましょう。

例えば、黒ヤギから白ヤギに手紙を送るというフローをシーケンス図で作成します。

PlantUMLの記法を使うと、たった3行（実質的には1行）で図を記述することができます（リスト10.1）。

リスト10.1：PlantUMLの基本的な記法

```
@startuml
黒ヤギ -> 白ヤギ : 手紙
@enduml
```

実際に作図を行うには、PlantUMLを実行できる環境が必要です。

とはいっても、PlantUMLの公式サイトでオンラインサーバが用意されていて、そこにアクセスすることでPlantUMLのコードを図に変換することができます。

まずは、PlantUMLの公式サイト（URL https://plantuml.com/ja/）にアクセスします（図10.1）。

画面左側（上から4番目）の「Online Server」をクリックします。

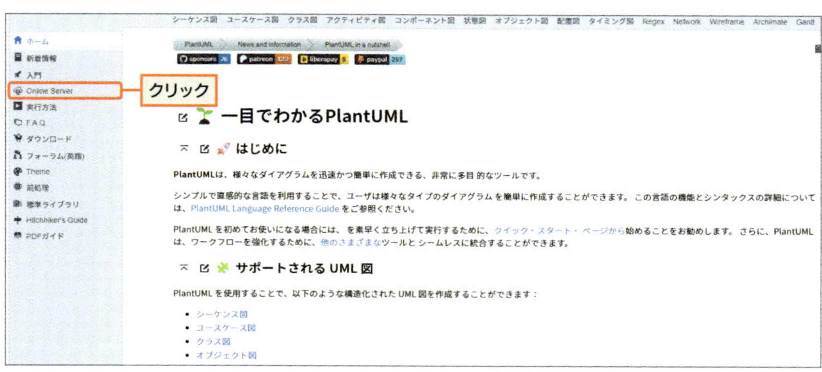


図10.1：PlantUML公式サイトのトップページ

出典 PlantUML
URL https://plantuml.com/ja/

すると、PlantUMLを入力できるテキストボックスが現れるので、先ほどのコードを入力します（図10.2①）。

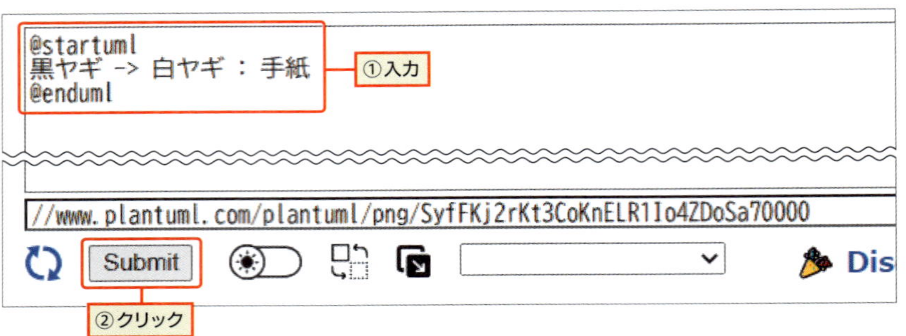


図10.2：PlantUMLのオンラインサーバ

出典 PlantUML
URL https://plantuml.com/ja/

入力ボックスの左下にある「Submit」ボタンをクリックすると（図10.2②）、作図が行われます（図10.3）。

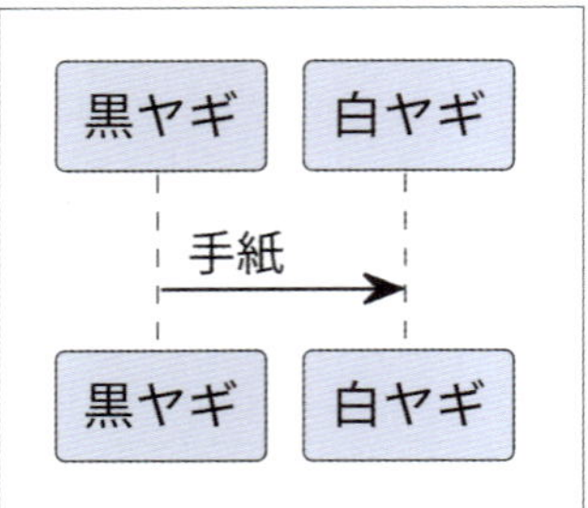


図10.3：PlantUMLの出力結果（黒ヤギから白ヤギに手紙を送る）

出典 PlantUML
URL https://plantuml.com/ja/

# 02

# シーケンス図をPlantUMLで描く

シーケンス図は、複数の人・組織・情報システム等の間で、物や情報をやり取りする様子を時系列に可視化したものです。
前ページで例示した黒ヤギから白ヤギに手紙を送る例もシーケンス図ですが、題材がシンプルなので利点をイメージしにくかったかもしれません。
実業務で使うシーケンス図のイメージを見てみましょう。

## ECサイトの商品の流れをシーケンス図で表す

最近はWebで物を買うことが日常的になりました。利用者としてはその裏で行われている商品配送のフローを意識することは少ないですが、翌日配送や当日配送を可能とする物流の仕組みはとても精緻に組み上げられています。

ChatGPTは、一般的な商品配送の流れも知っています。ですので、こちらからは何も情報を示さずに、配送の流れ自体をChatGPTに出力してもらって、それをPlantUML形式で出力してもらうことにします。

プロンプト

ECサイトで利用者が購入した商品が物流センターから配送される流れについて詳細なシーケンス図を作成します。PlantUML形式で出力してください。

結果

以下は、ECサイトで利用者が購入した商品が物流センターから配送される流れのシーケンス図をPlantUML形式で示したものです。この例では、主な関係者として「利用者」「ECサイト」「物流センター」「配送業者」を想定しています。

```
@startuml
actor 利用者
participant ECサイト
participant 物流センター
participant 配送業者
```

```
利用者 -> ECサイト: 商品を購入
ECサイト -> ECサイト: 注文情報を確認
ECサイト -> 物流センター: 商品出荷依頼

activate 物流センター
物流センター -> ECサイト: 出荷準備完了通知
deactivate 物流センター

ECサイト -> 配送業者: 配送依頼
配送業者 -> 配送業者: 配送ルート設定

activate 配送業者
配送業者 -> 物流センター: 商品引き取り
物流センター -> 配送業者: 商品受け渡し完了
配送業者 -> 利用者: 配送中通知
配送業者 -> 利用者: 配送完了通知
deactivate 配送業者

利用者 -> ECサイト: 商品到着確認

@enduml
```

出力されたPlantUMLのコードを、先ほどと同じ（公式サイトのオンラインサーバを使う）手順で図に変換します（図10.4）。

物流関係の業務が、物流センターと配送業者の2つに分かれているところがポイントです。利用者からの注文に対して、まずは物流センター側で出荷準備を行い、その完了後に配送業者を手配します。

文章で書くと煩雑な流れになるのですが、登場人物（アクターと呼びます）として利用者、ECサイト、物流センター、配送業者の4つを書き分けることで「送り手」と「受け手」が明確になりますし、上から順番の時系列で示すことで物事の順序関係がすぐに理解できます。シーケンス図の利点が分かりやすい図となっています。

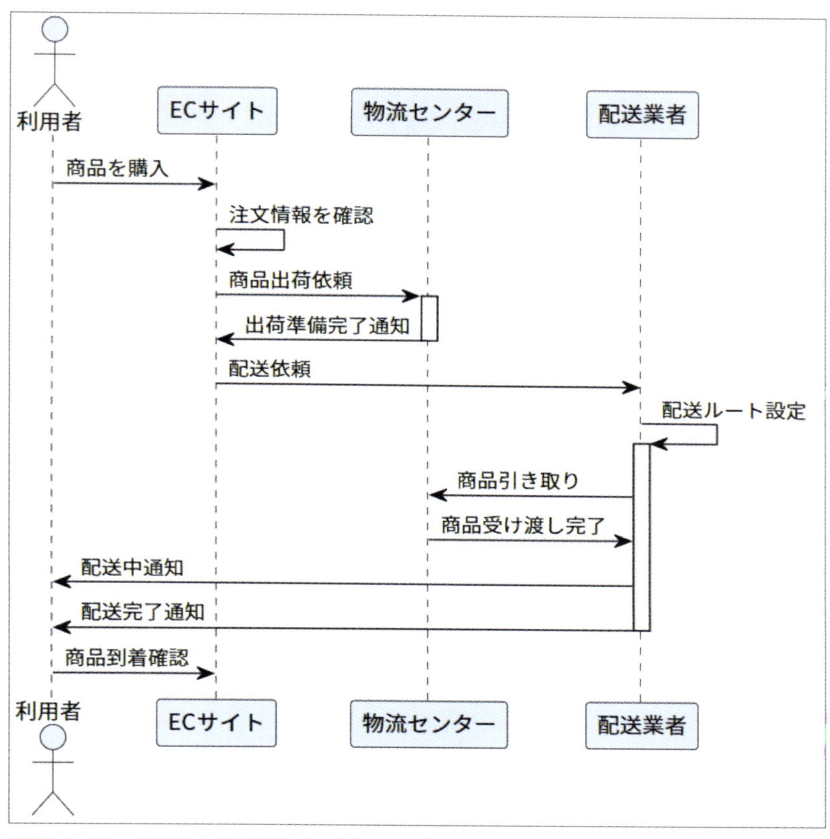


図10.4：PlantUMLの出力結果（ECサイト配送のシーケンス図）

出典 PlantUML

URL https://plantuml.com/ja/

もしシーケンス図を自分で作成するなら、Excelを使ってセル幅などを工夫したり、PowerPointを使って直線や四角形等の図形を配置するといった方法になりますが、どちらもそれなりに煩雑な作業です。PlantUMLであれば作成が容易ですし、作業を1つ追加する場合もテキストを1行加えるだけなのでメンテナンスも簡単です。

主要な流れをChatGPTで作ってしまって、実業務に合わせた細かな微調整は自分自身でPlantUMLを編集するという使い方も効率的だと思います。

03

# アクティビティ図をPlantUMLで描く

アクティビティ図は、業務や情報システムの処理の流れを視覚的に表現する図です。先ほどのシーケンス図と似ていますが、シーケンス図は組織間の物・情報の「受け渡し」に焦点を置いているのに対して、アクティビティ図は組織内で実行する処理も含めて「全体の処理の流れ」に焦点を置いています。

実業務で使うアクティビティ図のイメージを見てみましょう。

## ECサイトの商品の流れをアクティビティ図で表す

2つの図の違いを分かりやすくするために、同じ題材にしましょう。ECサイトの商品配送です。

アクティビティ図を作成することを明示的に指示しました。

プロンプト

ECサイトで利用者が購入した商品が物流センターから配送される流れについて詳細なアクティビティ図を作成します。PlantUML形式で出力してください。

結果

以下は、ECサイトで利用者が購入した商品が物流センターから配送されるまでの流れを示すアクティビティ図のPlantUMLコードです。

```
@startuml
|ユーザー|
start
:商品を選択;
:カートに商品を追加;
:購入手続き開始;
```

1
2
3
4
5
6
7
8
9
10

PlantUMLで作図を行う

```
|ECサイト|
:注文データを生成;
:支払い処理を実行;

|物流センター|
:注文データを受信;
:在庫確認;

if (在庫あり?) then (yes)
  :ピッキング指示;
  :商品をピッキング;
  :梱包作業;
  :配送ラベル作成;
  :配送手配;
else (no)
  :在庫待ち;
  :入荷後ピッキング指示;
endif

|配送業者|
:商品を受け取り;
:配達開始;
:配達完了;

|ユーザー|
:商品受け取り;
stop
@enduml
```

出力されたPlantUMLを変換すると、図10.5が出力されました。

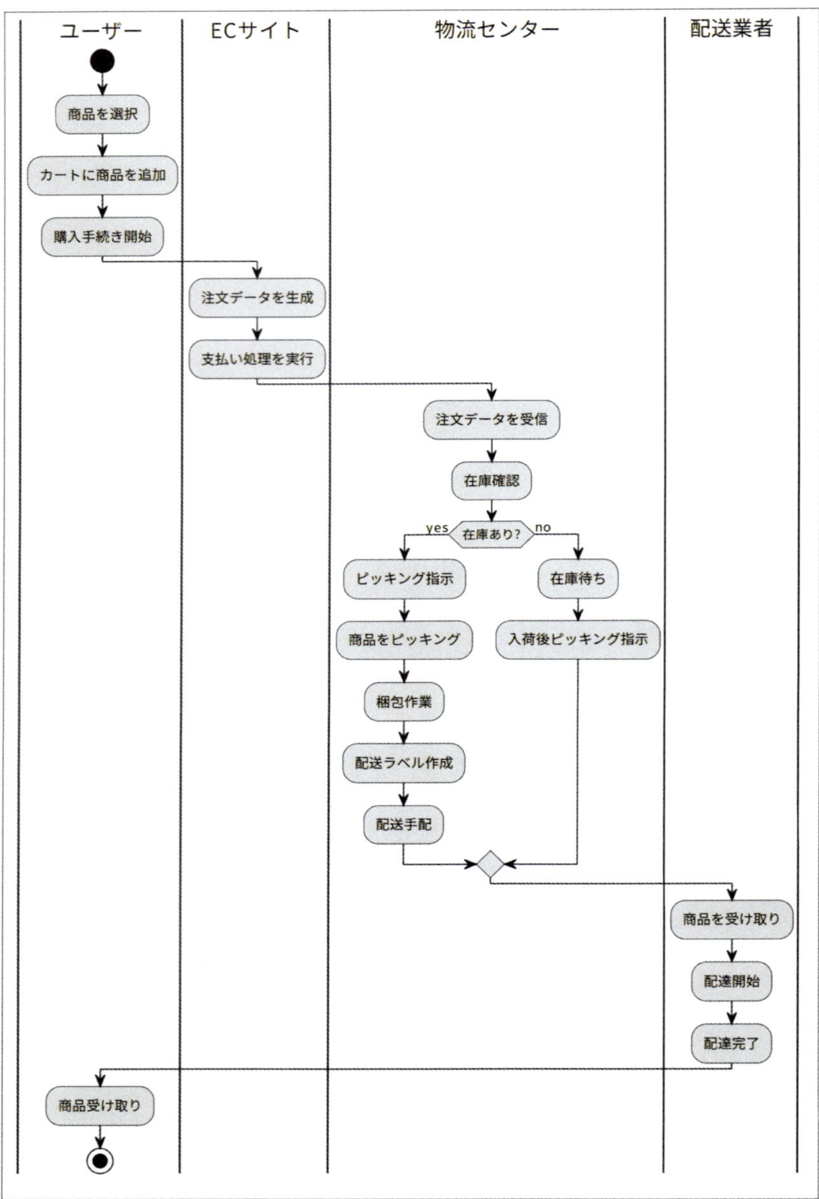


図10.5：PlantUMLの出力結果（ECサイト配送のアクティビティ図）

出典 PlantUML

URL https://plantuml.com/ja/

アクティビティ図という名前だとイメージしにくいかもしれませんが、「業務フロー」とか「ワークフロー」という名前なら馴染みのある方も多いかもしれません。

例えば物流センター内の業務について、在庫の有無によって業務内容が変わることなど、内部業務も含めて順番に処理を記述しています。業務のマニュアルを作成する際などに、かなり重宝するツールとなるでしょう。

アクティビティ図についても主要な流れをChatGPTで作ってしまって、実業務に合わせた細かな微調整は、自分自身でPlantUMLのソースコードを編集するという使い方が効率的だと思います。

# 04

# フローチャートをPlantUMLで描く

フローチャートも、業務手順やシステム処理の流れを視覚的に表現した図です。アクティビティ図の一種ともいえますが、特に「条件分岐を明確に記載する」場合に用いられます。その意味で、業務手順だけでなく様々な手続きや流れを可視化することに長けていますし、文章構造や論理構造を可視化するのにも役立ちます。
ここでは、ちょっと変わったフローチャートの使い方を見てみましょう。

## 複雑で難解な文章の構造をフローチャートで表す

業務や日常生活の中で、難解な文章に出会うことがあります。ルールを正確に表現すると様々な条件や例外についても記載しなければならないので、文章がどんどん長くなっているのです。このような文章を読み解くのは、なかなか骨が折れる作業です。

ChatGPTの出現により、この状況にまぶしい一筋の光が差し込んできました。難解な文章があれば、そのままコピーしてChatGPTに貼り付けて、PlantUML形式のフローチャートに変えればいいのです。

題材として、国土交通省の建築確認申請（シックハウス対策に係る建築材料に関する規制）を選びました（図10.6）。建築基準法という法律に基づくルールなので、手続き方法を厳密に説明しています。そのため、一見すると内容を読み取りにくい構造となっています。

**建材の販売業者、輸入業者の方へ**

▸ 告示対象建築材料に関して、ＪＩＳの認証、ＪＡＳの認定又は国土交通大臣の認定を受けていない場合で、これから建築材料として用いようとする場合には、ＪＩＳの認証、ＪＡＳの認定又は国土交通大臣の認定の手続きを行って下さい。なお、国土交通大臣の認定を受けるためには、事前に指定性能評価機関による性能評価を受ける必要がありますので、そちらの窓口へご相談下さい。

▸シックハウス対策に係る建築材料に関する規制の適用関係は、次のとおりです。

・確認申請では、使用建築材料表で告示対象建築材料の種別（等級）を明示しなくてはなりません。使用建築材料の個々の商品名、ＪＩＳの認証、又はＪＡＳの認定の別を特定する必要はありませんが、原則として、国土交通大臣の認定に係る認定書の写しを提出する必要があります。その写しとは、建築基準法施行規則別記第５０号の１２様式による書類のみならず、認定をした建築材料の内容を記載した別添の書類の写しも含まれます。ただし、確認申請時に使用する建築材料が確定していない場合は、使用材料の種別が明示されていればよく、確認申請時の認定書の写しの添付は不要です。なお、確認申請時に認定書の写しを添付せずに認定材料を使用した場合には、完了検査申請時等に当該認定材料の認定書の写しの提出が必要となります。

・中間検査及び完了検査では、内装の仕上げに用いた全ての建築材料について、その種別（等級）、種類、使用量及び確認に要した表示又は書類等（ＪＩＳ、ＪＡＳ、国土交通大臣の認定に係る認定書の写し等）その他の工事監理の状況に関する事項について、具体的かつ詳細に記載した受入検査の記録が必要です。従いまして、告示対象建築材料を用いる製品は、建築物の工事現場での受入検査までに、ＪＩＳの認証、ＪＡＳの認定又は国土交通大臣の認定を取得し、その種別（等級）を明らかにする必要があります。

・建築確認等の手続きを必要としないリフォームにおいても、建築基準法に適合する必要があります。

・告示対象建築材料以外の建築材料は、Ｆ☆☆☆☆等の表示をする必要はありません。また、告示対象建築材料以外の建築材料については、国土交通大臣の認定は受けられません。（告示対象建築材料以外の建築材料の例とその扱い）

図10.6：シックハウス対策に係る建築材料に関する規制

出典 国土交通省

URL https://www.mlit.go.jp/jutakukentiku/build/jutakukentiku_house_tk_000043.html

確認申請に関する文章を丸々コピーして、ChatGPTに貼り付け、フローチャートの作成を依頼します。

プロンプト

以下の文章の要点を整理してフローチャートを作成し、PlantUML形式で出力してください。

- 確認申請では、使用建築材料表で告示対象建築材料の種別（等級）を明示しなくてはなりません。使用建築材料の個々の商品名、ＪＩＳの認証、又はＪＡＳの認定の別を特定する必要はありませんが、原則として、国土交通大臣の認定に係る認定書の写しを提出する必要があります。その写しとは、建築基準法施行規則別記第５０号の１２様式による書類のみならず、認定をした建築材料の内容を記載した別添の書類の写しも含まれます。ただし、確認申請時に使用する建築材料が確定していない場合は、使用材料の種別が明示されていればよく、確認申請時の認定書の写しの添付は不要です。なお、確認申請時に認定書の写しを添付せずに認定材料を使用した場合には、完了検査申請時等に当該認定材料の認定書の写しの提出が必要となります。

⬇ 結果

以下は、提供いただいた文章の要点を整理したフローチャートをPlantUML形式で表したものです。

```
@startuml
:確認申請を提出;
if (告示対象建築材料の等級を明示していますか?) then (はい)
    :商品名、JIS認証、JAS認定は特定不要;
    if (建築材料が確定していますか?) then (はい)
        :認定書の写しを添付;
    else (いいえ)
        :認定書の写しの添付は不要;
    endif
else (いいえ)
    :確認申請が不適切;
endif

if (認定材料を使用した場合?) then (はい)
    :完了検査申請時等に認定書の写しが必要;
else (いいえ)
    :完了;
endif
@enduml
```

このフローチャートは、確認申請時における建築材料の等級明示と認定書の添付要否を簡潔に表しています。

図に変換すると、確認申請のフローチャートが作成されました（図10.7）。

元の文章と突合してみると、かなりの精度でフローチャートが完成しています。条件分岐が複雑に重なっているのですが、その状況を的確に表現しています。文章だけで読み解くよりも、フローチャートを見た上で文章を読み込んだほうがかなり効率的です。

なお、このフローチャートを第三者への説明に使うのであれば、内容を精緻に確認したほうが良いでしょう。例えば、図10.7のフローチャートの中では、「確

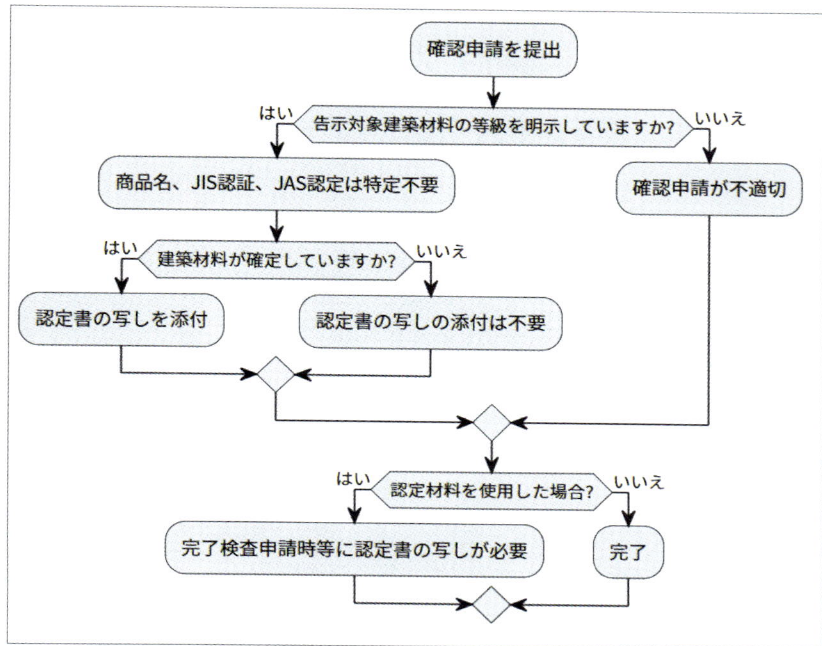


図10.7：PlantUMLの出力結果（シックハウス対策に係る規制のフローチャート）

出典 PlantUML

URL https://plantuml.com/ja/

認申請が不適切」の場合から「認定材料を使用した場合」へ矢印が向いていますが、この矢印は不必要です。ただ、それは人間の常識で判断できる（確認申請が不適切だったのに、工事を進めて認定材料を使うケースはありえない）のですが、実は文章の論理構造だけではその点は読み取れません。ですので、ChatGPTがこのように判断するのも無理もないことです。往々にして人間の指示や文章は論理的に穴がある場合が多いので、ChatGPTはその穴をできるだけ自然な形になるよう補完しようとします。今回のケースは、たまたまその補完の方法が不自然であっただけで、役に立っているケースもかなり多いのです。

とはいえ、自分自身の理解のためなら、そこまでの精度を求める必要もありません。難解な文章に出くわしたら、まずはChatGPTに解釈させて論理構造をフローチャートにまとめるという手法を覚えることで、迅速で正確な理解ができるようになります。

05

# クラス図をPlantUMLで描く

クラス図は、ソフトウェアや情報システムの構造や関係性を視覚的に表現する図です。ソフトウェア開発の専門家以外には、あまり馴染みのない記法かもしれません。ソフトウェア開発でとても便利に使える記法ですが、その他の業務や日常生活の中でも応用できる図です。

## ソースコードの構造をクラス図で表す

今回は、クラス図の出力結果（図10.8）から説明しましょう。

このクラス図の基となったのは、第9章で最後に作成したHTMLファイル（index4.html）です。機密性の高い業務データをアップロードして、店舗ごとや商品ごとの売上を可視化した4種類のグラフを作成するものでした。

HTMLファイルに書かれたコードは合計259行あり、ソースコードだけで内容を読み解いていくのはなかなか大変です。しかし、クラス図があれば全体体系を理解した上で、詳細部分の読み取りに集中することができます。

コードの詳細内容には踏み込みませんが、Chart.jsというライブラリでグラフ描画をしていること、FileReaderという機能でファイルを読み込んでいることなど、主要な機能について理解することができます。

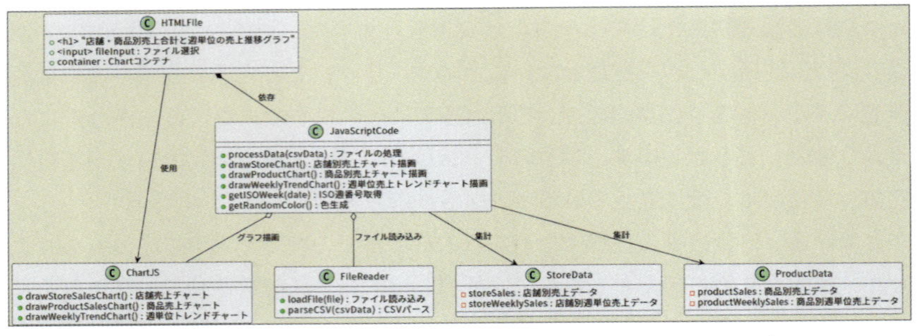


図10.8：PlantUMLの出力結果（HTMLファイルの構造を可視化したクラス図）

出典 PlantUML

URL https://plantuml.com/ja/

このクラス図を瞬時に描いてくれるというのが、ChatGPTのすごいところです。

想像がつくと思いますが、ソースコード（HTMLファイル）をアップロードした上で、クラス図の作成を依頼するだけです。

プロンプト

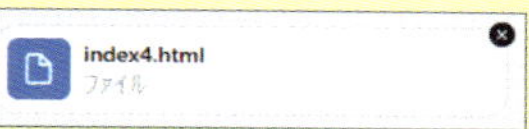


このソースコードを、PlantUMLを使って体系的に可視化してください。

結果

このHTMLファイルは、PlantUMLで表現できるような複数の要素とスクリプトを含むJavaScriptコードを使用して、店舗と商品の売上を集計し、チャートに描画する構造になっています。PlantUMLでこの構成を可視化するには、HTMLの構造とJavaScriptの主要な処理ロジックをクラスやオブジェクト図として表現することが適切です。

以下は、このコードをPlantUMLで表現する際の基本的な構造です。

```
@startuml
skinparam backgroundColor #EEEBDC

class HTMLFile {
    + <h1> "店舗・商品別売上合計と週単位の売上推移グラフ"
    + <input> fileInput : ファイル選択
    + container : Chartコンテナ
}

HTMLFile --> ChartJS : 使用
HTMLFile *-- JavaScriptCode : 依存

class JavaScriptCode {
    + processData(csvData) : ファイルの処理
    + drawStoreChart() : 店舗別売上チャート描画
    + drawProductChart() : 商品別売上チャート描画
    + drawWeeklyTrendChart() : 週単位売上トレンドチャート描画
    + getISOWeek(date) : ISO週番号取得
```

```
    + getRandomColor() : 色生成
}

JavaScriptCode o-- FileReader : ファイル読み込み
JavaScriptCode o-- ChartJS : グラフ描画
JavaScriptCode --> StoreData : 集計
JavaScriptCode --> ProductData : 集計

class FileReader {
    + loadFile(file) : ファイル読み込み
    + parseCSV(csvData) : CSVパース
}

class ChartJS {
    + drawStoreSalesChart() : 店舗売上チャート
    + drawProductSalesChart() : 商品売上チャート
    + drawWeeklyTrendChart() : 週単位トレンドチャート
}

class StoreData {
    - storeSales : 店舗別売上データ
    - storeWeeklySales : 店舗別週単位売上データ
}

class ProductData {
    - productSales : 商品別売上データ
    - productWeeklySales : 商品別週単位売上データ
}

@enduml
```

このようなやり取りで、あっという間にクラス図を作成することができます。

## 日常の物事をクラス図で表す

もともとはソフトウェア開発のために作成された記法ではありますが、これを応用してその他の業務や日常生活での物事を可視化することもできます。

クラス図の記法を使うと、物事を階層化して大きなまとまり単位で整理することができますし、まとまりの間での関係性を記述することもできます。

実例を見てみましょう。

プロンプト

スーパーの万引き対策として考えられる手法について、PlantUML形式で出力してください。

結果

以下は、スーパーの万引き対策における主な手法をPlantUML形式で示したものです。

```
@startuml
skinparam defaultFontName "MS Gothic"  // 日本語対応フォントを指定

package "万引き対策" {
    class "監視カメラ設置" {
        - リアルタイム監視
        - 録画データ保存
        - AIによる不審行動検知
    }

    class "スタッフの巡回" {
        - 定期的な店舗内巡回
        - 接客を通じた抑止効果
    }

    class "防犯タグの利用" {
        - 商品にタグを装着
        - センサーでタグの持ち出し検知
```

```
    }

    class "セルフレジ対策" {
        - 店員による監視
        - 重量センサーの導入
        - レジエリアでのAIカメラ利用
    }

    class "店内アナウンス" {
        - 定期的な防犯メッセージ
        - 不審行動への注意喚起
    }

    class "出口でのチェック" {
        - セキュリティスタッフによるチェック
        - 盗難検知システムの設置
    }

    "監視カメラ設置" --> "スタッフの巡回" : サポート
    "監視カメラ設置" --> "セルフレジ対策" : サポート
    "防犯タグの利用" --> "出口でのチェック" : 補助
    "セルフレジ対策" --> "出口でのチェック" : 補助
}
@enduml
```

この図では、スーパーでの万引き対策において各手法が互いに補完し合う様子を表しています。監視カメラや防犯タグなどの技術的な対策と、スタッフの巡回やアナウンスといった人的な対策が組み合わされ、総合的な万引き抑止効果を高める構造です。

出力されたPlantUMLを可視化しました（図10.9）。

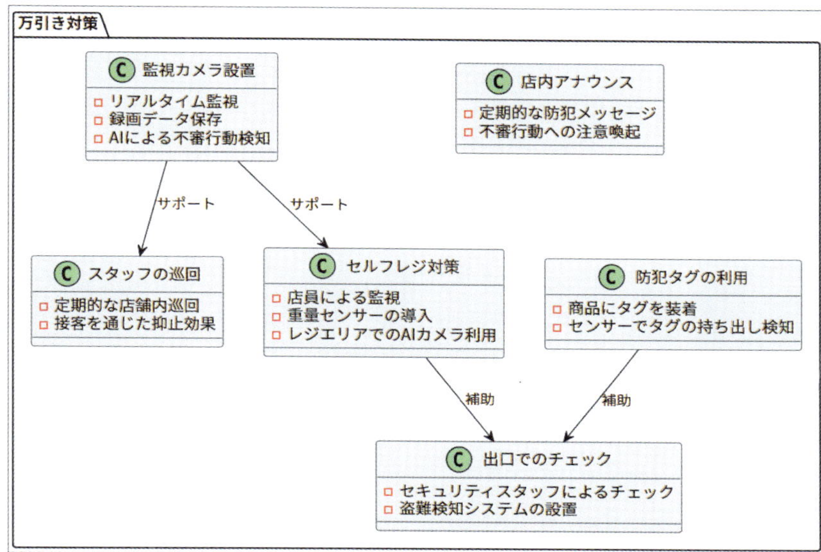


図10.9：PlantUMLの出力結果（万引き対策のクラス図、修正前）

出典 PlantUML
URL https://plantuml.com/ja/

簡単な例ではありますが、万引き対策として考えられる施策を6個の大きなグループに分けた上で、例えば「監視カメラ設置」という対策が「セルフレジ対策」をサポートすることや、「出口でのチェック」を補助的に使うと良いといった関係性が記述されています。

このように物事をある程度集約した上で、それぞれの関係性を記述することに優れた記法となっています。

なお、出力されたクラス図（図10.9）では、それぞれのクラスにCのマークが付いています。これは、クラス（Class）を表すものですが、今回はあまり意味をなしていないので削除したいところです。

ChatGPTに指示すると、この記号を削除した形にしてくれました（図10.10）。

業務上の文書等で活用するには、この形のほうが使いやすいですね。

プロンプト

クラス図の中で、丸で囲まれたCの記号を非表示としてください。

結果

丸で囲まれた「C」記号を非表示にするために、PlantUMLの設定でhide circleを使います。この記述を追加すると、丸で囲まれた記号が取り除かれます。以下のように修正してください。

```
@startuml
hide circle

class 万引き対策 {
…（以下同じ）
```

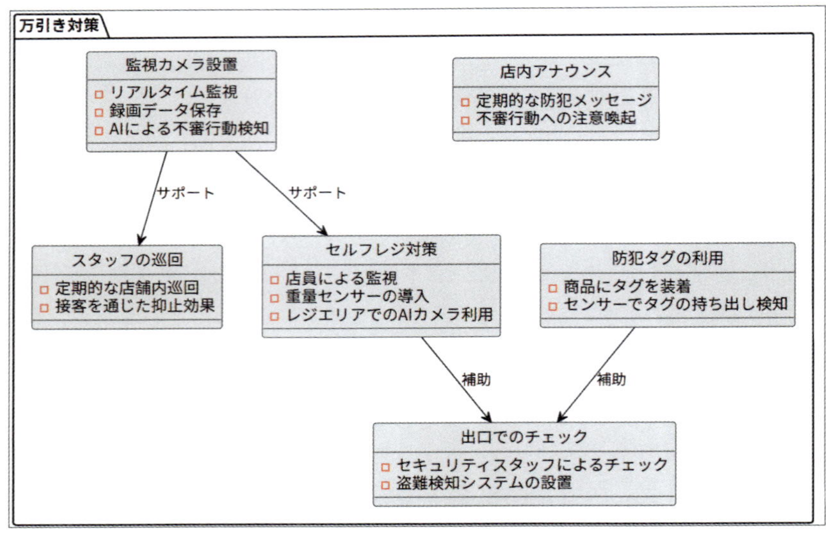


図10.10：PlantUMLの出力結果（万引き対策のクラス図、修正後）

出典 PlantUML

URL https://plantuml.com/ja/

本書ではPlantUMLの代表的な作図方法について紹介しましたが、他にも様々なパターンの図を作成することができます。アイデアを整理するためのマインドマップや、スケジュールを表現するガントチャートなども作成できます。

ぜひ、PlantUMLの公式サイト（URL https://plantuml.com/ja/）を見て、どのような図が作成できるかを確認してみてください。

# おわりに

## 道具を発明する天才と、道具を使いこなす秀才

新入社員として企業に入った時に私は、周囲の先輩や同僚との知識レベルの差に圧倒されました。プログラミング、データベース、ネットワークの専門用語が飛び交う職場の中で、私の机だけが陸の孤島のようでした。分からないところは質問してといわれても、実際に質問すると驚いた顔をされたことが忘れられません。あまりにも基本的なことを聞いてしまったので、先輩もあっけに取られたのでしょう。

そんな環境の中で、私は彼らに追いつくこと自体はあきらめました。新たな情報システム、新たなITツールを作り出す人にはなれそうにない。でも、既に完成しているツールを使いこなすことに長けることができれば、自分の存在意義が生まれるかもしれない。そう考えたのです。

そして、最初の数年間に取り組んだのは、業務上で必要となる様々な文書を作るツールに精通することでした。Word、Excel、PowerPoint、この三種の神器を誰よりも使いこなせるようになろう。新入社員らしい視野の狭い目標ではあったのですが、組織内での弱者の生存戦略としては正しい方向だったのかもしれません。提案書をまとめたり、報告書を完成させたりといった事務作業をこなすことで、私はやっと組織の一員になることができました。道具を使いこなすことに特化することで、自分なりの成功を収めることができたのです。

ChatGPTは、まさに新たな神器です。

私たちは、ChatGPTのような生成AI自体を作る天才にはなれないでしょう。でも、努力をすればChatGPTを使いこなす秀才にはなれるはずです。

そして幸いなことに、まだこの分野の秀才は数が少ないのです。ChatGPTを農業や漁業に活用している人が、果たしてどれほどいるでしょうか？　一見、畑違いに思える分野でも、使い方次第ですごい成果を出せるはずです。でも、ほとんどの人が、その使い方に気付いていないのです。

　そして、ChatGPTを様々な業種、業務で活用するための基盤的なスキルとなるのが、データをプログラミングで扱うという手法です。本書をご覧になった皆様は、いかに速く正確に高品質なアウトプットが出せるかを実感できたはずです。そして、着実にデータ分析を行うための方法も習得したはずです。

　あとは、このスキルをどの分野でどのように使うかです。農作物の成長や収量を記録している人は、そのデータを気象庁の気温や雨量データと組み合わせることで新たな発見があるかもしれません。漁業従事者なら、海面水温データと組み合わせるのが良いのかもしれません。これまではデータ分析の専門家でないと難しかった分野横断的な分析も、ChatGPTの力を借りれば独力でこなせるのです。

　世の中の仕組みが大きく変わる時には、新たな仕組みに素早く適応できた人が成功します。データ分析者にとって、ChatGPTは仕事を奪う敵ではありません。強力な味方となるツールです。そして、驚きと感動を味わえるエンターテインメントです。

　ぜひ楽しみながら、ChatGPTを使いこなせるようになってください。

2025年3月吉日

白辺 陽

# 索引

## P/Q/R



## S/T/U



## V/W/X/Y/Z



## あ



## か

## さ

## た



## な



## は

## ま



## や



## ら

## 著者プロフィール


### 白辺 陽（しらべ・よう）

新サービス探検家。
夏の雑草のように新サービスが登場するIT業界で仕事をしながら、将来性を感じるサービスについて調べたことを書籍としてまとめている。自分自身が納得いくまで理解した上で、例示・図解・比喩を多用して読者の方に分かりやすく伝えることを信条としている。
これまでの業務経験の中でもデータ分析を行う機会が多く、ChatGPTを使ったデータ分析の素晴らしさに圧倒され、本書を執筆。



装丁デザイン
森 裕昌

装丁イラスト
野田 映美

本文デザイン
大下 賢一郎

DTP
株式会社シンクス

校正協力
佐藤 弘文

---

**データ分析者のための ChatGPT（チャットジーピーティー） データ分析・可視化術**

効率的なプロンプトで分析力・表現力アップ！

2025年 4月11日 初版第1刷発行

| | |
|---|---|
| 著　者 | 白辺 陽（しらべ・よう） |
| 発行人 | 臼井 かおる |
| 発行所 | 株式会社翔泳社（https://www.shoeisha.co.jp） |
| 印刷・製本 | 株式会社シナノ |




本書へのお問い合わせについては、iiページに記載の内容をお読みください。

造本には細心の注意を払っておりますが、万一、乱丁（ページの順序違い）や落丁（ページの抜け）がございましたら、お取り替えいたします。03-5362-3705 までご連絡ください。


ISBN978-4-7981-8975-8
Printed in Japan